技工院校动漫设计与制作专业教材

职业院校动漫设计与制作专业教材

U0916559

Photoshop 图形图像处理

（第二版）

关仕杰◎主编

中国劳动社会保障出版社

简介

本教材的主要内容包括动漫角色设计、动漫场景设计、动漫宣传设计、动漫图像色彩设计、漫画风格设计、动漫特效设计、动画设计及 3D 效果设计。教材重点阐述 Photoshop 软件在动漫作品专业设计与制作中的应用方法，依托实际项目训练，旨在使学习者在动漫设计与制作的实践中熟练掌握该软件的技术要点与操作技能。

本教材由关仕杰任主编，潘启丽任副主编，邓全颖参与编写。

图书在版编目（CIP）数据

Photoshop 图形图像处理 / 关仕杰主编. --2 版. 北京：中国劳动社会保障出版社，2025. --（技工院校动漫设计与制作专业教材）（职业院校动漫设计与制作专业教材）. -- ISBN 978-7-5167-6836-5

Ⅰ. TP391.413

中国国家版本馆 CIP 数据核字第 2025D74C36 号

Photoshop 图形图像处理（第二版）

Photoshop TUXING TUXIANG CHULI

中国劳动社会保障出版社出版发行

（北京市惠新东街 1 号　邮政编码：100029）

*

北京市艺辉印刷有限公司印刷装订　　新华书店经销

880 毫米 ×1230 毫米　16 开本　21 印张　508 千字

2025 年 5 月第 2 版　　2025 年 5 月第 1 次印刷

定价：59.00 元

营销中心电话：400-606-6496

出版社网址：https://www.class.com.cn

https://jg.class.com.cn

前言

近年来，随着动画制作技术的持续进步和功能的日益丰富，动漫设计与制作领域已经历了翻天覆地的变革。为了顺应这一变化，满足职业院校动漫设计与制作专业的教学需求，我社组织了一批富有教学经验和实践能力的教师及行业内的专家，经过深入的市场调研和课程方案探讨，对“动漫设计与制作专业教材”进行了改版。

新版教材展现了以下几个亮点：

第一，内容更加浅显易懂。整套教材以学生为中心，在帮助他们掌握动漫制作的基本概念和整体流程的基础上，着重培养学生在动漫绘制、设计、后期制作等各个环节的实操能力，并进一步拓宽他们的行业视野。

第二，更加重视实践操作。多数教材采用了任务驱动的教学模式，以实际工作场景为学习背景。每一个学习任务，无论是绘制、设计还是后期制作，都旨在让学生通过实践来加深对专业知识和技能的理解与掌握。

第三，教材内容与时俱进。在此次改版中，我们的编写团队紧密结合动漫设计与制作行业的最新发展动态，对教材中的图片、案例和学习任务等进行了更新，以更好地适应当前学生的学习需求。同时，对于涉及软件操作的部分，我们以最新版本的软件为蓝本进行了重新编写，确保教学与行业需求的紧密结合。

第四，图文并茂，更易于理解。我们配备了丰富的图片，以帮助学生和教师更好地理解教学内容。同时，每一个学习任务的完成过程都以图文并茂的方式呈现，按照实际的操作步骤进行详细的讲解，使得学习过程更加清晰、完整和易于掌握。同时，我们还为部分学习任务配备了视频资源，以提供更为丰富多样的学习材料。

在本套教材的编写过程中，我们得到了众多动漫设计与制作相关专业教师的大力支持，编审人员都付出了巨大的努力。在此，我们表示衷心的感谢！同时，我们也诚挚地邀请广大读者提供宝贵的意见和建议，以便在未来的修订中不断完善。

编者

目 录

项目一

动漫角色设计——Photoshop 基本操作

Photoshop，简称 PS，是由 Adobe Systems 开发和发行的一款图像处理软件。它以其强大的编辑功能、简便的操作使用以及对多种素材格式的广泛支持等优势，被广泛应用于图像编辑和创作工作中，涵盖了动漫角色、场景、特效、动画等与动漫设计相关的各个领域。

本项目通过动物角色设计、植物角色设计和人物角色设计的任务实例，介绍了 Adobe Photoshop CC 2024（以下简称 Photoshop）的工作界面构成、文档的建立与保存、颜色设置的基本操作，并重点讲解了“移动工具”“魔棒工具”“钢笔工具”及“弯度钢笔工具”的基础用法。学习者在动漫角色设计制作的过程中能够领悟角色绘制的基本操作，为后续深入学习 Photoshop 打下坚实的基础。

任务一　动物角色设计——魔棒、椭圆工具与填色

任务目标

1. 能描述 Photoshop 的工作界面构成。
2. 能打开、存储与导出文件。
3. 能设置前景色与背景色。
4. 能使用“魔棒工具”。
5. 能使用“椭圆工具”。
6. 能设置工具属性栏中的形状、填充。
7. 能使用上下文任务栏菜单。

任务描述

本任务需要按要求设置正确的文档格式，并利用“魔棒工具”、“椭圆工具”、设置前景色与背景色来制作图 1-1-1 所示的动物角色。要完成本任务，学习者除了需要掌握结合上下文任务栏进行选区上色的制作技巧之外，还需要学习如何在工具选项栏中修改形状颜色的方法。

图 1-1-1　动物角色——小萌龙

相关知识

一、Photoshop 文档设置

1. 启动 Photoshop

用鼠标左键双击 Photoshop 图标，即可启动 Photoshop 软件。启动页面如图 1-1-2 所示。

2. 打开文档

启动 Photoshop 后，在窗口中单击“打开”按钮，或执行“文件”→“打开”命令，或按【Ctrl+O】组合键，打开“打开”对话框。在对话框中选择需要打开的文件，然后单击“打开”按钮即

可，如图 1-1-3 所示。

图 1-1-2　启动页面

图 1-1-3　打开文档

3. 新建文档

启动 Photoshop 后，在窗口中单击“新文件”按钮 新文件 ，或执行“文件”→“新建”命令，或按【Ctrl+N】组合键，打开“新建文档”对话框。在“预设详细信息”对话框中，可以设置文档名称、尺寸、单位、方向、分辨率、颜色模式、背景内容等基础信息，如图 1-1-4 所示。设置好基本参数后单击“创建”按钮，创建一个 Photoshop 新文档，此时进入 Photoshop 的工作界面。

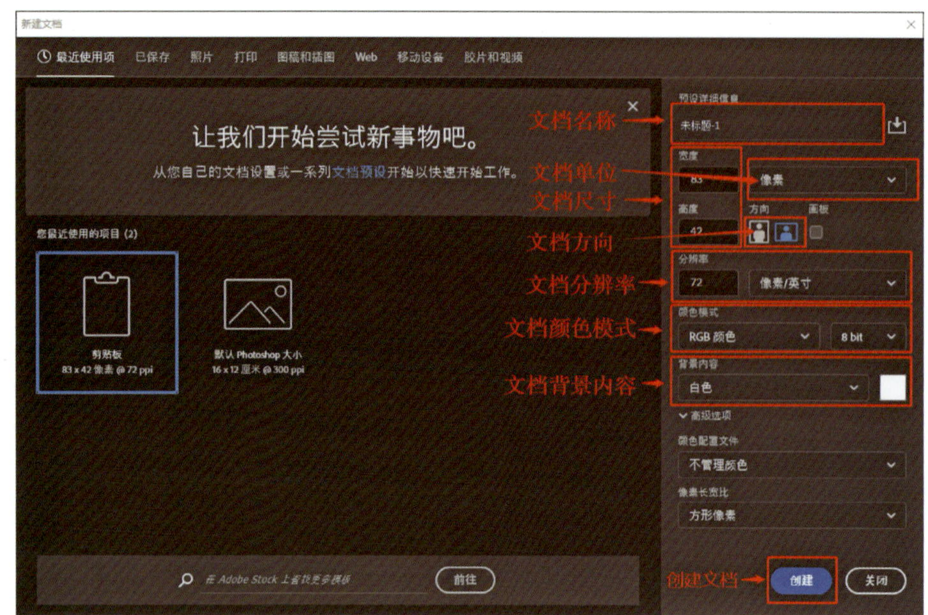

图 1-1-4　创建文档

二、Photoshop 的工作界面

Photoshop 的工作界面包含八个组成部分，分别有菜单栏、工具选项栏、标题栏、工具箱、页面区、浮动面板、上下文任务栏和状态栏，如图 1-1-5 所示。

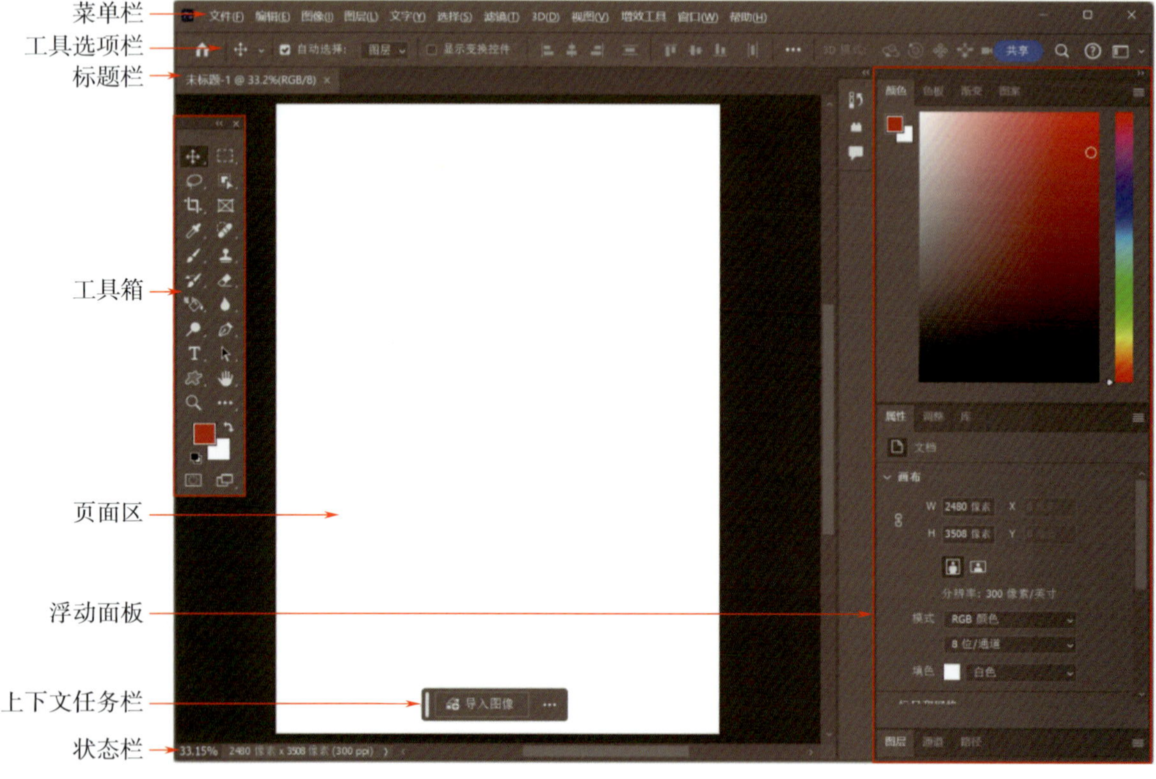

图 1-1-5　工作界面

1. 菜单栏

菜单栏位于顶部，包含文件、编辑、图像、图层、文字、选择、滤镜、3D、视图、增效工具、窗口和帮助，共十二个菜单项，如图 1-1-6 所示。每一个菜单可完成相应的操作。

Ps　文件(F)　编辑(E)　图像(I)　图层(L)　文字(Y)　选择(S)　滤镜(T)　3D(D)　视图(V)　增效工具　窗口(W)　帮助(H)

图 1-1-6　菜单栏

2. 工具选项栏

工具选项栏又称工具属性栏。当选择不同的工具时，工具选项栏上会出现相对应的属性选项，可直接在选项栏上设定对应工具的各个属性，如图 1-1-7 所示。

图 1-1-7　工具选项栏

3. 标题栏

使用 Photoshop 打开一个文件或创建文档后，在标题栏上会显示该文件的名称、格式、窗口缩放比例和颜色模式等信息，如图 1-1-8 所示。

未标题-1 @ 48.8% (图层 2, RGB/8) * ×　未标题-2 @ 33.3%(RGB/8) ×　项目一 图标设计 @ 33.3%(RGB/8) ×

图 1-1-8　标题栏

4. 工具箱

工具箱在 Photoshop 界面的左侧，它包含了用于绘制和编辑图形的工具。要移动工具箱，可以拖拽其标题栏。单击工具箱顶部的折叠图标 »，可以将其折叠为双栏模式，如图 1-1-9 所示；单击 « 图标，即可还原为单栏模式。

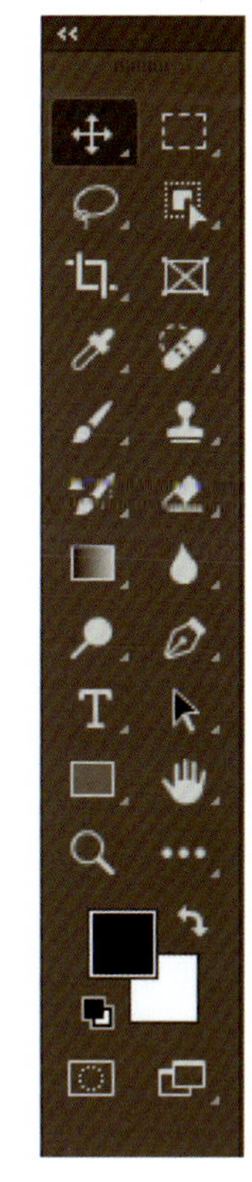

图 1-1-9　工具箱

5. 页面区

页面区是指 Photoshop 的工作区域，用来绘制、编辑和处理图像，在导出时根据工作页面尺寸确定位图尺寸。

6. 浮动面板

浮动面板在默认情况下位于窗口的右侧，主要用于控制图像的编辑、操作以及参数设置等。单击面板名称即可切换到相应的面板。将光标移动至面板名称上方并按住鼠标左键拖拽，即可将面板进行分离；拖拽一个面板到另一个面板名称上方可以组合面板。要关闭某个浮动面板，单击浮动面板右上角的关闭图标即可；要打开某个浮动面板，只需从窗口菜单中选择相应的命令即可。

7. 上下文任务栏

上下文任务栏是一个出现在页面上的浮动菜单，它显示的是工作流中最相关的后续步骤，可以一键访问以便快速完成下一步操作。

8. 状态栏

状态栏位于工作界面的最下方，显示当前文档视图的缩放比例、文档尺寸、分辨率等信息。

三、Photoshop 文档的常用存储格式

1. 文档存储

在制作完成后，执行“文件”→“存储”命令或者执行“文件”→“存储为”命令，在弹出的“存储为”对话框中选择文档存储位置，设置文件名称及保存类型。软件默认保存类型为“Photoshop（*.PSD，*.PDD，*.PSDT）”，单击“保存”按钮即可保存该文档，如图 1-1-10 所示。

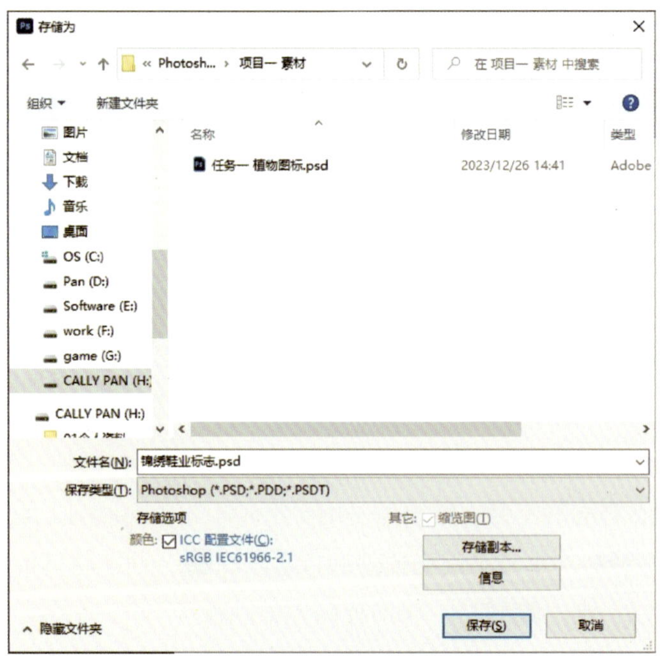

图 1-1-10 “存储为”对话框

2. 文档常用格式

（1）PSD 格式：Photoshop 的默认格式，可以保存图像的图层、通道、蒙版等信息，方便再次编辑。

（2）JPEG 格式：常见的有损压缩图像格式，可以保存图像的色彩、大小和分辨率等信息，通常用于照片、网页等。

（3）PNG 格式：无损压缩格式，可以保存透明背景的图像，通常用于图标、按钮等。

（4）GIF 格式：动态图像格式，可以保存多个帧的图像，通常用于制作动画。

（5）TIFF 格式：高质量的图像格式，可以保存多个通道的图像，通常用于印刷和出版。

四、“魔棒工具”

“魔棒工具”位于对象选择工具组中，如图 1-1-11 所示。使用“魔棒工具”可快速选择要隔离的

对象。“魔棒工具”主要用于对背景色单一、主体与背景有明显差别的图片的抠图，是快速抠图方法之一。在工具选项栏中，可选择指定选区选项，设置容差、消除锯齿和对所有图层取样等。

图 1-1-11　“魔棒工具”

五、形状工具组

在工具箱中，用右键单击“矩形工具”图标，即可显示各个形状工具选项，包括“矩形工具”“椭圆工具”“三角形工具”“多边形工具”“直线工具”和“自定形状工具”，如图 1-1-12 所示。根据需要绘制的形状选择相应的工具后，在页面中按下鼠标左键并拖动即可绘制出形状。在形状工具选项栏中，可设置模式、填充、描边、宽、高、路径操作、路径对齐、路径排列方式、其他形状和路径选项，以及对齐边缘。

需按尺寸绘制形状时，以正方形为例：选择“矩形工具”后在页面单击鼠标左键，即可弹出“创建矩形”对话框，如图 1-1-13 所示。在对话框中分别设置矩形的宽度和高度，输入圆角半径，可直接绘制圆角矩形。勾选“从中心”选项，会以鼠标左键单击点为中心绘制矩形或路径。

图 1-1-12　形状工具组

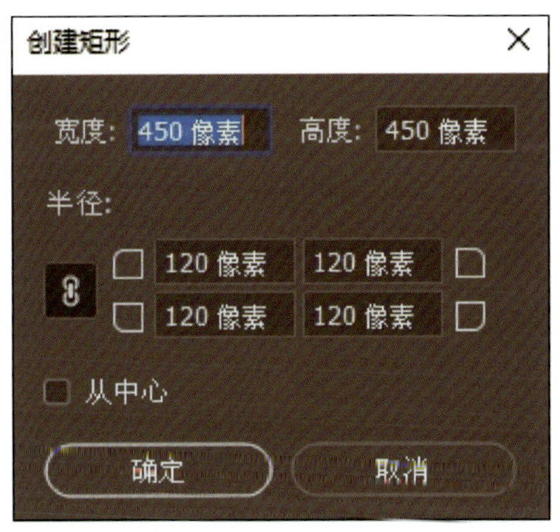

图 1-1-13　“创建矩形”对话框

小贴士

使用各种形状工具进行标准图形（如正方形、圆形等）绘制时，需要按住【Shift】键。以起点为中心点绘制图形时，需要按住【Alt】键。因此，以起点为中心点绘制标准形状时，需同时按住【Shift+Alt】组合键。

六、“移动工具”

“移动工具” 是用于移动、复制和变换图像的工具。单击鼠标左键选择“移动工具”后，在页面上单击图像并拖动，即可将图像移动到所需位置。如果需要复制图像，可以按住【Alt】键并拖动鼠标左键，松开鼠标左键即可完成复制。按住【Shift】键可以沿水平、垂直或45°角方向移动图像。

七、设置前景色和背景色

在工具箱中找到前景色和背景色图标，如图1-1-14所示。

1. 设置前景色

单击“设置前景色”按钮，在弹出的“拾色器（前景色）”对话框中选择需要的颜色或者输入颜色参数即可。

2. 设置背景色

与设置前景色方法相同，单击“设置背景色”按钮，在弹出的“拾色器（背景色）”对话框中进行设置。

3. 重置前景色与背景色

重置前景色与背景色，只需单击“默认前景色和背景色”按钮即可。单击“切换”按钮 可快速切换前景色与背景色。

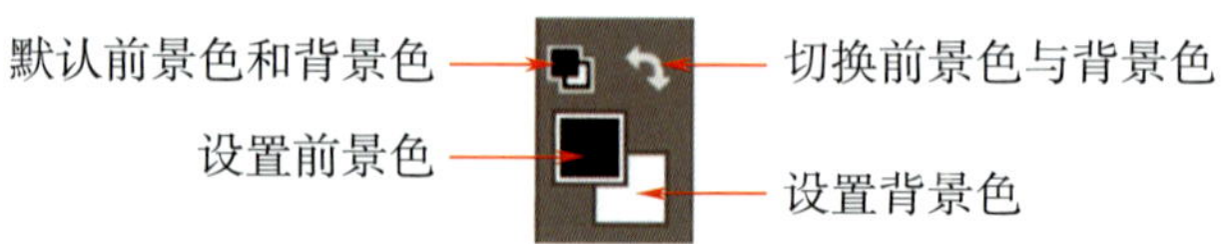

图1-1-14　设置前景色和背景色图标

> **小贴士**
>
> 需要对当前图层或选区填充前景色时，可按【Alt+Delete】组合键；需要填充背景色时，可按【Ctrl+Delete】组合键。

任务实施

一、打开文档

启动Photoshop后，在窗口中单击“打开”按钮，弹出“打开”对话框，在对话框中选择“素材/项目一素材/01动物角色.png”，然后单击“打开”按钮，打开图像文件，如图1-1-15所示。

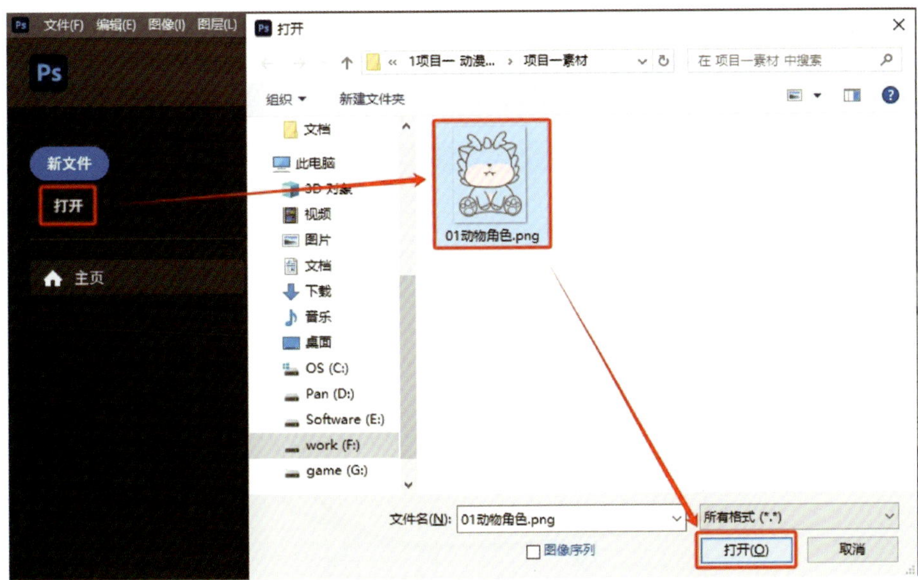

图 1-1-15　在“打开”对话框中选择“01 动物角色”

二、填充背景色

1. 设置背景色

用鼠标左键单击工具箱中的“设置背景色”按钮，在弹出的“拾色器（背景色）”对话框中设置颜色为“浅绿色（R233，G255，B211）”，如图 1-1-16 所示，单击“确定”按钮。

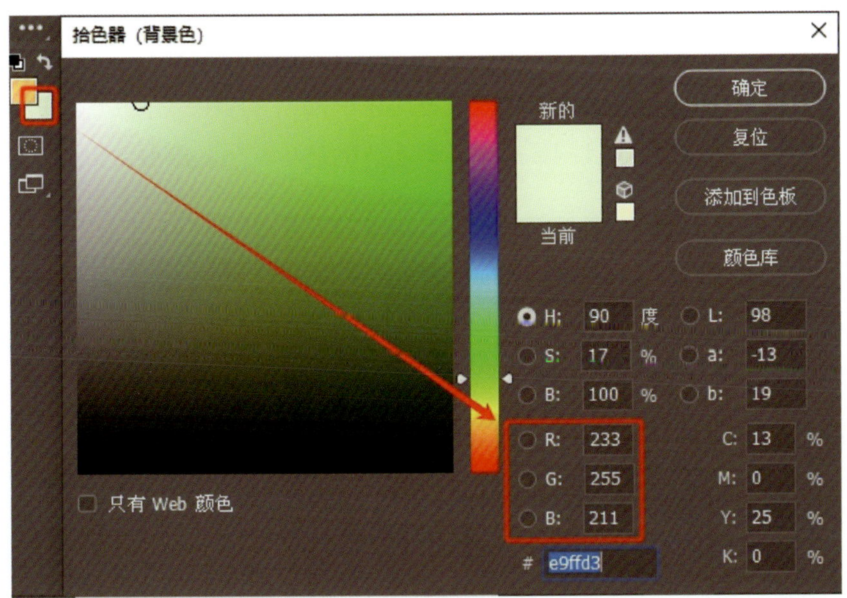

图 1-1-16　设置背景色

2. 填充

用鼠标右键单击工具箱中的“对象选择工具”，在弹出的工具组中选择“魔棒工具”，然后在页面单击背景区域，将背景选中变为选区。在上下文任务栏中单击“填充选区”按钮，在弹出的菜单中选择“背景色”，将背景填充为浅绿色，如图 1-1-17 所示。单击上下文任务栏中的“取消选择”按钮完成填色。

图 1-1-17 填充背景色

三、为动物角色填充颜色

1. 为龙身填充颜色

单击工具箱中的“设置前景色”按钮，在弹出的“拾色器（前景色）”对话框中设置颜色为“中黄色（R255，G203，B92）”，如图 1-1-18 所示，单击“确定”按钮完成颜色设置。

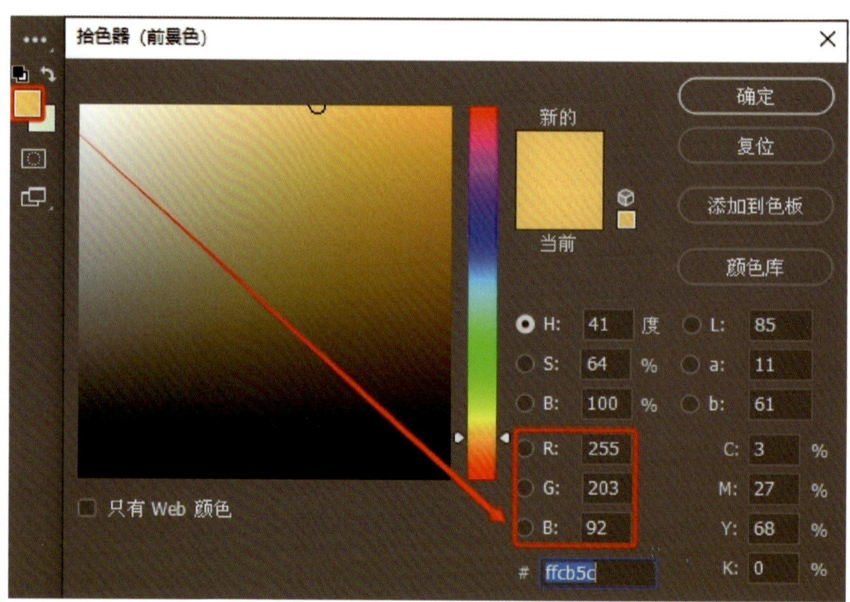

图 1-1-18 设置前景色

选择“魔棒工具”后，在工具选项栏上选择“添加到选区”选项，然后依次单击动物角色的耳朵、脸蛋、身体、脚，将其变为选区，在上下文任务栏中单击“填充选区”按钮，在弹出的菜单中选择“前景色”，将龙身填充为中黄色，如图 1-1-19 所示。单击上下文任务栏中的“取消选择”按钮完成填色。

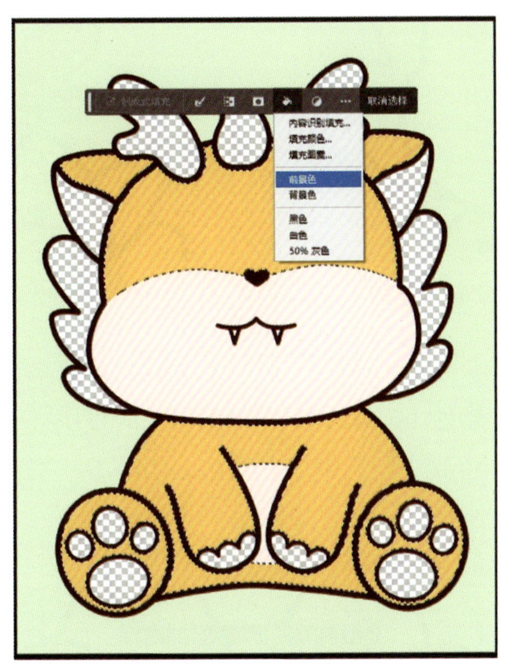

图 1-1-19　填充龙身颜色

2. 为龙角填充颜色

在工具箱中设置前景色为“棕色（R187，G84，B0）”，使用“魔棒工具”单击动物角色的双角，将其变为选区，在上下文任务栏中单击“填充选区”按钮，在弹出的菜单中选择“前景色”，将龙角填充为棕色，如图 1-1-20 所示。单击“取消选择”按钮完成填色。

图 1-1-20　填充龙角颜色

3. 为龙的鬃毛填充颜色

在工具箱中设置前景色为“明黄色（R255，G241，B0）”，使用“魔棒工具”单击动物角色的鬃毛，将其变为选区，在上下文任务栏中将龙的鬃毛填充为明黄色，如图 1-1-21 所示。单击“取消选择”按钮完成填色。

4. 为龙的耳朵内侧填充颜色

在工具箱中设置前景色为“淡黄色（R255，G239，B205）”，使用“魔棒工具”单击动物角色的耳朵内侧，将其变为选区，按【Alt+Delete】组合键填充淡黄色（前景色），如图 1-1-22 所示。按【Ctrl+D】组合键取消选择。

图 1-1-21　填充龙的鬃毛颜色

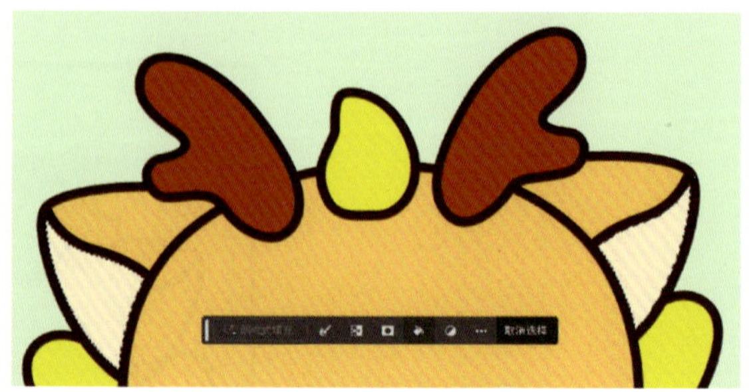
图 1-1-22　填充龙的耳朵内侧

5. 为龙的手脚心填充颜色

在工具箱中设置前景色为“橙色（R255，G179，B17）”，使用“魔棒工具”单击动物角色的手脚心，将其变为选区，按【Alt+Delete】组合键填充橙色，如图 1-1-23 所示。按【Ctrl+D】组合键取消选择。

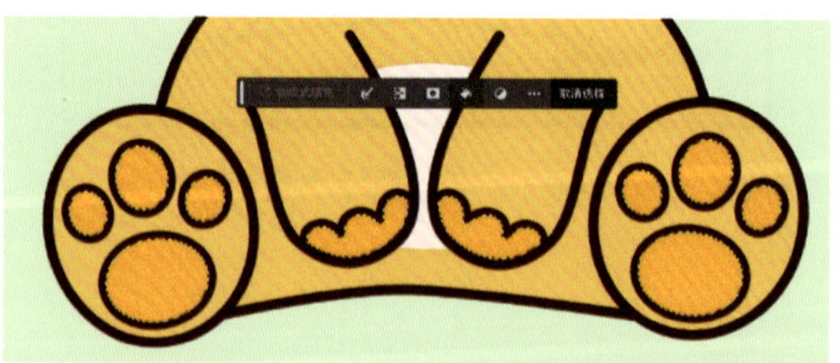
图 1-1-23　填充龙的手脚心

> **小贴士**
>
> 当使用“魔棒工具”对图像进行“添加到选区”出现选择错误选区时，可在工具选项栏上的指定选区选项中选择“从选区中减去”后，再次单击错误选区取消选择，接着进行下一步操作。

四、为动物角色绘制眼睛

1. 设置前景色

单击工具箱中的“设置前景色”按钮，在弹出的“拾色器（前景色）”对话框中设置颜色为“黑色（R0，G0，B0）”，如图 1-1-24 所示，单击“确定”按钮完成设置。

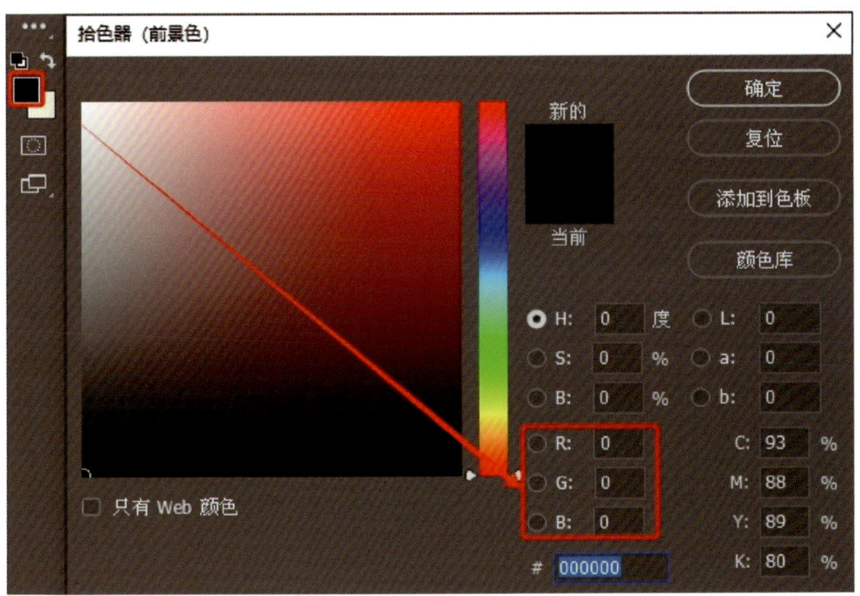

图 1-1-24　设置前景色

2. 绘制黑色眼眶

在工具箱中，右键单击“矩形工具”，在弹出的工具组中选择“椭圆工具”，在工具选项栏中将模式设置为“形状” 形状 ，填充选择“黑色” 填充： ，在龙脸左侧单击，弹出“创建椭圆”对话框，设置宽度及高度均为“300 像素”，勾选“从中心”选项，如图 1-1-25 所示。单击“确定”按钮，绘制一个黑色圆形眼眶，此时“图层”面板会自动生成一个新图层。用相同的方法绘制龙的右眼眶，如图 1-1-26 所示。

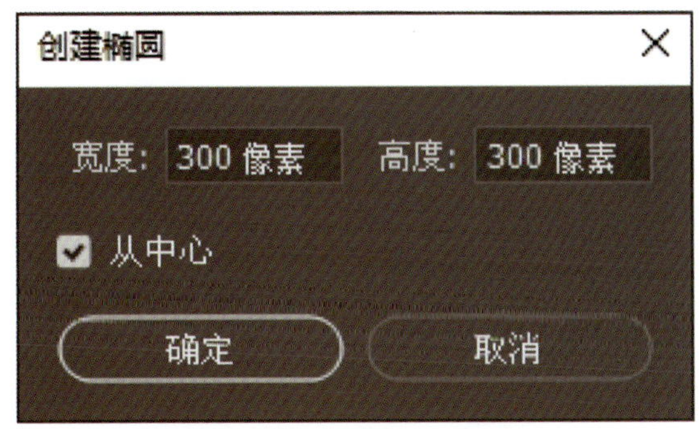

图 1-1-25　“创建椭圆”对话框

图 1-1-26　制作黑色圆形眼眶

3. 绘制眼睛高光

选择“椭圆工具”，在工具选项栏中将模式设置为“形状” 形状 ，填充选择“白色”，在龙的左眼眶内侧单击，弹出“创建椭圆”对话框，设置宽度及高度均为“120 像素”，勾选“从中心”选项，单击“确定”按钮，绘制一个白色圆形高光。然后在龙的右眼眶内侧单击，绘制一个同样大小的白色圆形高光，如图 1-1-27 所示。

用相同的方法分别在龙的左右眼眶内侧绘制一个直径为“70 像素”的白色圆形高光，然后选择“移动工具”，将眼睛高光调整到合适的位置，效果如图 1-1-28 所示。

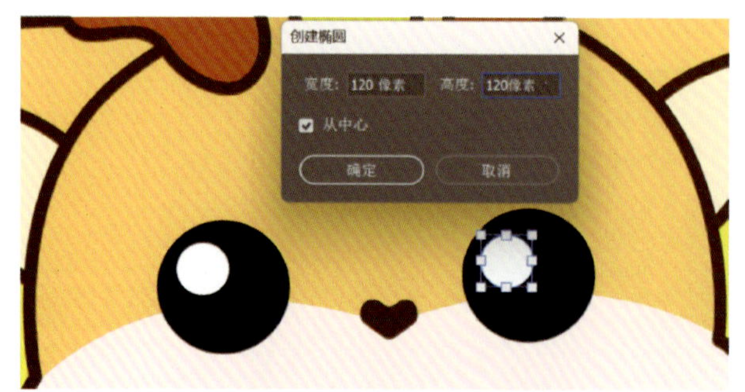

图 1-1-27　绘制白色圆形高光

图 1-1-28　绘制眼睛高光

五、为动物角色绘制腮红

选择“椭圆工具”，在工具选项栏中将模式设置为“形状” 形状 ，填充颜色设置为“粉红色（R255，G205，B230）”，如图 1-1-29 所示。

图 1-1-29　设置颜色

在龙的嘴巴左侧单击，弹出“创建椭圆”对话框，设置宽度为“350 像素”、高度为“200 像素”，单击“确定”按钮，绘制一个粉红色椭圆。然后在嘴巴的右侧绘制一个同样大小的粉红色椭圆。选择“移动工具” ，将粉红色椭圆调整到合适的位置，如图 1-1-30 所示，最终效果如图 1-1-1 所示。

图 1-1-30　绘制腮红

六、保存文档

1. 存储文件

执行“文件”→“存储为”命令，在弹出的“存储为”

对话框中选择文件存储位置，文件名默认，保存类型为“Photoshop（*.PSD，*.PDD，*.PSDT）”，单击“保存”按钮保存该文档。

2. 导出文件

执行“文件”→“导出”→“导出为”命令，在弹出的“导出为”对话框中选择文件设置格式为“JPG”，其他数值默认，单击“导出”按钮，弹出“另存为”对话框，在“另存为”对话框中选择文件存储位置，文件名默认，单击“保存”按钮导出该文档。

任务二　植物角色设计——钢笔工具组与描边

任务目标

1. 能新建与保存文件。
2. 能根据设计需求设置文档。
3. 能使用“钢笔工具”绘制图形。
4. 能使用“弯度钢笔工具”绘制图形。
5. 能根据不同工具在工具选项栏中设置基本参数。
6. 能使用“属性”面板调整图形旋转角度。

任务描述

本任务需要按要求设置正确的文档格式，并利用“钢笔工具”“弯度钢笔工具”和“椭圆工具”来制作图 1-2-1 所示的植物角色。要完成本任务，还要学习在“属性”面板中调整图形旋转角度的方法。

图 1-2-1　植物角色——番茄君

相关知识

一、“钢笔工具”

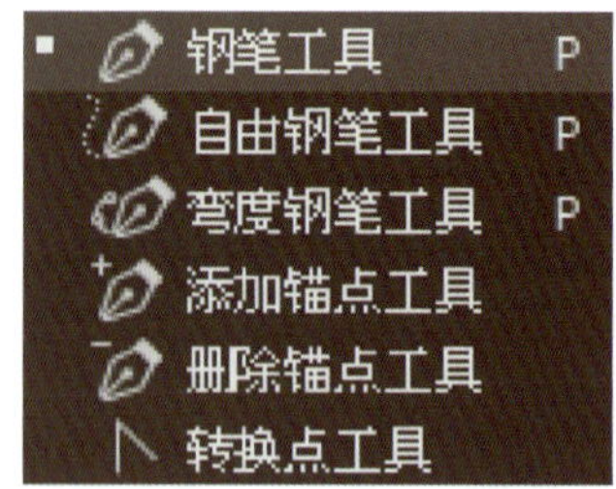

图 1-2-2 钢笔工具组

“钢笔工具”可以绘制形状、路径以及建立选区。单击“钢笔工具”图标即可使用“钢笔工具”。“钢笔工具”可以绘制直线、曲线等多种线条。

钢笔工具组中的“钢笔工具”“自由钢笔工具”和“弯度钢笔工具”用于创建形状和路径，“添加锚点工具”“删除锚点工具”和“转换点工具”用于调整路径，如图 1-2-2 所示。

小贴士

“钢笔工具”的属性栏与“矩形工具”等形状工具的属性栏类似，绘制形状时，通常在工具属性栏的工具模式中选择“形状”模式，抠图时通常选择工具模式下拉列表的“路径”模式。

1. 绘制直线线段

使用“钢笔工具”在页面中单击生成直线锚点，再次单击即可生成直线路径。按住【Shift】键并单击，可以创建水平、垂直或 45° 角方向的直线段。按【BackSpace】键可以返回到上一个锚点，按【Esc】键可以结束绘制，如图 1-2-3 所示。

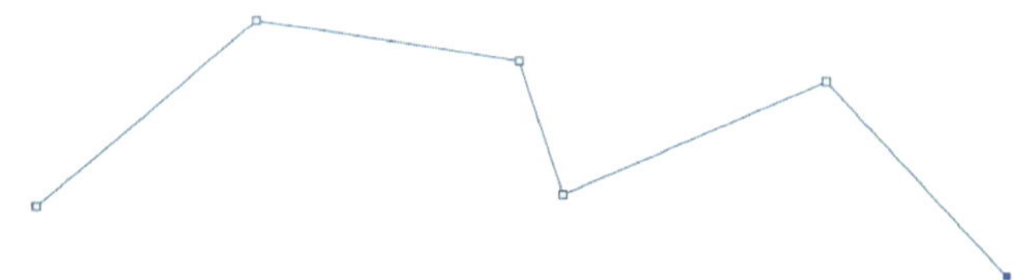
图 1-2-3 绘制直线线段

2. 绘制曲线线段

使用“钢笔工具”在页面中单击并拖拽鼠标，可得到带手柄的锚点，再次单击并拖拽鼠标指针可生成曲线路径，如图 1-2-4 所示。

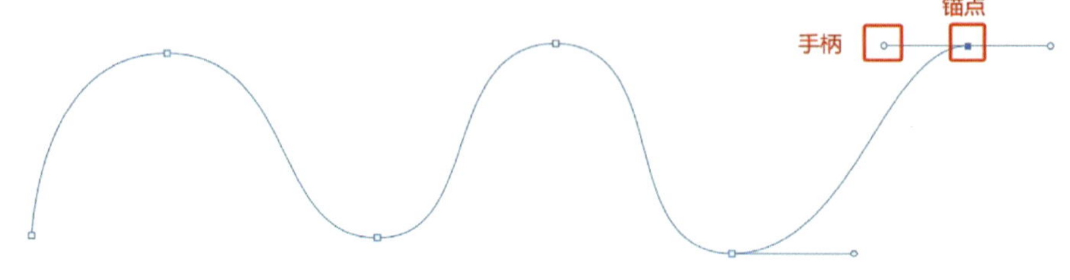

图 1-2-4 绘制曲线线段

3. 绘制闭合区域

在页面中单击创建多个锚点，在鼠标光标靠近起始锚点时，鼠标光标旁会出现一个小圆圈，此时单击即可形成一个闭合的路径，如图 1-2-5 所示。

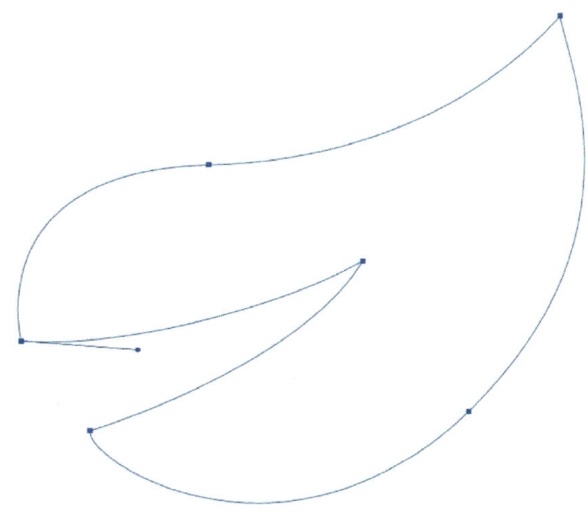

图 1-2-5　绘制闭合区域

4. 转换锚点

使用“钢笔工具”绘图时，按住【Alt】键可切换为“转换点工具”。此时，拖拽曲线锚点的手柄，可以调整单侧手柄的方向及长度，单击锚点可以取消一侧的手柄，如图 1-2-6 所示。

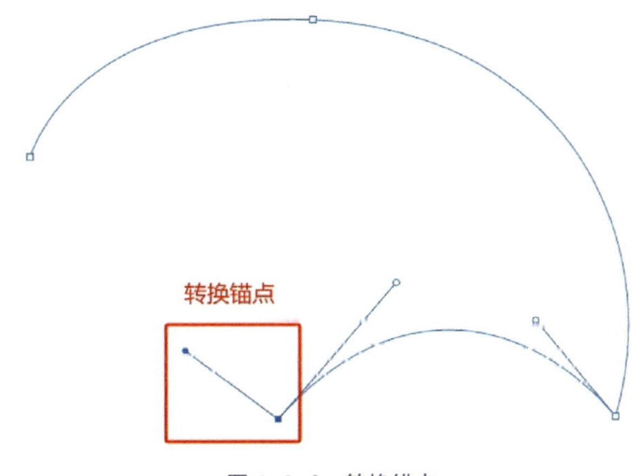

图 1-2-6　转换锚点

5. 移动锚点

使用“钢笔工具”绘图时，按住【Ctrl】键可切换为“直接选择工具”，此时可以移动锚点和调整手柄的方向及长度。

二、“自由钢笔工具”

“自由钢笔工具” 主要用于在绘制路径或形状时添加锚点。使用“自由钢笔工具”在页面中拖拽鼠标即可绘制路径。在工具属性栏中勾选“磁性的”选项后，在创建路径时，当鼠标指针沿着图像中某个物体移动时，路径会自动吸附到该物体的边缘，如图 1-2-7 所示。

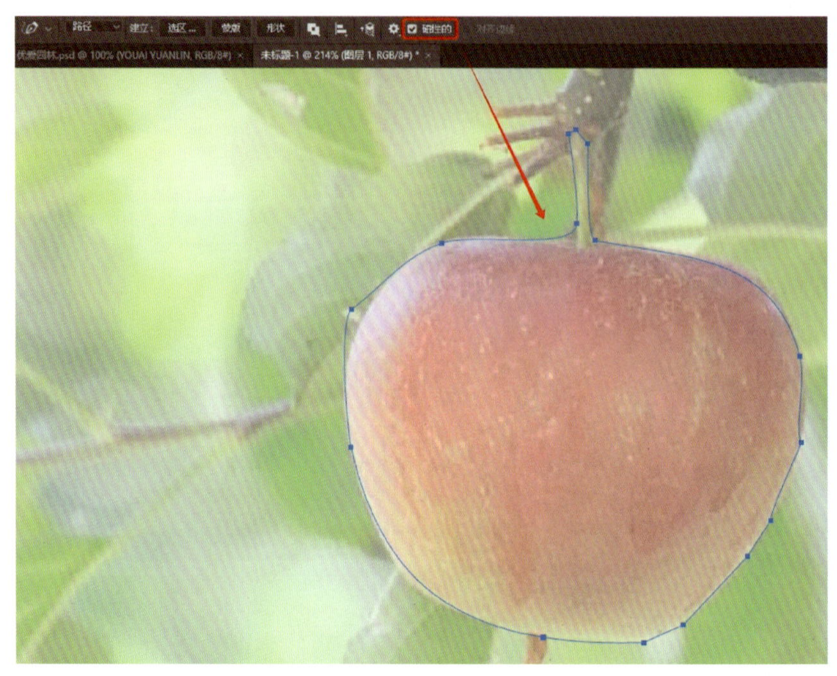

图 1-2-7　磁性的自由钢笔工具

三、“弯度钢笔工具”

“弯度钢笔工具” 可使用点绘制和更改路径或形状，多用于抠取弧度较多的图像。

使用“弯度钢笔工具”在页面上随意绘制两个点会形成直线，接着绘制第三个点时会形成一条曲线。在路径上单击可添加锚点，拖拽路径上的锚点即可调整曲线效果。在锚点上双击鼠标左键即可实现曲线锚点和直线锚点的相互转换。

四、“添加锚点工具”

“添加锚点工具” 用于为路径添加锚点，调整路径的状态。将鼠标指针放到路径上，单击可添加新的锚点。将鼠标指针放到锚点上单击并拖拽，可调整路径的状态。按住【Alt】键并单击锚点可删除锚点。

五、“删除锚点工具”

“删除锚点工具” 用于删除路径中不需要的锚点，调整路径的状态。将鼠标指针放到锚点上，单击路径上的锚点可删除锚点。按住【Alt】键在路径上单击可添加锚点。

六、“转换点工具”

“转换点工具” 用于转换平滑锚点和拐角锚点，编辑形状和路径。将鼠标指针放在路径上的锚

点处单击，即可在平滑锚点和拐角锚点之间转换。将鼠标指针放到路径上单击并拖拽，可调整路径的状态。

七、“属性”面板

“属性”面板位于窗口的右侧，主要用于显示页面状态、控制图像的编辑、设置参数等，如图 1-2-8 所示。执行“窗口”→“属性”命令可隐藏或显示“属性”面板。

任务实施

一、新建 Photoshop 文档

启动 Photoshop 后，在窗口中单击“新文件”按钮，在弹出的“新建文档”对话框右侧“预设详细信息”选项中输入“植物角色”，宽度为“800”，高度为“800”，单位为“像素”，分辨率为“150”像素 / 英寸，颜色模式为“RGB 颜色”，其他参数默认，如图 1-2-9 所示。然后单击“创建”按钮，创建一个新图像文件，如图 1-2-10 所示。

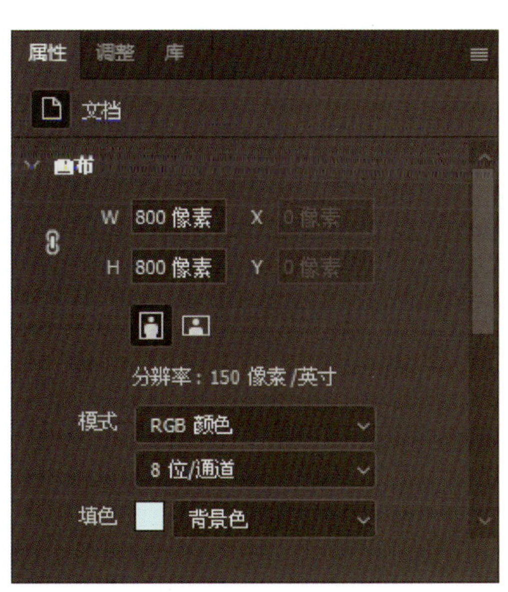

图 1-2-8　“属性”面板

图 1-2-9　设置“新建文档”对话框参数

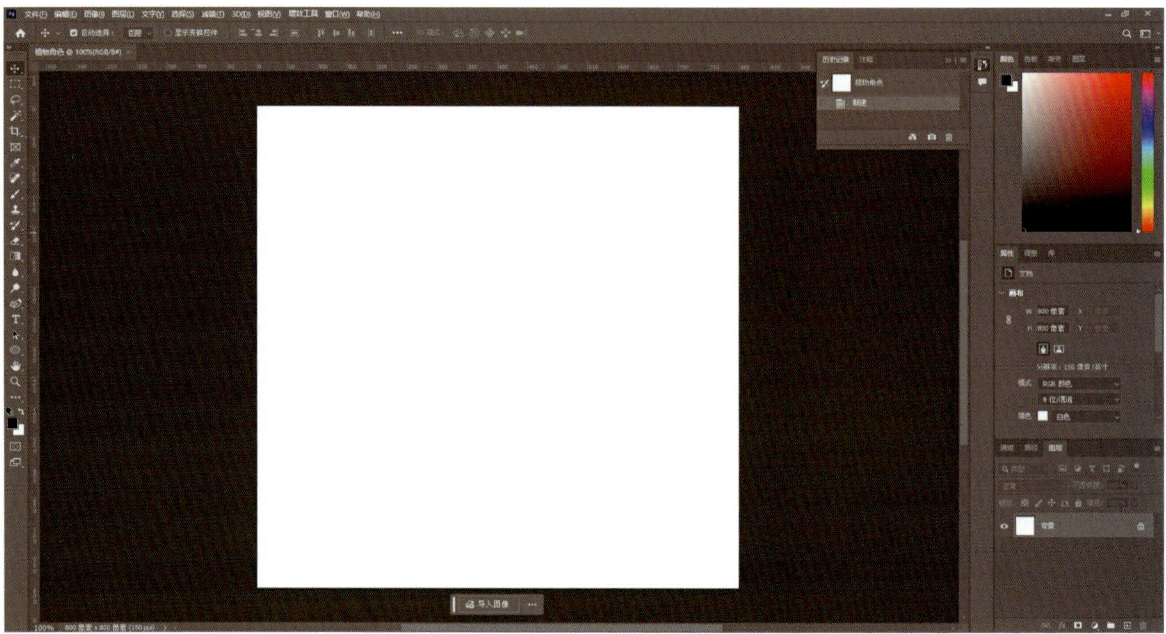

图 1-2-10　创建的新建文档

二、填充背景色

用鼠标左键单击工具箱中的“设置背景色”按钮，在弹出的“拾色器（背景色）”对话框中设置颜色为“浅黄色（R255，G252，B221）”，如图 1-2-11 所示，单击“确定”按钮完成设置，按【Ctrl+Delete】组合键填充背景色，如图 1-2-12 所示。

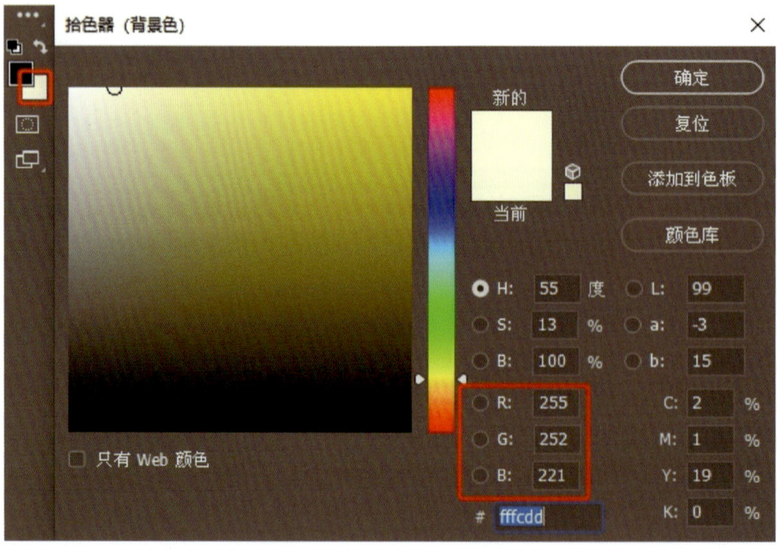

图 1-2-11　设置背景色

三、绘制植物角色外形

1. 设置前景色

用鼠标左键单击工具箱中的“设置前景色”按钮，在弹出的“拾色器（前景色）”对话框中设置颜

色为“红色（R255，G0，B0）”，如图 1-2-13 所示，单击“确定”按钮完成设置。

图 1-2-12　填充背景色

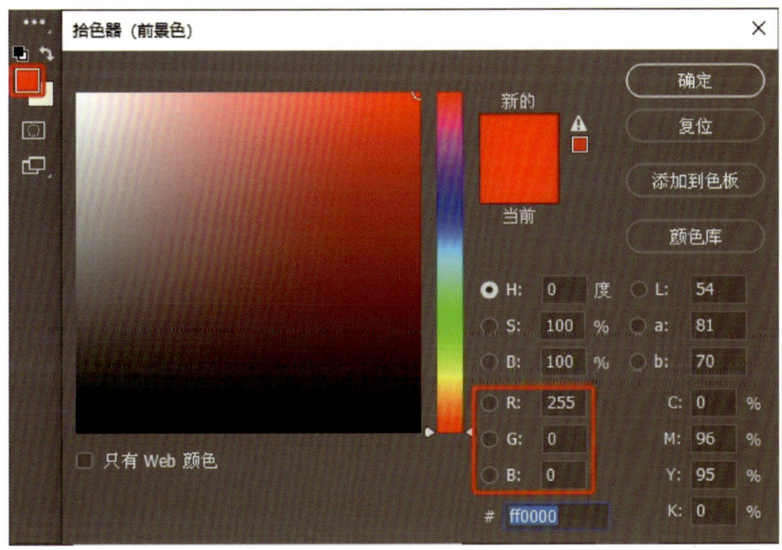

图 1-2-13　设置前景色

2. 绘制椭圆外形

选择“椭圆工具”，在工具选项栏中将模式设置为“形状” 形状 ，填充设置为“红色” 填充： ，在页面中间单击鼠标左键，弹出“创建椭圆”对话框，设置宽度为“520 像素”，高度为“460 像素”，勾选“从中心”选项，如图 1-2-14 所示，单击“确定”按钮，制作出红色椭圆。

在“属性”面板中设置“旋转”角度为“-8.00°”，如图 1-2-15 所示，按【Enter】键确定操作。

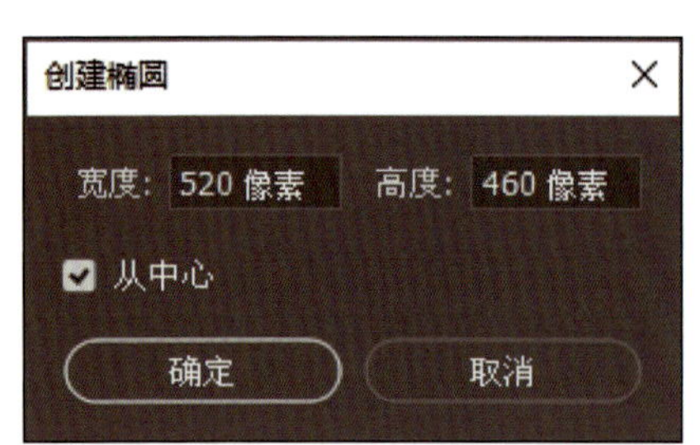

图 1-2-14 “创建椭圆”对话框

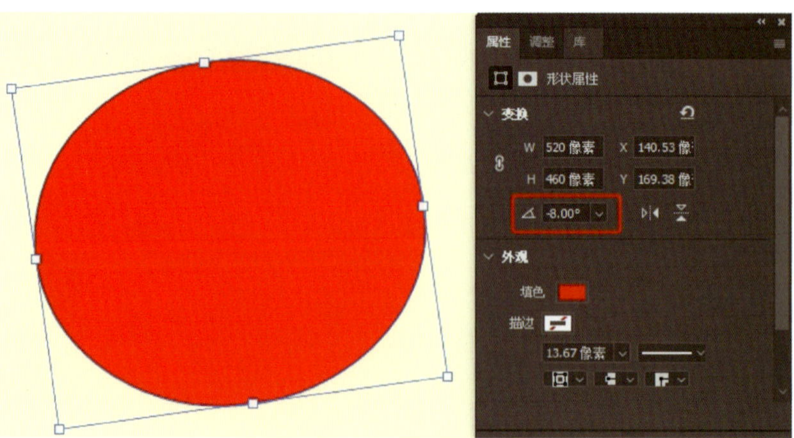

图 1-2-15 调整椭圆旋转角度

3. 绘制番茄蒂

在工具箱中设置前景色为“绿色（R27，G189，B0）”，选择工具箱中的“钢笔工具”，在工具选项栏中选择工具模式为“形状”，填充选择“绿色”，在红色椭圆上半部分绘制星形的闭合形状，如图 1-2-16 所示。

用鼠标右键单击工具箱中的“钢笔工具”图标，从弹出的选项卡中选择“弯度钢笔工具”，用鼠标左键双击星形的尖角，将其转换为圆角的锚点，并根据形状需要，适当调整锚点位置，效果如图 1-2-17 所示。

图 1-2-16 绘制星形

图 1-2-17 调整星形

单击“图层”面板底部的“创建新图层”图标，在“图层”面板中新建“图层 1”，如图 1-2-18 所示。

在工具箱中设置前景色为“褐色（R83，G30，B5）”，选择“钢笔工具”，在工具选项栏中选择工具模式为“形状”，填充选择“褐色”，在绿色星形上半部分绘制闭合形状，如图 1-2-19 所示。此时“图层”面板的“图层 1”会自动变为“形状 2”图层。

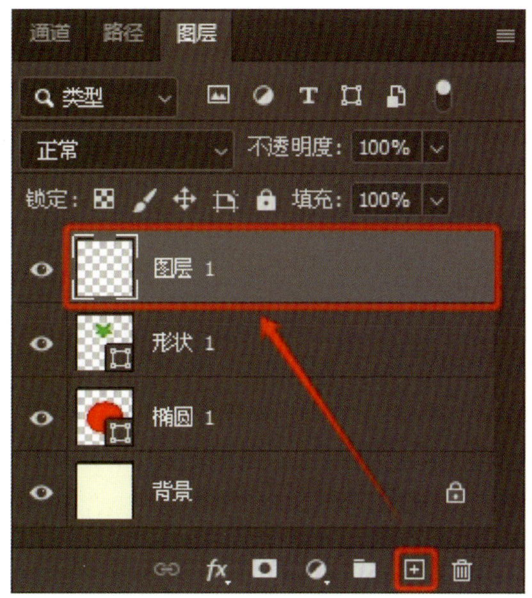

图 1-2-18　新建“图层 1”

图 1-2-19　绘制褐色番茄蒂

四、绘制植物角色五官

1. 绘制眼睛

单击“图层”面板底部的“创建新图层”图标，新建“图层 1”图层，在工具箱中设置前景色为“白色（R255，G255，B255）”，选择“椭圆工具”，在工具选项栏中将模式设置为“形状”，填充选择“白色” 填充：，在红色椭圆内绘制两个圆形眼睛外框，如图 1-2-20 所示。此时“图层”面板的“图层 1”会自动变为“椭圆 2”图层，并自动生成“椭圆 3”图层。

在“图层”面板中新建“图层 1”，选择“椭圆工具”，在工具选项栏中将工具模式设置为“形状”，填充选择“黑色”，在红色椭圆内绘制两个圆形眼球，使用“移动工具”将眼睛调整到合适的位置，效果如图 1-2-21 所示。

图 1-2-20　绘制眼睛外框

图 1-2-21　绘制眼球

2. 绘制鼻子

在“图层”面板中新建“图层 1”，在工具箱中设置前景色为“米黄色（R255，G220，B180）”，选择“椭圆工具”，在工具选项栏中将工具模式设置为“形状”，填充选择“米黄色”，在眼睛中间下方

图 1-2-22　绘制鼻子

绘制一个椭圆，并在“属性”面板上将旋转角度改为“-8.00°”，使用“移动工具”将鼻子调整到合适的位置，效果如图 1-2-22 所示。

3. 绘制嘴巴

在“图层”面板中新建“图层 1”，在工具箱中设置前景色为“粉红色（R255，G172，B153）”，选择“弯度钢笔工具”后在工具选项栏中将工具模式设置为“形状”，填充选择“无颜色”，描边为“粉红色”，形状描边宽度为“20 像素”，形状描边选项中的端点设置为“圆角”，如图 1-2-23 所示。在鼻子下方绘制三个点形成一条曲线，完成嘴巴效果，如图 1-2-24 所示。

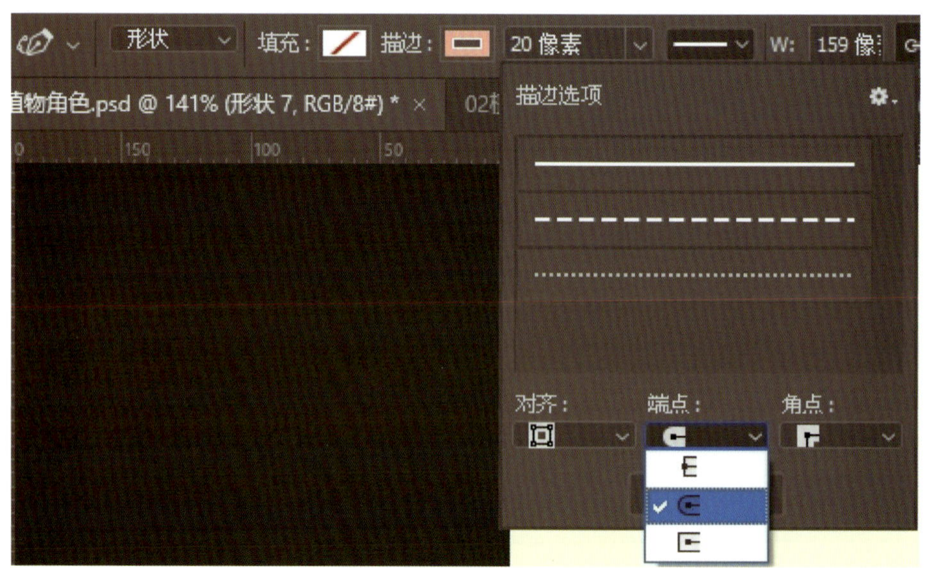

图 1-2-23　描边参数

图 1-2-24　绘制嘴巴

五、绘制高光

在“图层”面板中新建“图层 1”，选择“弯度钢笔工具”后在工具选项栏中将工具模式设置为“形状”，填充设置为“无”，描边为“白色”，宽度为“25 像素”，描边选项中的端点改为“圆角”。在红色椭圆左侧绘制三个点形成一条曲线，即为高光，在“图层”面板中将不透明度调整为“60%”，效果如图 1-2-25 所示。

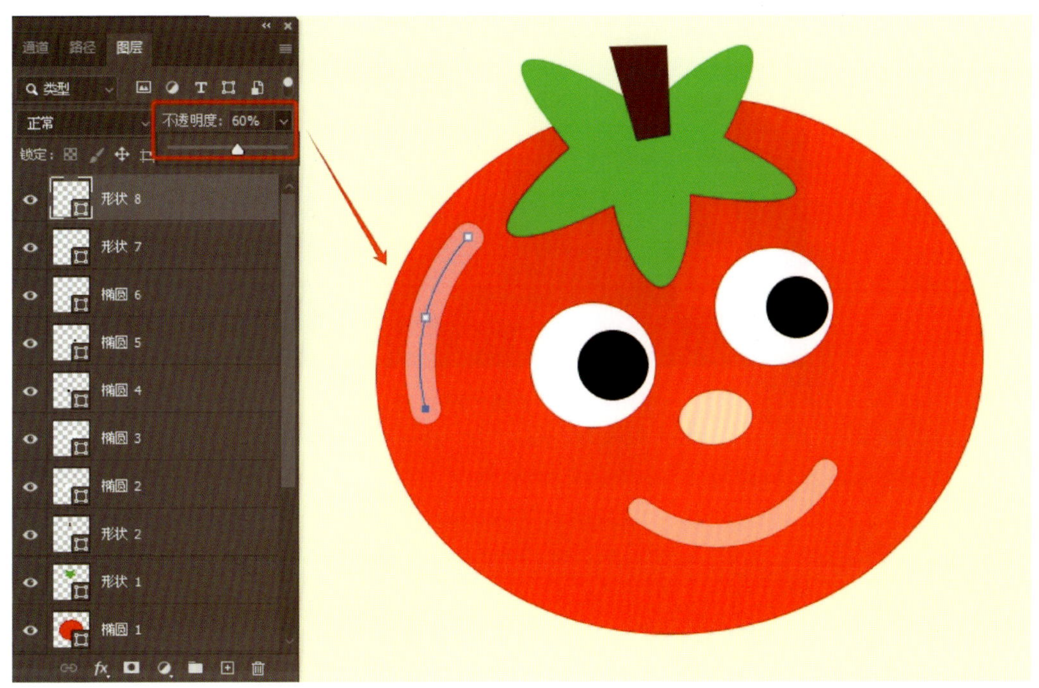

图 1-2-25　绘制高光

六、绘制植物角色四肢

1. 绘制角色双手

用鼠标左键单击“图层”面板中的“背景”图层，然后单击“创建新图层”图标，在背景图层上方新建“图层 1”，如图 1-2-26 所示。

在工具箱中设置前景色为“肉色（R255，G175，B155）”，选择“钢笔工具”，在工具选项栏中将填充设置为“肉色”，描边为“无”，在番茄右侧绘制出手的闭合形状，如图 1-2-27 所示。

选择“弯度钢笔工具”，用鼠标左键双击手指的尖角，将其转换为圆角的锚点，并根据形状需要适当调整锚点位置，效果如图 1-2-28 所示。

使用相同的方法，在番茄左侧完成手的绘制，效果如图 1-2-29 所示。

2. 绘制角色双脚

单击“图层”面板的“背景”图层，再单击“创建新图层”图标，在背景图层上方新建“图层 1”。在工具箱中设置前景色为“蓝绿色（R40，G200，B150）”，选择工具箱中的“钢笔工具”，填充选择“蓝绿色”，描边为“无”，在番茄下方绘制出脚的直线闭合形状，如图 1-2-30 所示。

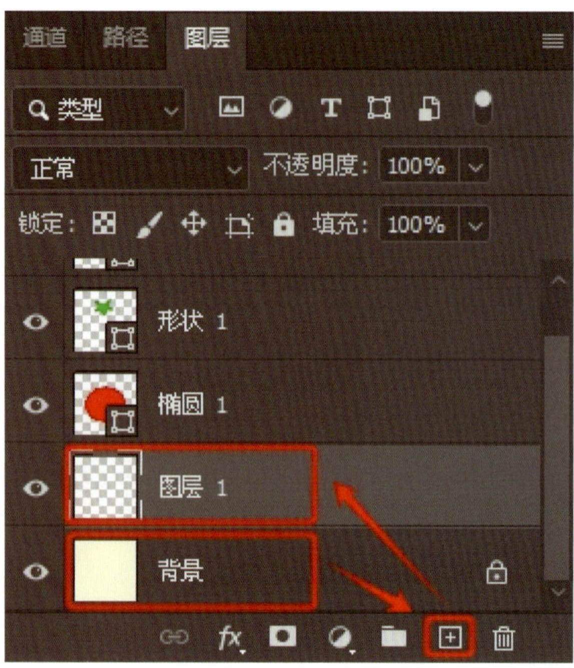

图 1-2-26　新建“图层 1”

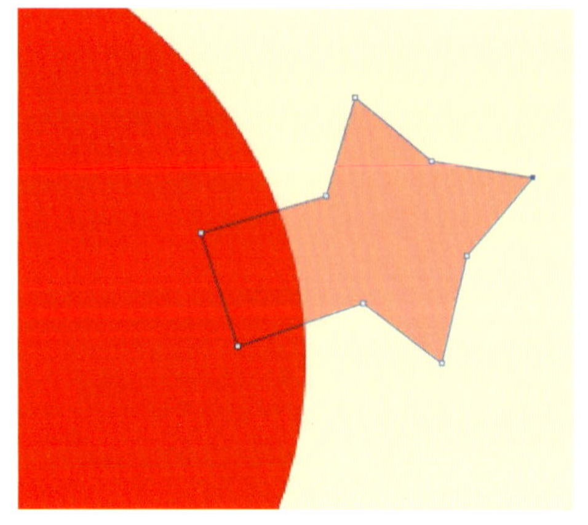
图 1-2-27　绘制手的直线闭合形状

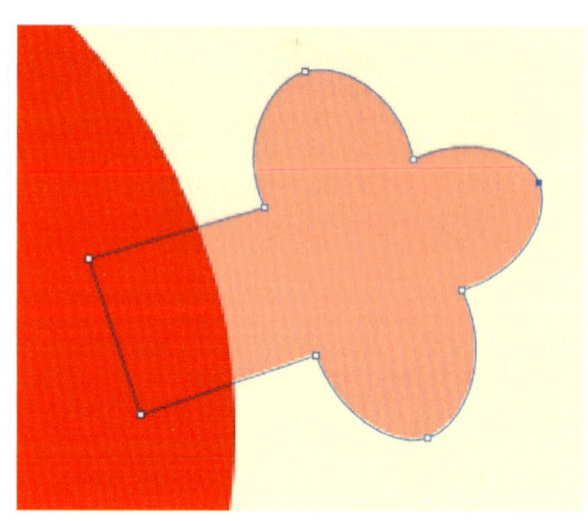
图 1-2-28　调整手指形状

图 1-2-29　绘制双手

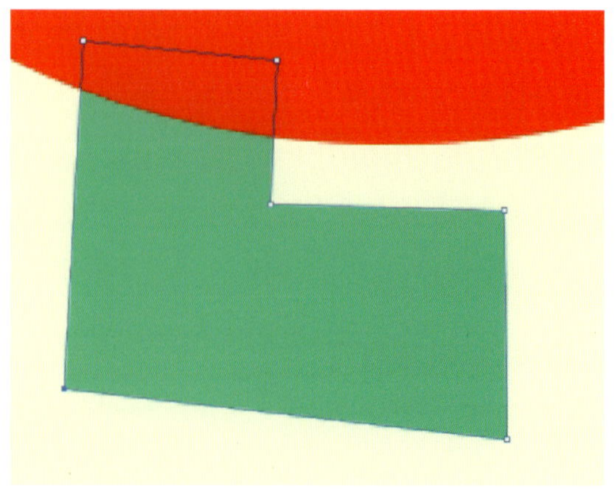
图 1-2-30　绘制脚的直线闭合形状

选择“弯度钢笔工具”，用鼠标左键双击脚的部分直角，将其转换为圆角的锚点，并根据形状需要，添加适当的锚点并调整锚点位置，效果如图 1-2-31 所示。

使用上述操作方法，在番茄下方完成第二只脚的绘制，双脚效果如图 1-2-32 所示。

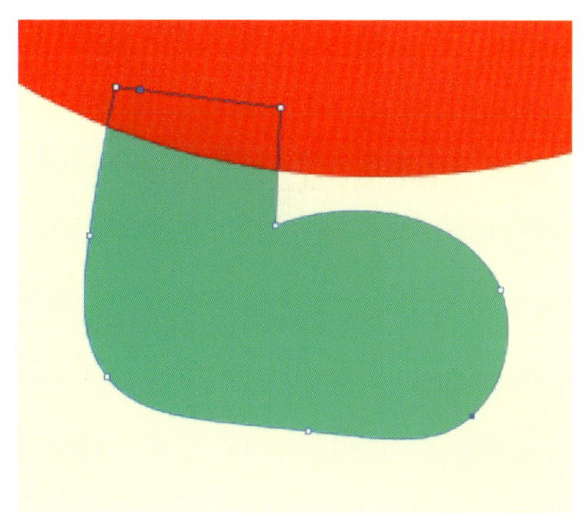

图 1-2-31　调整脚的形状

图 1-2-32　绘制双脚

小贴士

在工作页面中显示图像效果时，“图层”面板中的上方图层会遮盖下方图层，因此可根据显示需要调整图层顺序。

七、保存文档

1. 存储文件

执行“文件”→“存储为”命令，在弹出的“存储为”对话框中选择文件存储位置，文件名默认，保存类型为“Photoshop (*.PSD、*.PDD、*.PSDT)”，单击“保存”按钮保存该文档。

2. 导出文件

执行“文件”→“导出”→“导出为”命令，在弹出的“导出为”对话框中选择文件设置格式为“JPG”，其他数值默认，单击“导出”按钮，在“另存为”对话框中选择文件存储位置，文件名默认，单击“保存”按钮导出该文档。

任务三　人物角色设计——绘图工具与图层

任务目标

1. 能利用网格工具辅助绘制图形。
2. 能正确在页面中置入对象。

3. 能使用“水平翻转”命令处理图形。

4. 能使用“弯度钢笔工具”修改形状。

5. 能在“图层”面板中复制多个图层。

6. 能将多个图层编组。

任务描述

本任务需要利用网格工具辅助绘制人物角色，任务通过利用“钢笔工具”“弯度钢笔工具”“矩形工具”和“椭圆工具”来制作图1-3-1所示的人物角色。要完成本任务，还要学习如何在“图层”面板中调整图层顺序。

图1-3-1 人物角色——美妮

相关知识

一、在Photoshop中置入对象

执行“文件”→“置入嵌入对象”或“置入链接的智能对象”命令，选择需要嵌入的文件后单击“置入”按钮，可以将照片、图片或任何Photoshop支持的文件作为智能对象添加到文档中，如图1-3-2所示。

1. 置入嵌入对象

嵌入智能对象是指将外部图像文件直接存储在Photoshop文件内部，修改对象源文件不会影响Photoshop中的嵌入智能对象。嵌入智能对象会增加Photoshop文件大小，因为它们是Photoshop文件中的一部分。

图 1-3-2　“置入链接的对象”对话框

2. 置入链接的智能对象

置入链接的智能对象是指在 Photoshop 文件中创建一个指向外部文件的链接，修改链接的外部源文件会导致 Photoshop 中链接的智能对象内容更新。置入链接的智能对象不会增加 Photoshop 文件的大小，因为它们只是引用外部文件的内容。

二、Photoshop 常用的辅助工具

标尺、参考线、智能参考线和网格是 Photoshop 常用的辅助工具，通过这些辅助工具，可以方便地对图像进行准确编辑，如图 1-3-3 所示。

1. 标尺

标尺用于测量图像的尺寸和位置，同时也提供了参考线定位的依据。单击菜单栏的“视图”选项，选择“标尺”，此时，在页面上方和左侧会出现标尺，可以通过鼠标拖动标尺左上角的刻度来进行测量和对齐操作。若要隐藏标尺，执行“视图”→“标尺”命令即可。

2. 参考线

参考线用于图像定位，它浮动在图像上方，打印后不会显示。可以通过拖动标尺上的线条来创建参考线。

如果需要创建垂直参考线，可以在垂直标尺上单击并拖动到页面中；如果需要创建水平参考线，可以在水平标尺上单击并拖动到页面中。

在拖动参考线时，按下【Alt】键就能在垂直和水平参考线之间进行切换。按下【Alt】键，单击当前垂直的参考线，就能够将其转变为一条水平的参考线，反之亦然。

如果需要删除参考线，可选择“移动工具”将参考线拖到标尺上即可，或选中参考线按【Delete】键即可删除；如果需要隐藏参考线，执行“视图”→“显示”→“参考线”命令即可隐藏。

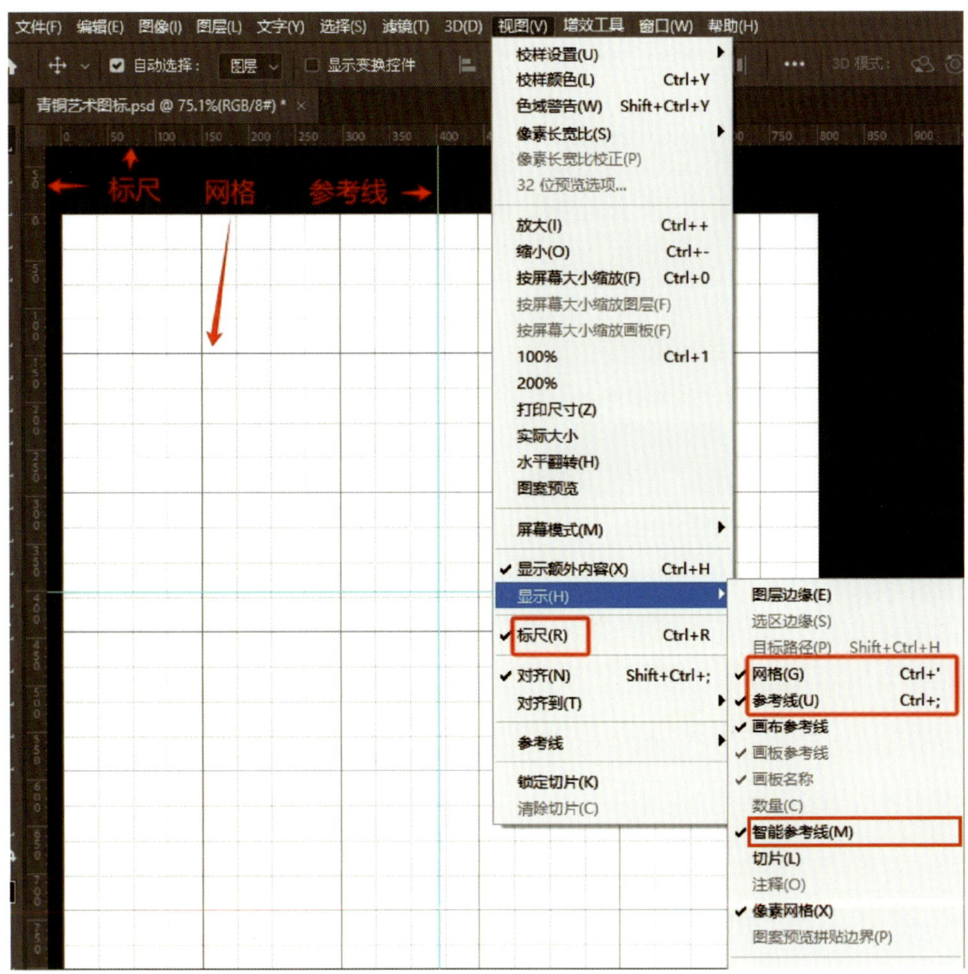

图 1-3-3 Photoshop 常用的辅助工具

3. 智能参考线

智能参考线是通过分析画面，智能出现的参考线。执行“视图”→“显示”→“智能参考线”命令，即可启用智能参考线。

4. 网格

网格常用于选区、画笔、钢笔的准确绘制。执行“视图”→“显示”→“网格”命令即可显示网格。显示网格后，可执行“视图”→“对齐到”→“网格”命令启用对齐功能，此后在进行创建选区和移动图像等操作时，对象会自动对齐到网格上。

> **小贴士**
>
> 执行菜单栏的“编辑”→“首选项”→“参考线、网格和切片（S）”命令，在弹出的首选项窗口中可设置参考线、智能参考线、网格的颜色、样式、线条粗细等属性。

三、“自由变换”命令

“自由变换”命令是对对象的变换调整，包括调整位置、缩放、旋转、扭曲、斜切、透视、变形和镜像，也可以应用变形变换。一般情况下，“自由变换”命令以图层或者多个图层为变换单位，也可以对图层的选区部分进行变换，但如果选区是空的，就无法执行“自由变换”命令。

执行“编辑”→“自由变换”命令，在对象的四周会出现一个带有控制点的变换框，即可开启自由变换模式，按住鼠标拖动控制点或线可以调整对象，此时单击鼠标右键会弹出更多隐藏命令，根据绘制需求可选择不同命令来调整对象，如图 1-3-4 所示。调整结束后可以按下【Enter】键确认变换效果，或者按下【Esc】键取消变换，使对象保持原状。

图 1-3-4　启动“自由变换”命令

小贴士

当变换位图图像时（与形状或路径相对），每次提交变换时它都会变得略微模糊。因此，在应用渐增变换之前执行多个命令要比分别应用每个变换更可取。

四、图层编组

在 Photoshop 的使用过程中，随着操作步骤递增，图层数量也会越来越多，将同一类图层归到一个图层组里，可以使“图层”面板整齐有序、方便编辑。

全选需要编组的图层，可以按住【Shift】键，用鼠标左键单击第一个图层和最后一个图层即可选中这两个图层之间的所有图；或者按住【Ctrl】键，用鼠标左键单击需要编组的图层，可将所需图层全部选中。按住鼠标左键将选中的图层拖动至“图层”面板底部的“创建新组”按钮，或按住【Ctrl+G】组合键进行编组，“图层”面板中会生成“组 1”图层组，如图 1-3-5 所示。单击图层组前面的按钮可以展开图层组，再次单击又可以将图层隐藏到图层组里。双击图层组组名会进入编辑状态，可以重命名图层组。

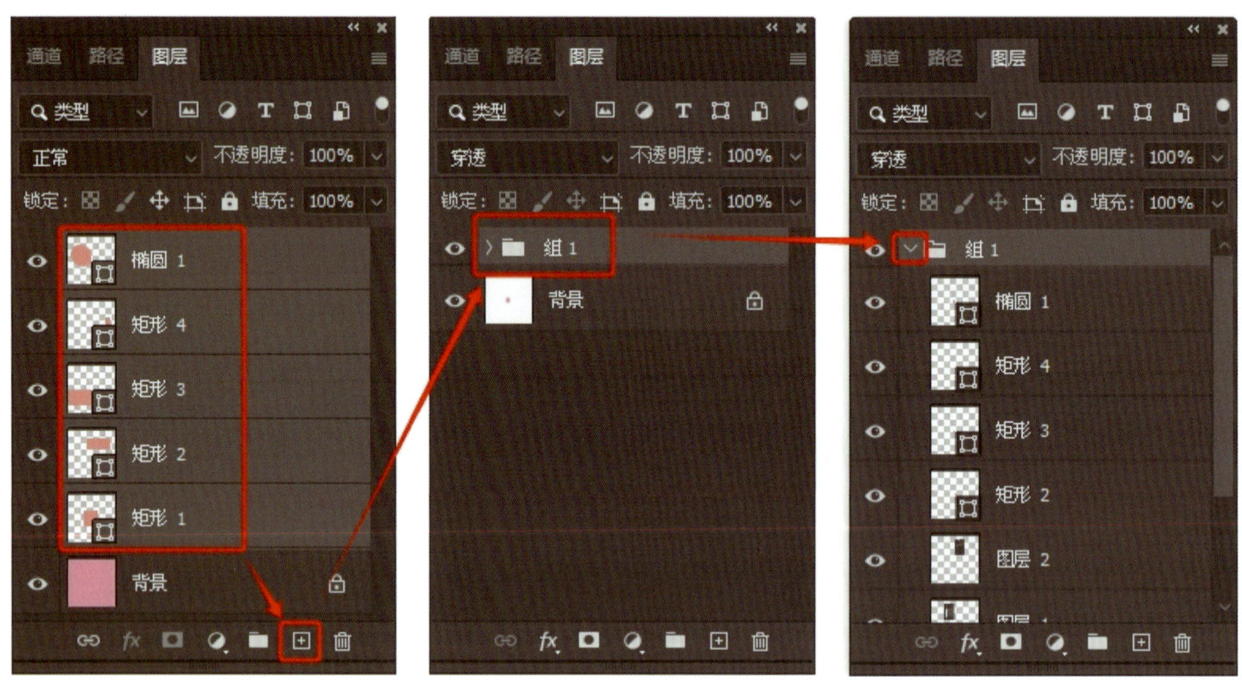

图 1-3-5　编组图层

任务实施

一、新建 Photoshop 文档

启动 Photoshop 应用程序后，按【Ctrl+N】组合键，打开“新建文档”对话框，在对话框的右侧“预设详细信息”选项中输入“人物角色”，宽度为“800”，高度为“1 200”，单位为“像素”，分辨率为“150”像素 / 英寸，颜色模式为“RGB 颜色”，其他参数默认，然后单击“创建”按钮，创建一个新图像文件。

二、置入图像制作背景

1. 置入底纹

执行“文件”→“置入嵌入对象”命令，选择“项目一素材 /02 人物角色底纹 .tif”文件，单击“置入”按钮，置入底纹，如图 1-3-6 所示，单击上下文任务栏的“完成”按钮完成置入。

2. 置入花纹

执行“文件”→“置入嵌入对象”命令，选择“项目一素材 /03 人物角色背景花纹 .psd”文件，单击“置入”按钮，置入花纹，用鼠标左键按住其中一个角点并拖动缩小花纹。松开鼠标并移动到角点附近，待鼠标光标变成“旋转”图标 时，按住鼠标左键旋转花纹，如图 1-3-7 所示，单击上下文任务栏的“完成”按钮完成置入。

图 1-3-6　置入底纹

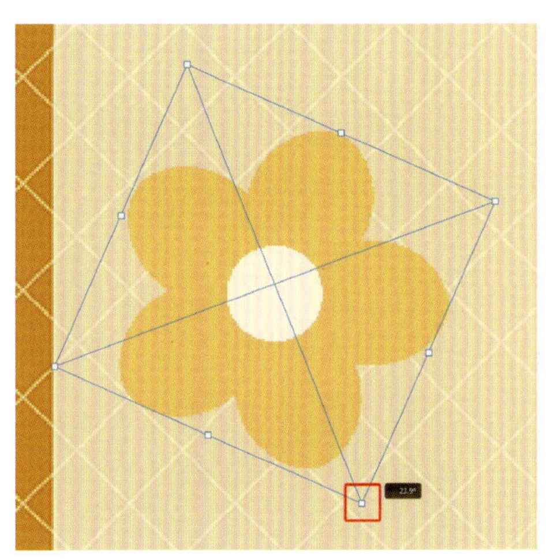

图 1-3-7　置入花纹

3. 复制花纹

用鼠标左键按住“图层”面板的“03 人物角色背景花纹”图层并拖至“新建图层”按钮上，复制为“03 人物角色背景花纹 拷贝”图层，如图 1-3-8 所示。执行“编辑”→“自由变换”命令，调整花纹的大小、位置和方向。用相同的方法再复制两个花纹并改变其大小、位置和方向，完成后背景效果如图 1-3-9 所示。

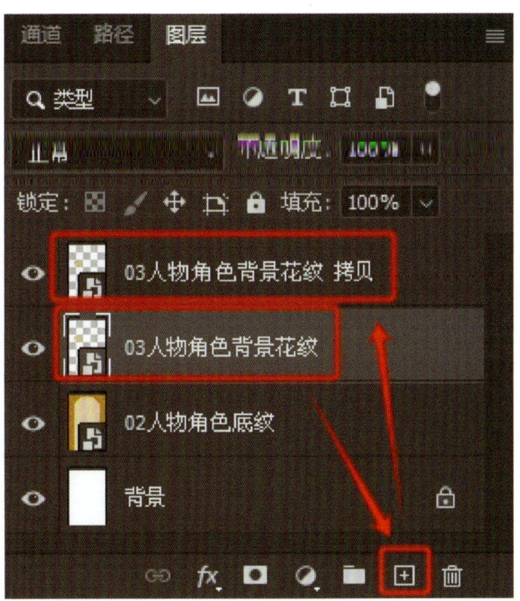

图 1-3-8　在“图层”面板中复制图层

4. 编组背景图层

单击“图层”面板中最上方的“03 人物角色背景花纹 拷贝 3”图层，按住【Shift】键后单击“02 人物角色底纹”图层，将除“背景”图层以外的所有图层选中。按住鼠标左键，将选中图层拖动到“图层”面板底部的“创建新组”按钮，将背景图层编组为“组 1”，如图 1-3-10 所示。

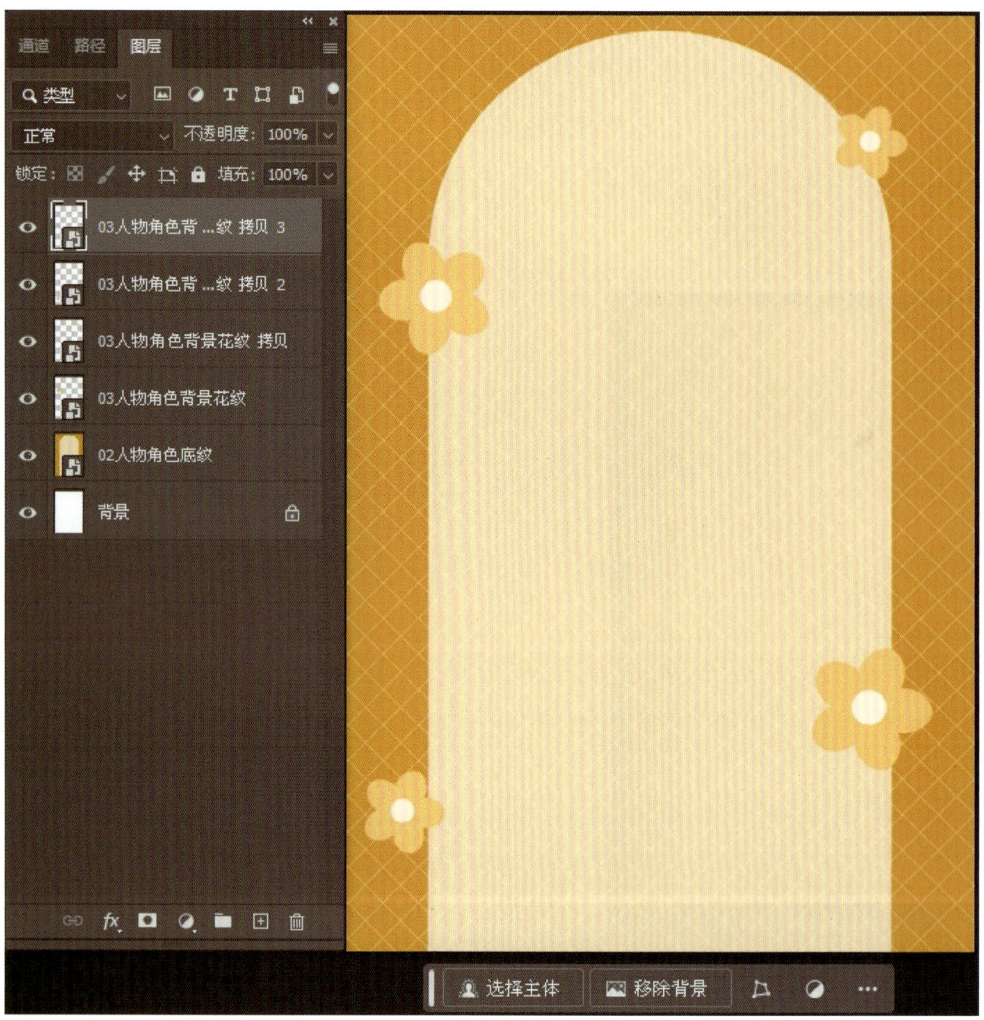

图 1-3-9　复制多个花纹

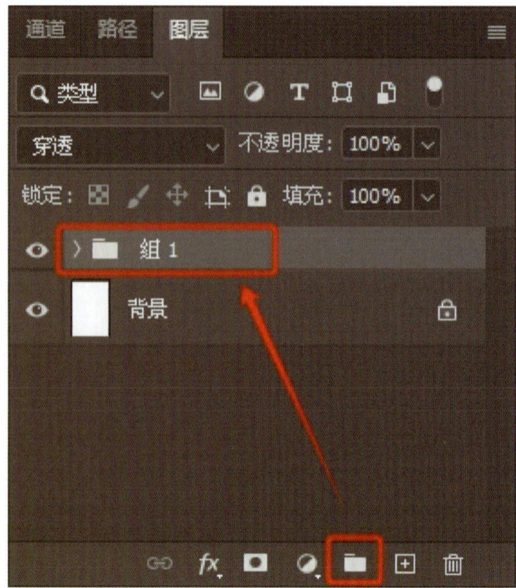

图 1-3-10　编组背景图层

三、启动辅助工具

1. 显示画布网格

执行“视图”→“显示”→“网格”命令，在画布中显示网格。执行“编辑”→“首选项”→“参考线、网格和切片（S）”命令，在“首选项”窗口中设置网格线间隔为“100”，单位为“像素”，子网格为“5”，其余参数设置如图 1-3-11 所示，单击“确定”按钮完成设置。

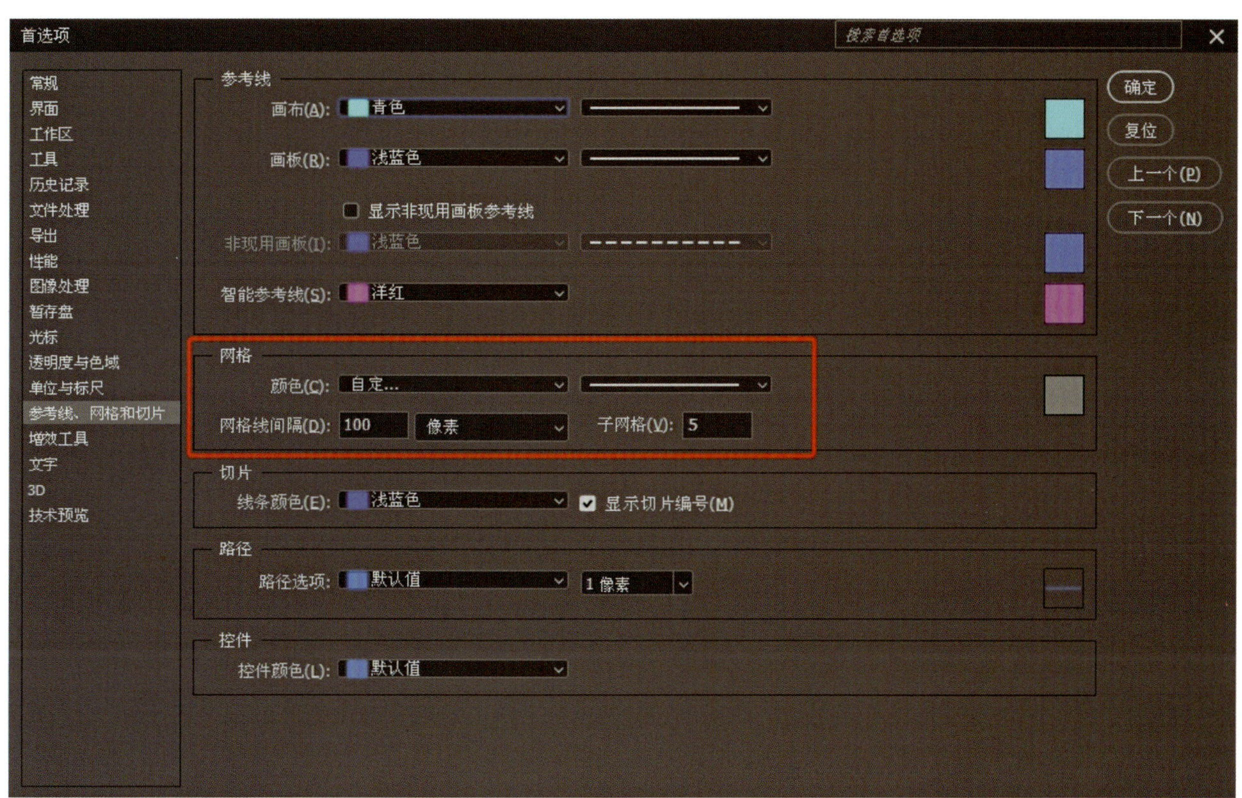

图 1-3-11　设置网格参数

2. 启动智能参考线

执行“视图”→“显示”→“智能参考线”命令，启用智能参考线，如图 1-3-12 所示。

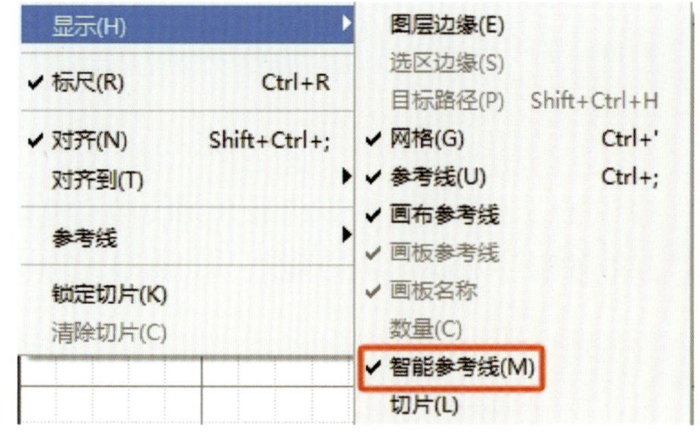

图 1-3-12　启用智能参考线

四、绘制帽子

1. 绘制帽顶

在工具箱中将前景色设置为“褐色（R62，G34，B0）”，选择“椭圆工具”，在工具选项栏中将模式设置为“形状”，填充选择“褐色”，在页面顶部中间位置沿着网格绘制一个宽为“200 像素”、高为“140 像素”的椭圆，如图 1-3-13 所示。

2. 绘制帽檐

设置前景色为“棕色（R83，G45，B0）”，在“图层”面板中新建“图层 1”，选择“椭圆工具”，填充选择“棕色”，在帽顶下方沿着网格绘制一个宽为“400 像素”、高为“140 像素”的椭圆，使用“移动工具”将其移动到合适位置，如图 1-3-14 所示。

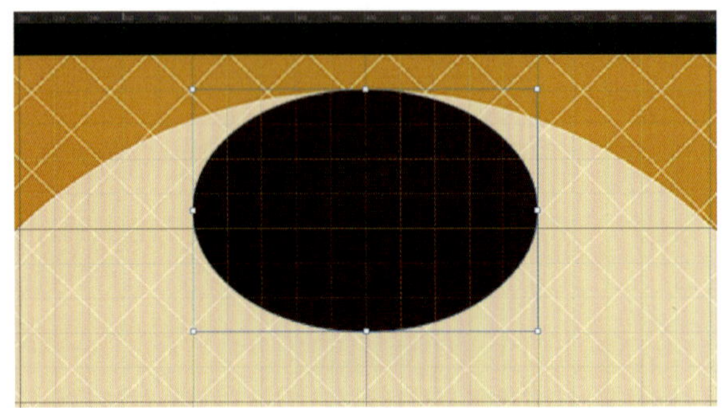

图 1-3-13 绘制帽顶

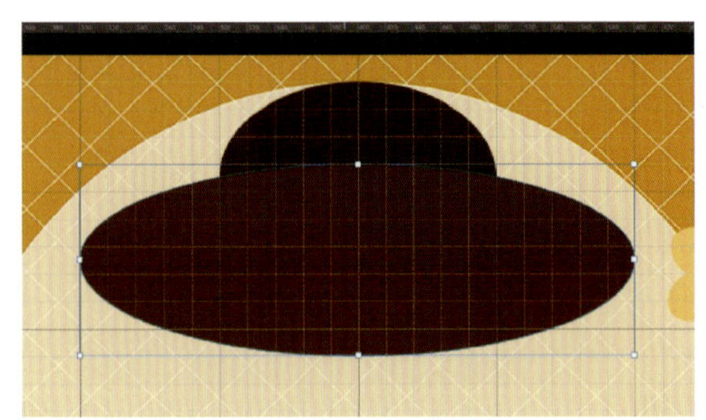

图 1-3-14 绘制帽檐

3. 编组帽子图层

按住【Ctrl】键依次单击“椭圆 2”图层、“椭圆 1”图层，将两个椭圆图层选中，然后将选中的图层拖动到“图层”面板底部的“创建新组”按钮，将帽子图层编组为“组 2”。

五、绘制头部

1. 绘制背部头发

在“图层”面板中新建“图层 1”，选择“钢笔工具”，在工具选项栏中设置填充颜色为“黑色（R0，G0，B0）”，在页面中绘制背部头发的大概形状，如图 1-3-15 所示。选择“弯度钢笔工具”，用鼠标左键双击发型的尖角，将其转换为圆角的锚点，调整后效果如图 1-3-16 所示。

2. 绘制耳朵

新建图层，选择“椭圆工具”，在工具选项栏中设置填充颜色为“肉色（R242，G156，B156）”，在背部头发上绘制两个宽为“200 像素”、高为“200 像素”的圆形，如图 1-3-17 所示。

3. 绘制脖子

新建图层，选择“矩形工具”，在背部头发上沿着网格绘制一个宽为“80 像素”、高为“60 像素”的矩形，如图 1-3-18 所示。

图 1-3-15　绘制背部头发的大体形状

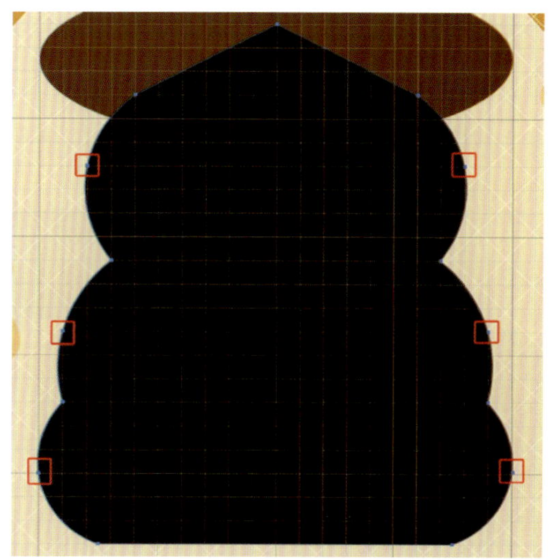

图 1-3-16　调整背部头发的形状

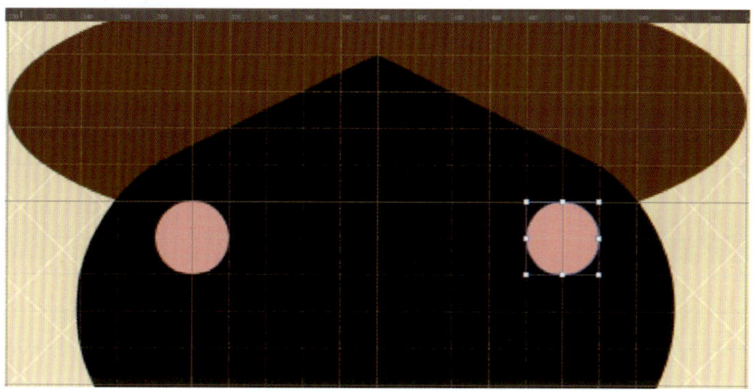

图 1-3-17　绘制耳朵

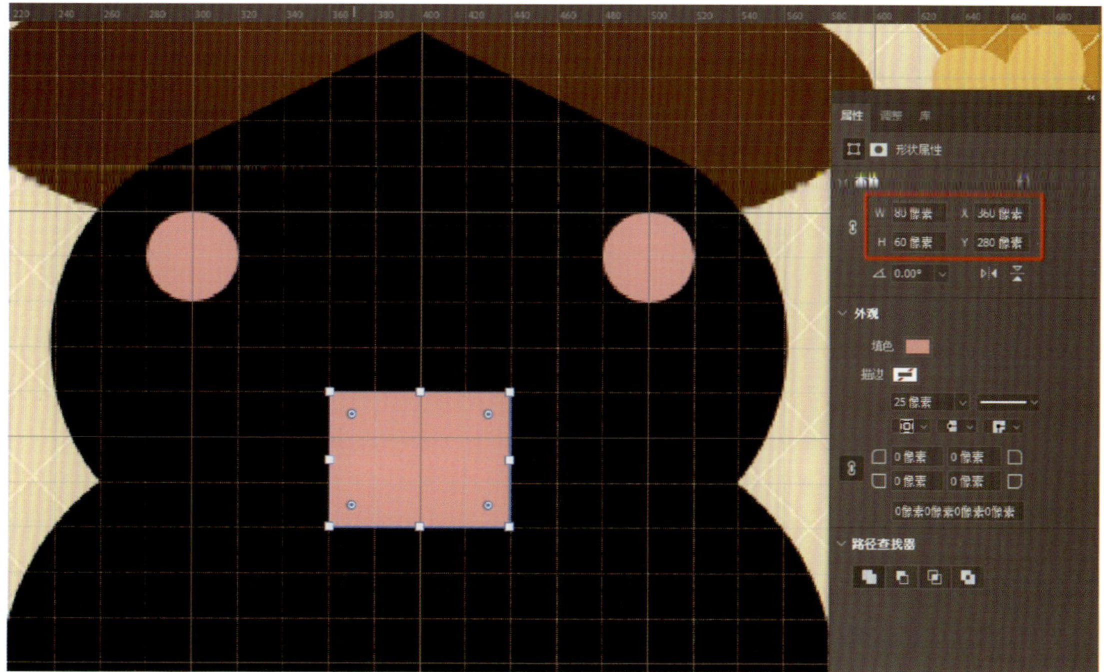

图 1-3-18　绘制脖子

4. 绘制脸型

新建图层，选择“椭圆工具”，设置颜色为“浅肉色（R239，G186，B186）”，在背部头发上绘制一个宽为“200 像素”、高为“200 像素”的圆形，如图 1-3-19 所示。

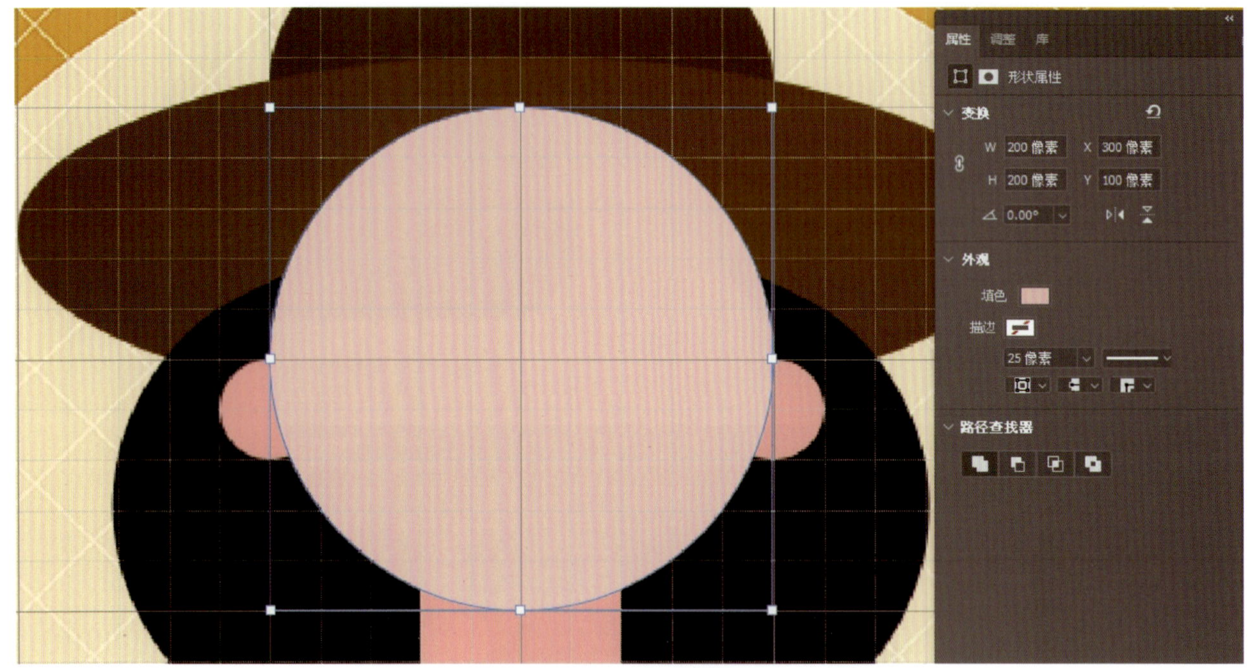

图 1-3-19　绘制脸型

5. 绘制刘海

新建图层，选择“钢笔工具”，在工具选项栏中设置填充颜色为“黑色（R0，G0，B0）”，绘制刘海的闭合形状，如图 1-3-20 所示。选择“弯度钢笔工具”，用鼠标左键双击刘海上方的三个锚点，将其转换为圆角的锚点，刘海调整后效果如图 1-3-21 所示。

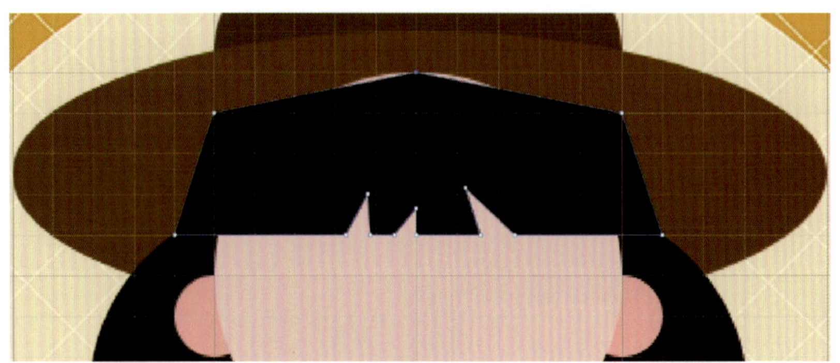

图 1-3-20　绘制刘海的闭合形状

6. 绘制五官

新建图层，选择“钢笔工具”，在工具选项栏中设置填充颜色为“浅红色（R235，G104，B119）”，在脸型下方中间绘制一个倒三角形，使用“弯度钢笔工具”将倒三角形下方调整为圆弧，形成嘴巴形状，效果如图 1-3-22 所示。

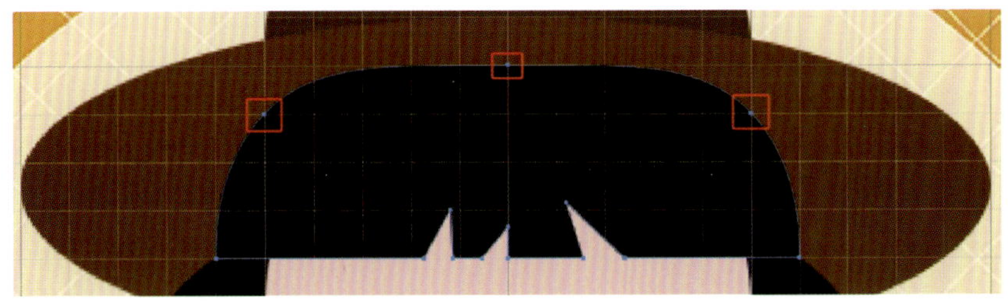

图 1-3-21　调整刘海的形状

图 1-3-22　绘制嘴巴

新建图层，选择“椭圆工具”，在工具选项栏中设置填充颜色为“黑色”，沿着网格绘制两只眼睛。新建图层，继续选择“椭圆工具”，在工具选项栏中设置填充颜色为“粉红色（R255，G171，B171）”，在眼睛下方沿着网格绘制腮红。继续新建图层，选择“椭圆工具”，在工具选项栏中设置填充颜色为“肉色（R242，G156，B156）”，绘制鼻子。五官效果如图 1-3-23 所示。

图 1-3-23　绘制五官

7. 编组头部图层

按住【Shift】键单击“图层”面板中最上方的图层，再单击最下方的形状图层，将除背景图层与两个图层组之外的所有图层选中。按【Ctrl+G】组合键将头部图层编组为“组 3”图层。

六、绘制服饰

1. 绘制手臂

新建图层，选择“钢笔工具”，在工具选项栏中设置填充颜色为“青色（R132，G204，B201）”，在脖子下方沿网格绘制闭合形状，如图 1-3-24 所示。选择“弯度钢笔工具”，将形状左下角及右下角调整为圆弧形状，效果如图 1-3-25 所示。

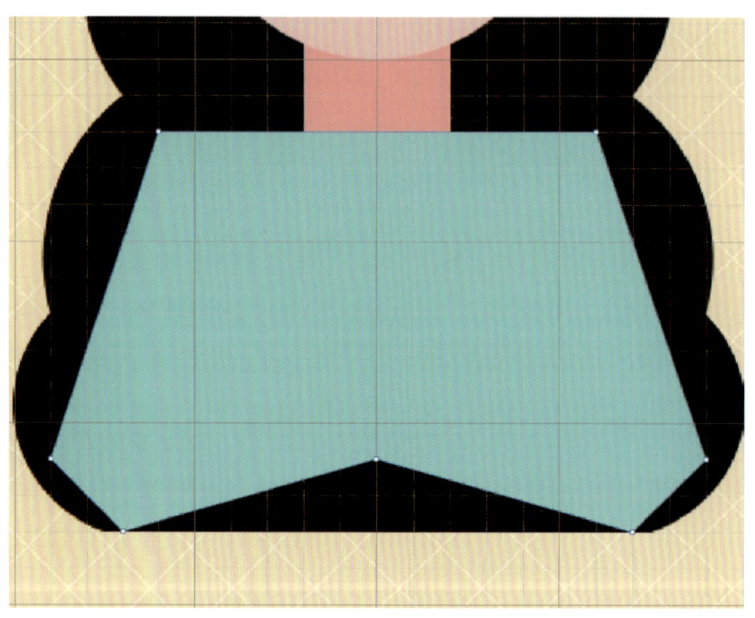

图 1-3-24　绘制闭合形状

图 1-3-25　调整闭合形状

2. 绘制上衣

新建图层，选择“钢笔工具”，设置形状填充颜色为“白色（R255，G255，B255）”，在脖子下方沿网格绘制闭合形状，再使用“弯度钢笔工具”将其部分位置调整为圆弧形状，上衣效果如图 1-3-26 所示。

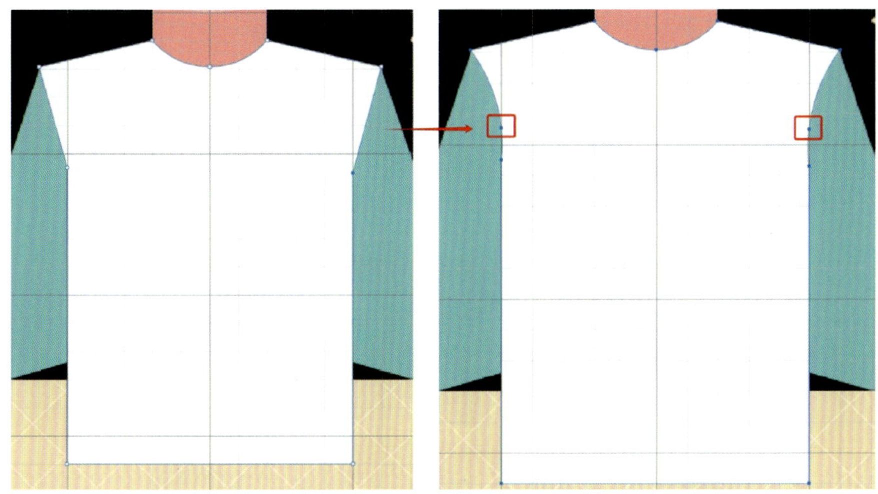

图 1-3-26　完成上衣绘制

3. 绘制裙子

新建图层，选择“钢笔工具”，设置形状填充颜色为“蓝绿色（R20，G180，B175）”，在上衣下方沿网格绘制直线闭合形状，再使用“弯度钢笔工具”将其部分位置调整为圆弧形状，裙子效果如图 1-3-27 所示。

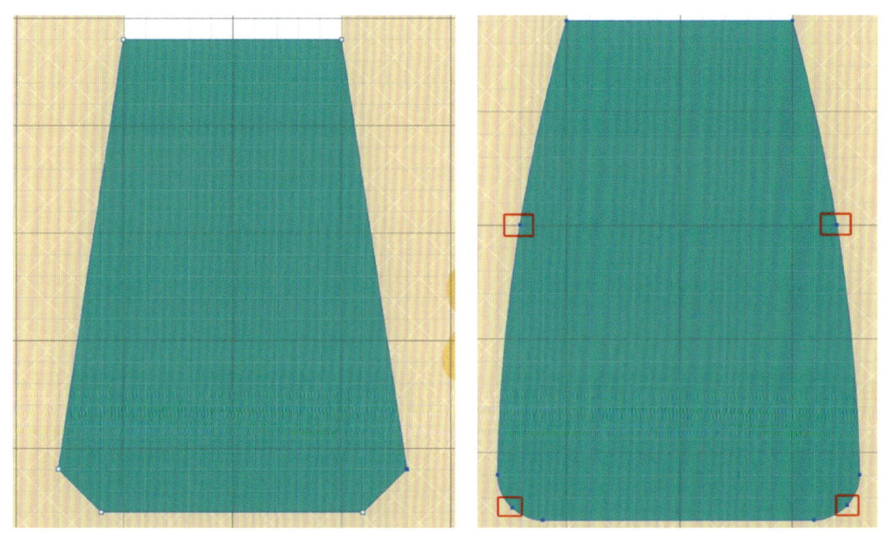

图 1-3-27　完成裙子绘制

小贴士

在使用“弯度钢笔工具”对路径进行处理的过程中，如果不能分别编辑两个闭合路径，可先利用“路径选择工具”选择对应的路径，再使用“弯度钢笔工具”编辑对象。

七、置入素材

依次执行“文件”→“置入嵌入对象”命令，分别将“素材 / 项目一素材 /04 人物围脖 .psd”和“素材 / 项目一 / 素材 /05 礼物盒 .psd”文件置入页面中，将置入的素材调整至合适大小并放置在相应的位置，效果如图 1-3-28 所示。

图 1-3-28　置入围脖与礼物盒素材

继续执行“文件”→“置入嵌入对象”命令，将“素材 / 项目一素材 /06 鞋子 .psd”文件置入页面中，调整到合适大小，并放置在相应的位置，然后按【Ctrl+J】组合键复制“06 鞋子”图层为“06 鞋子 拷贝”图层。单击上下文任务栏上的“转换图像”图标，接着单击“水平翻转”图标，将图标水平翻转，然后将其移动到合适的位置，最终效果如图 1-3-1 所示。

八、保存文档

1. 存储文件

按【Ctrl+S】组合键，在弹出的“存储为”对话框中选择文件存储位置，文件名默认，保存类型为“Photoshop（*.PSD，*.PDD，*.PSDT）”，单击“保存”按钮保存该文档。

2. 导出文件

按【Alt+Shift+Ctrl+W】组合键，在弹出的“导出为”对话框中选择文件设置格式为“JPG”，其他数值默认，单击“导出”按钮，在“另存为”对话框中选择文件存储位置，文件名默认，单击“保存”按钮导出该文档。

项目二

动漫场景设计——图层与选区

动漫场景设计在动漫制作中占据举足轻重的地位，它不仅仅是背景的描绘，更是情感表达、氛围营造和故事推进的关键元素。动漫场景设计涵盖了影视动画制作与网络游戏制作中除角色以外一切对象的造型设计，包括自然场景、人工场景、自然天气表现等多方面，是塑造角色和影片风格的重要创作环境。

本项目通过城市街景设计、室内场景设计和科幻场景设计的任务实例，介绍了 Photoshop 中“图层”面板的构成与操作方法，以及矩形选框工具组的基本操作；同时，重点讲解了图层混合模式、图层蒙版、调整图层以及矩形选框工具组的基础用法。学习者在动漫场景设计制作的过程中能够领悟场景处理与组合的基本操作。

任务一　城市街景设计——渐变填充图层、对象选择、调整图层

任务目标

1. 能创建不同的图层。
2. 能使用“渐变工具”填充渐变色。
3. 能使用“对象选择工具”移除背景。
4. 能复制图层内容。
5. 能设置图层混合模式。
6. 能通过色彩平衡来调整图像色差。
7. 能通过曲线来提亮图像明度。

任务描述

本任务通过使用“渐变工具”为城市街景添加渐变背景，使用“对象选择工具”抠取图像的天空背景，复制图层并调整图层混合模式完成图 2-1-1 所示的城市街景。要完成本任务，学习者除了需要掌握图层的基本操作技巧之外，还需要学习如何在图层中利用调整图层功能来调整画面整体的效果。

图 2-1-1　城市街景——广州塔

相关知识

一、“图层”面板

在 Photoshop 中，图层是组成图像的基本元素。每个图层都是独立存在、互不干扰的。在单独处理某个图层中的图像时，不会影响其他图

层中的内容；通过调整图层的叠放位置或者添加更多的图层样式等，可以改变最后的合成效果。除了被锁定的“背景”图层外，其他图层可以通过调整图层不透明度、设置图层混合模式、填充或调整图层等方式来产生不同的混合效果。

执行“窗口”→“图层”命令，或按【F7】键，打开“图层”面板，如图 2-1-2 所示。

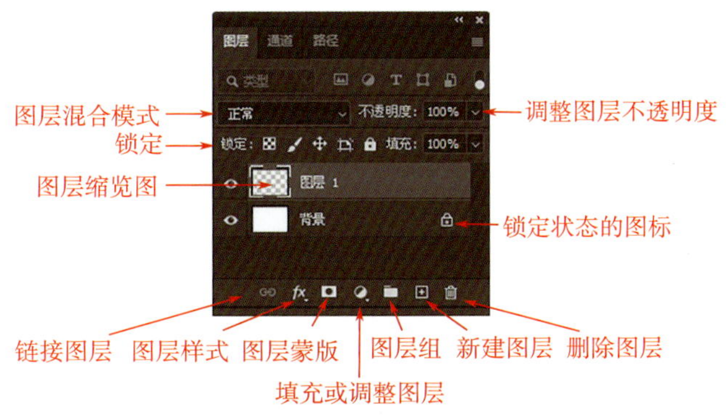

图 2-1-2　“图层”面板

二、图层的类型

在 Photoshop 中，根据不同的绘制需要可以创建多种类型的图层，不同类型的图层拥有不同的功能和用途，如图 2-1-3 所示。常用的图层类型如下：

1. 背景图层

背景图层为新建文档时创建的图层，该图层始终位于文档中所有图层的最底层，默认被锁定，无法调整图层顺序。

2. 普通图层

普通图层是指参与图像合成的图层。通过“新建图层”命令、从其他图像中拖拽或复制而形成的图层都是普通图层。

3. 形状图层

形状图层是指使用形状工具绘制形状时创建的图层。

4. 文字图层

文字图层是指使用文字工具输入文字时创建的图层。

5. 填充图层

填充图层是指在图层中填充纯色、图案、渐变等而创建的特殊效果图层。

6. 调整图层

调整图层是指在背景图层或普通图层上方新建的图层，用于调整图像的亮度、曝光度、色彩平衡等。在利用调整图层调整图像时不会改变原图层，并可以重复编辑。

7. 智能对象图层

智能对象图层是指包含有智能对象的图层。

8. 图层蒙版图层

图层蒙版图层是指添加了图层蒙版的图层，图层蒙版主要用于控制图层中图像的显示区域。

9. 剪贴蒙版图层

剪贴蒙版是蒙版的一种。利用该图层中的图像，可以控制在该图层上多个图层的图像显示区域。

10. 链接图层

链接图层是指设置了图层链接的多个图层，对其中一个图层进行操作，其他链接图层也将同时发生变化。

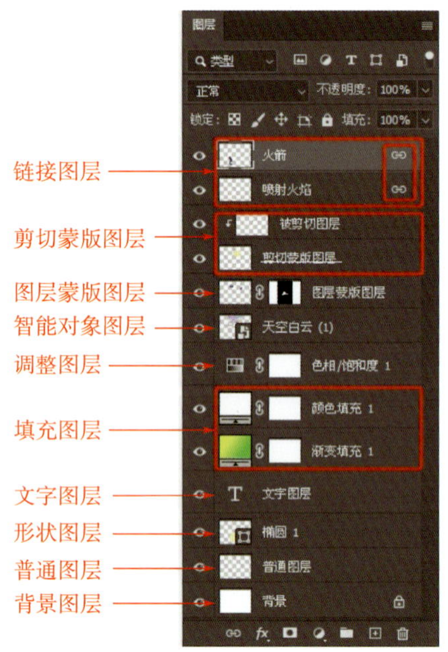

图 2-1-3　图层的类型

三、创建新图层

1. 在“图层”面板中创建图层

单击“图层”面板底部的“创建新图层”按钮⊞，即可在当前图层上方创建一个新图层，新建的图层为全透明空白状态，新建的图层将自动成为当前图层。此外，按住【Ctrl】键的同时单击“创建新图层”按钮，即可在当前图层下方创建一个新图层，在“背景”图层下方不能创建新图层。

2. 用“新建”命令新建图层

执行“图层”→“新建”→“图层”命令，或按【Shift+Ctrl+N】组合键，打开“新建图层”对

话框，在该对话框中设置新建图层的名称、颜色、混合模式、不透明度等，然后单击“确定”按钮，即可创建一个预设图层属性的新图层，如图 2-1-4 所示。

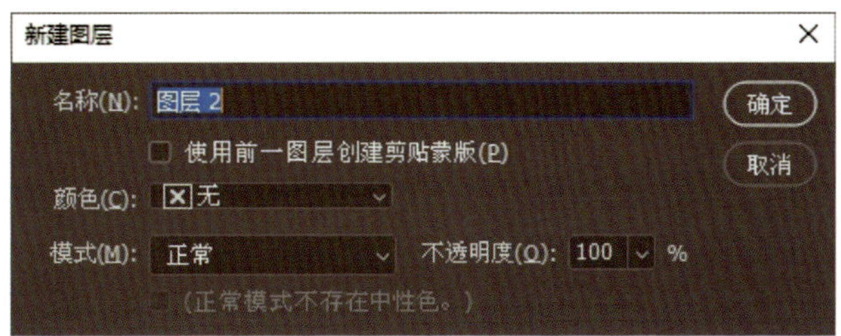

图 2-1-4　创建新图层

小贴士

“新建图层”对话框中的颜色并非图层的填充颜色，而是在“图层”面板中为图层做标记的颜色。

3. 复制图层

将原图层中的某部分或全部图像复制到一个新图层中进行编辑：创建选区后，执行“图层”→“新建”→“通过拷贝的图层”命令，或按【Ctrl+J】组合键，将选区中的图像复制为新图层，如图 2-1-5 所示。

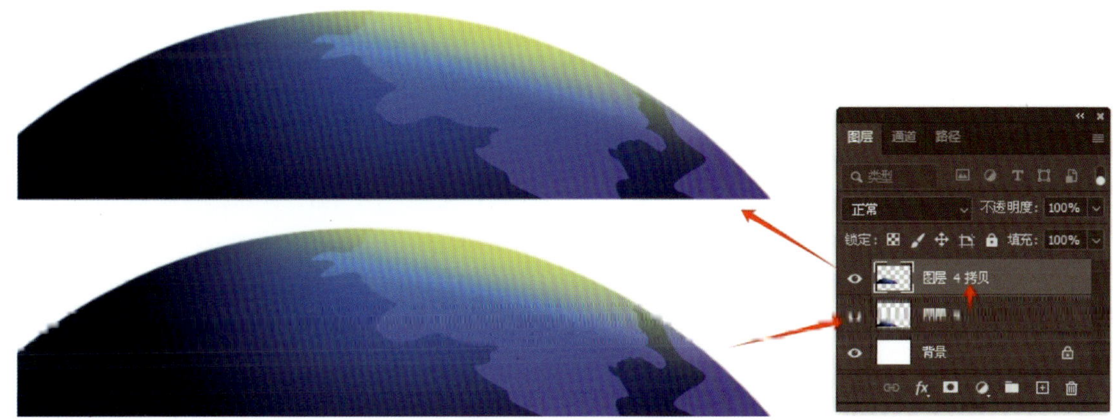

图 2-1-5　复制图层

4. 剪切图层

在图像中创建选区后，执行“图层”→“新建”→“通过剪切的图层”命令，或按【Ctrl+Shift+J】组合键，即可将选区中的图像剪切到新建图层中，原图层中的图像将被清除，移动新图层中的图像可以看到原图层中的图像被剪切到新图层中，如图 2-1-6 所示。

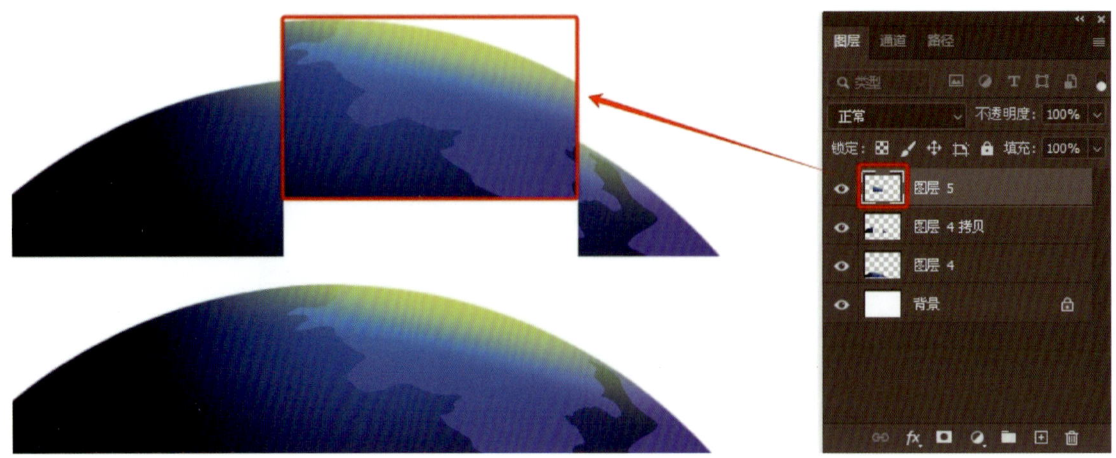

图 2-1-6 剪切图层

四、对象选择工具组

对象选择工具组包括“对象选择工具”“快速选择工具”和“魔棒工具”，如图 2-1-7 所示。

图 2-1-7 对象选择工具组

1.“对象选择工具”

选择“对象选择工具” 后，在需要抠取的对象图像上，单击鼠标左键选择图像的大致区域后，系统将自动分析图片的内容，从而快速选择图片中的一个或多个对象。

2.“快速选择工具”

“快速选择工具” 是一种在图像处理中常用的工具，主要用于通过绘制选区轮廓来选择图像中的特定区域。使用该工具时，可以通过调整画笔的大小、硬度、间距、角度和圆度等属性来适应不同的选择需求。

3.“魔棒工具”

对于一些分界线比较明显的图像，使用“魔棒工具” 可以快速地将图像抠出。

五、“渐变工具”

使用“渐变工具” 可以创建多种颜色间的逐渐混合。可从预设渐变填充中选取，或根据需要创建新的渐变。在工具属性栏上可以将渐变模式设置为“渐变” 渐变 模式（非破坏性渐变模式）或“经典渐变” 经典渐变 模式（破坏性渐变模式），同时设置可编辑渐变颜色、渐变类型、不透明度等，然后在图层或者图形选区上拖动鼠标即可为对象填充渐变色，拖动鼠标的方向不一样，渐变填充会呈现不一样的效果。

任务实施

一、新建 Photoshop 文档

启动 Photoshop 后，按【Ctrl+N】组合键，打开"新建文档"对话框，在对话框的右侧"预设详细信息"选项中输入"城市街景"，宽度为"210"，高度为"297"，单位为"毫米"，分辨率为"150"像素 / 英寸，颜色模式为"RGB 颜色"，其他参数默认，然后单击"创建"按钮，创建一个新图像文件。

二、填充背景色

1. 设置"拾色器（色标颜色）"对话框参数

选择工具箱中的"渐变工具"，在工具属性栏上设置渐变模式为"经典渐变"，单击"可编辑渐变"按钮，弹出"渐变编辑器"对话框，单击"渐变控制条"下方的第一个"色标"滑块，再单击"渐变编辑器"下方的"颜色"按钮，这时弹出"拾色器（色标颜色）"对话框，随后设置颜色为"R255，G137，B0"，如图 2-1-8 所示。

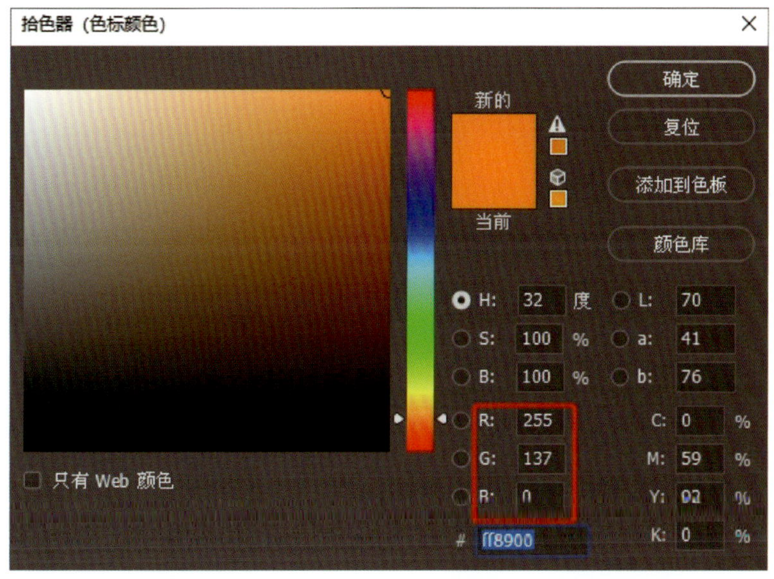

图 2-1-8　设置"拾色器（色标颜色）"对话框参数

2. 设置渐变色

在"渐变控制条"下方中间单击鼠标添加第二个"色标"滑块，将位置调整为"50"，单击"颜色"按钮，在弹出的"拾色器（色标颜色）"对话框中，设置颜色为"R20，G65，B200"，如图 2-1-9 所示。双击"渐变控制条"第三个"色标"滑块，设置颜色为"R6，G5，B56"，单击"确定"按钮，结束设置。

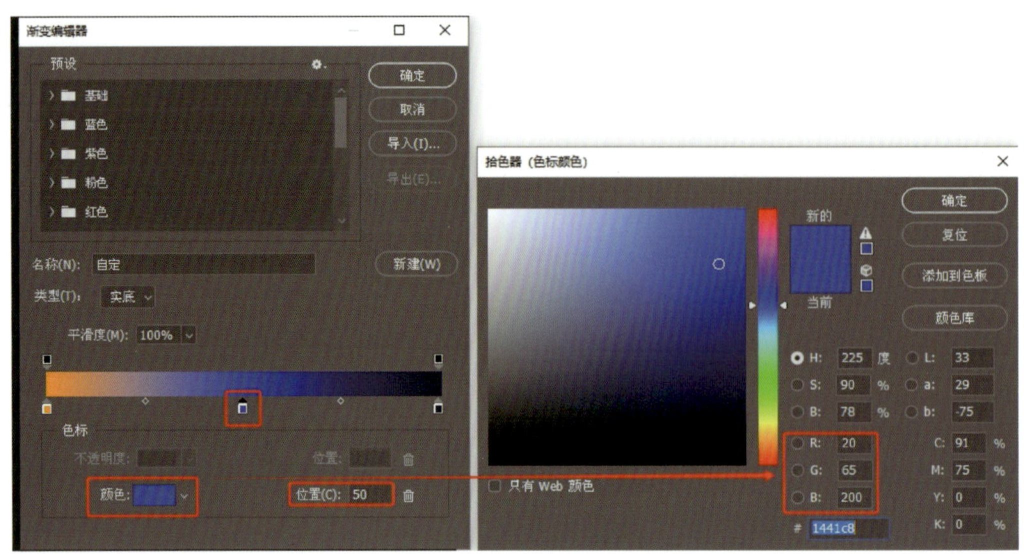

图 2-1-9　设置渐变色

3. 为背景填充渐变色

在“图层”面板中单击“背景”图层，在工具属性栏中单击选中“线性渐变”，按住【Shift】键的同时在页面中从下往上拖拽鼠标光标填充渐变色，效果如图 2-1-10 所示。

三、添加繁星

1. 置入繁星

执行“文件”→“置入嵌入对象”命令，选择“素材 / 项目二素材 /01 繁星 .jpg”文件，单击“置入”按钮，置入繁星，按【Enter】键完成置入，如图 2-1-11 所示。

图 2-1-10　为背景填充渐变色

图 2-1-11　置入繁星

2. 修改混合模式

在“图层”面板的“设置选定图层的混合模式”中将混合模式设置为“柔光”柔光，效果如图 2-1-12 所示。

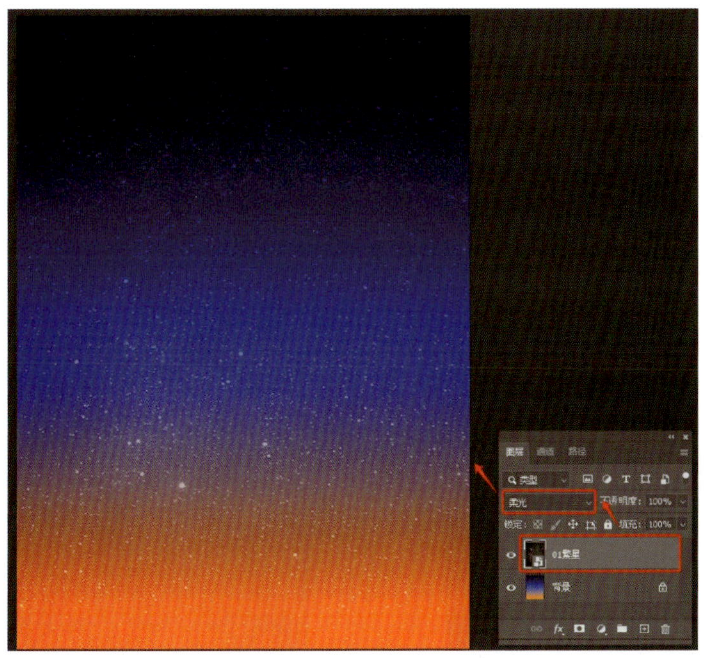

图 2-1-12　修改混合模式

3. 复制繁星

用鼠标左键选中“图层”面板的“01 繁星”图层，按【Ctrl+J】组合键将“01 繁星”复制为“01 繁星 拷贝”图层，在上下文任务栏上单击“转换图像”后，单击“垂直翻转”按钮将图层翻转，按【Enter】键完成操作。

在“图层”面板的“设置选定图层的混合模式”中将混合模式设置为“滤色”，不透明度修改为“50%”，效果如图 2-1-13 所示。

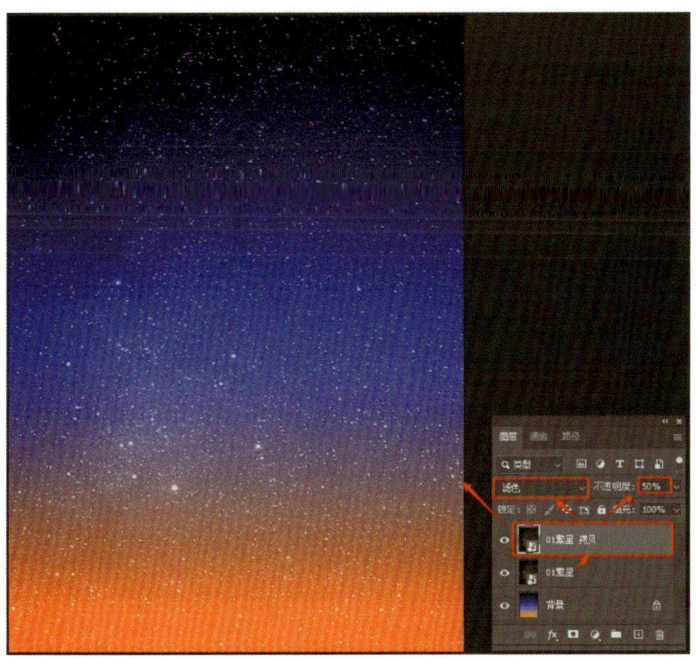

图 2-1-13　复制繁星图层

四、置入广州塔

1. 置入广州塔素材

执行“文件”→“置入嵌入对象”命令，选择“素材 / 项目二素材 /02 广州塔 .jpg”文件，单击“置入”按钮，置入后将图像移至页面下方，按【Enter】键完成置入，如图 2-1-14 所示。

2. 将天空背景载入选区

选择“对象选择工具”，用鼠标左键单击“02 广州塔”图层的天空背景，将背景载入选区，如图 2-1-15 所示。

图 2-1-14　置入广州塔素材

图 2-1-15　将天空背景载入选区

3. 将天空背景遮盖

执行“选择”→“反选”命令，或按【Shift+Ctrl+I】组合键，将广州塔等建筑载入选区。在上下文任务栏上单击“从选区创建蒙版”按钮，将天空背景遮盖（即天空的不透明度为“100%”），如图 2-1-16 所示。

五、调整图层

1. 调整色彩平衡

单击图层中的“创建新的填充或调整图层”按钮，选择“色彩平衡”，在“图层”面板中自动生成“色彩平衡 1”图层，在“属性”面板中依次将颜色数值设置为“+ 40”“-25”“-25”，如图 2-1-17 所示。

图 2-1-16　将天空背景遮盖

图 2-1-17　调整色彩平衡

2. 调整曲线

再次单击图层中的“创建新的填充或调整图层”按钮，选择“曲线”，创建“曲线 1”图层，在

“属性”面板中单击曲线上的中心点并向上移动，增加图像亮度，如图 2-1-18 所示。

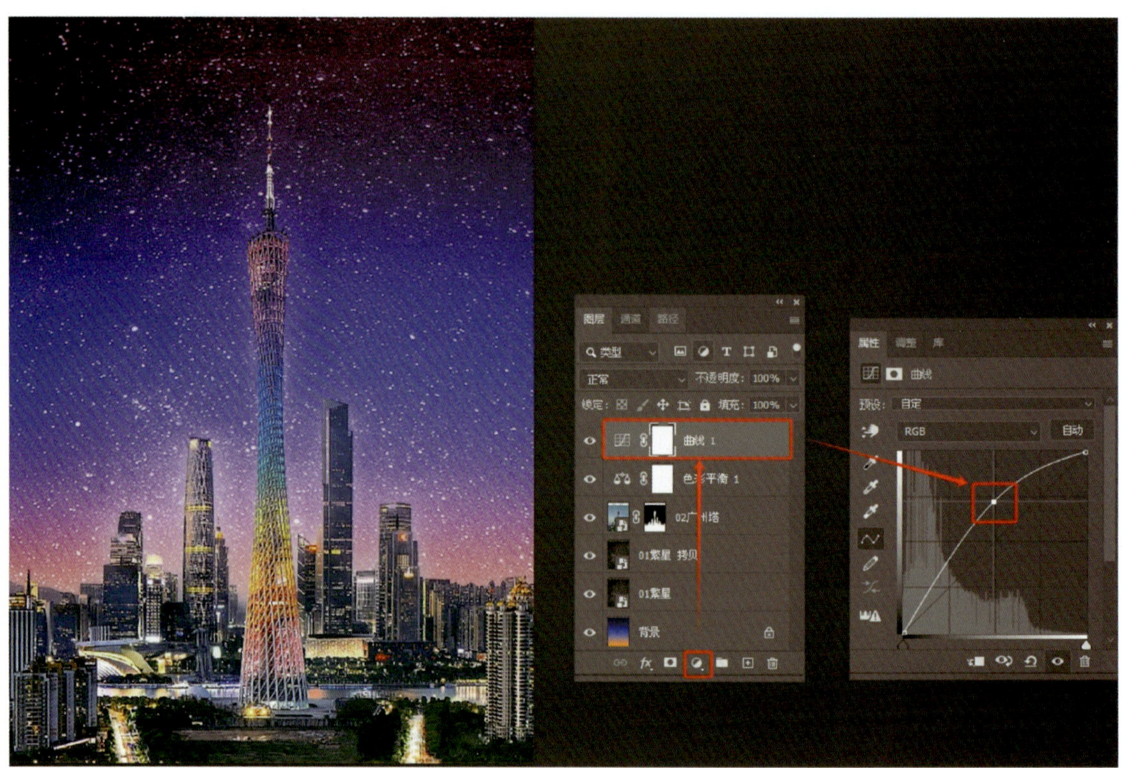

图 2-1-18　调整曲线

六、置入月亮

1. 置入月亮素材

执行“文件”→“置入嵌入对象”命令，选择“素材 / 项目二素材 /03 月亮 .jpg”文件，单击“置入”按钮，将“月亮”素材置入页面中，按住【Shift】键后，用鼠标左键按住其中一个角点并拖动缩小月亮，然后将月亮移至页面右上角合适的位置，按【Enter】键完成置入，如图 2-1-19 所示。

图 2-1-19　置入月亮素材

2. 修改混合模式

在“图层”面板的“设置选定图层的混合模式”中将混合模式设置为“滤色”，最终效果如图 2-1-20 所示。

图 2-1-20 修改混合模式

七、保存文档

1. 存储文件

按【Ctrl+S】组合键，在弹出的“存储为”对话框中选择文件存储位置，文件名默认，保存类型为“Photoshop（*.PSD，*.PDD，*.PSDT）”，单击“保存”按钮保存该文档。

2. 导出文件

按【Alt+Shift+Ctrl+W】组合键，在弹出的“导出为”对话框中选择文件设置格式为“JPG”，其他数值默认，单击“导出”按钮，在“另存为”对话框中选择文件存储位置，文件名默认，单击“保存”按钮导出该文档。

任务二　室内场景设计——选区工具与变换

任务目标

1. 能编辑图层。
2. 能创建图层样式。
3. 能使用矩形工具组创建不同选区。
4. 能合并图层。

任务描述

本任务通过使用“矩形选框工具”和“单行选框工具”来绘制室内场景背景，使用“矩形工具”“椭圆工具”“钢笔工具”和“分布”命令绘制墙面装饰，通过剪贴蒙版为相框添加装饰画，完成图 2-2-1 所示的室内场景。要完成本任务，学习者除了需要掌握图层的基本操作与绘制图形的技巧之外，还需要学习如何为图像添加投影图层样式，以达到预期的室内场景效果。

图 2-2-1　室内场景——客厅

相关知识

一、编辑图层

1. 选择图层

（1）选择单个图层：将鼠标指针移动到要选择的图层上，单击鼠标即可。

（2）依次选择多个图层：按住【Ctrl】键，然后依次单击需要选择的图层即可。

（3）选择连续图层：先选择最上方或最下方图层，再按住【Shift】键后单击最下方或最上方的图层，即可同时选择两个图层之间的所有图层（包括两个被单击的图层）。

图 2-2-2　重命名图层

2. 重命名图层

在“图层”面板中双击图层名称，当其呈现可编辑状态时输入新名称，完成后按下【Enter】键即可，如图 2-2-2 所示。

3. 调整图层顺序

在“图层”面板中选择需要调整叠放顺序的图层，单击并拖拽鼠标将其拖动至目标位置，当图层中出现一条双线时释放鼠标，即可完成图层顺序的调整，如图 2-2-3 所示。

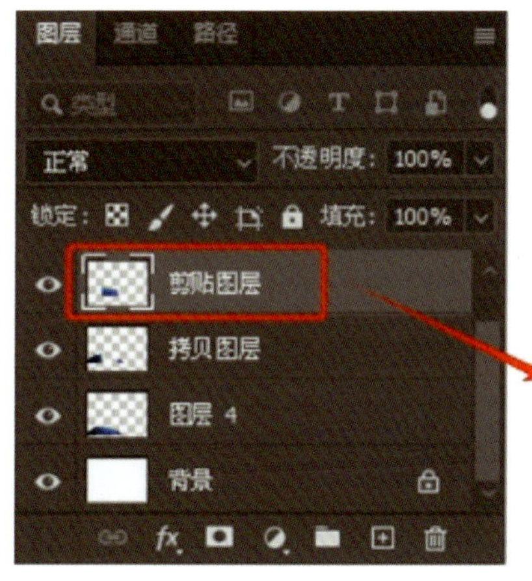

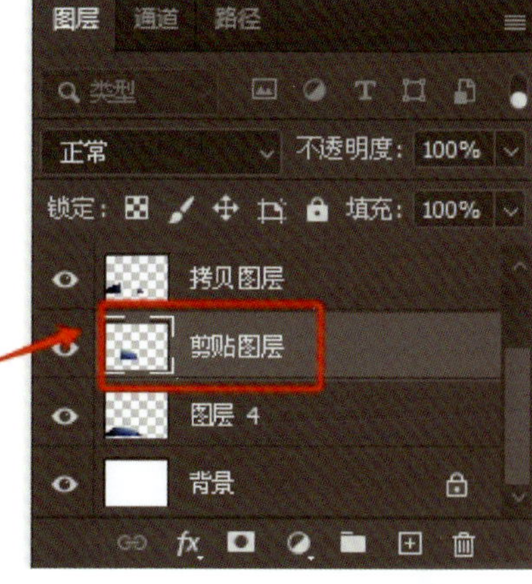

图 2-2-3　调整图层顺序

4. 删除图层

（1）在“图层”面板中选中需要删除的图层，单击“删除”按钮，在弹出的提示对话框中单击“是”按钮，即可删除图层。

（2）在“图层”面板中选中需要删除的图层，按住鼠标左键拖至“删除”按钮上即可删除图层。

（3）在没有创建选区的情况下，选中要删除的图层，按【Delete】键删除图层。

（4）右键单击需要删除的图层，在弹出的快捷菜单中选择“删除图层”命令即可。

5. 显示 / 隐藏图层

在“图层”面板中，单击图层缩览图左侧的“指示图层可见性”图标，可以隐藏或显示该图层，如图 2-2-4 所示。

6. 调整图层不透明度

在“图层”面板中设置图层的不透明度之后，可以使图层产生透明或半透明效果。选中图层，在“图层”面板右上方设置“不透明度”参数，可通过输入 0%～100% 的数值来调整图层的不透明度。当不透明度值为 100% 时，图层完全不透明；当不透明度值为 0% 时，图层完全透明。

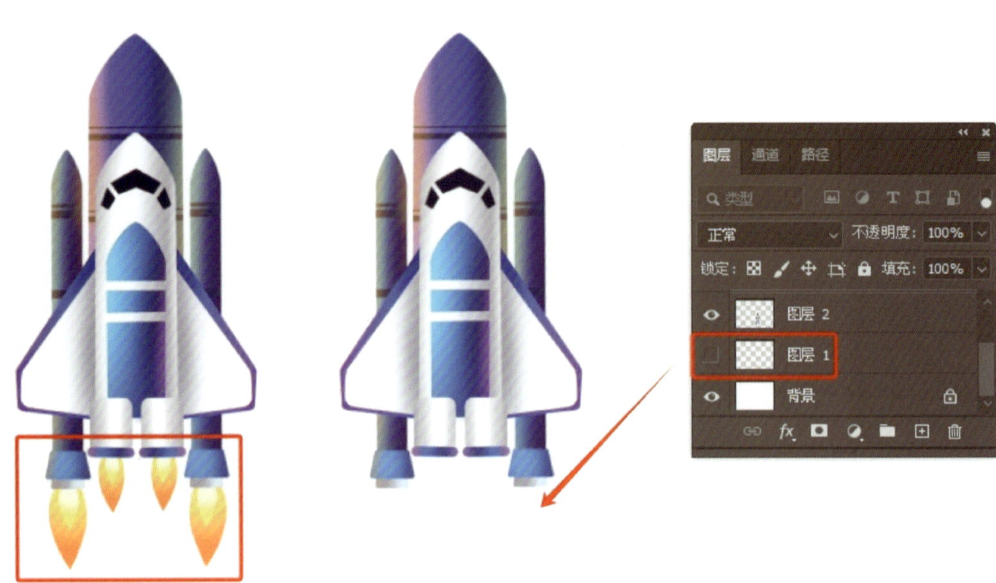

图 2-2-4　隐藏图层

二、图层样式

图层样式是指一系列以非破坏性方式更改图层内容的外观，为图层添加各种各样特殊效果，如斜面和浮雕、描边、内发光、渐变叠加、外发光、投影等效果，如图 2-2-5 所示。图层样式效果如图 2-2-6 所示。

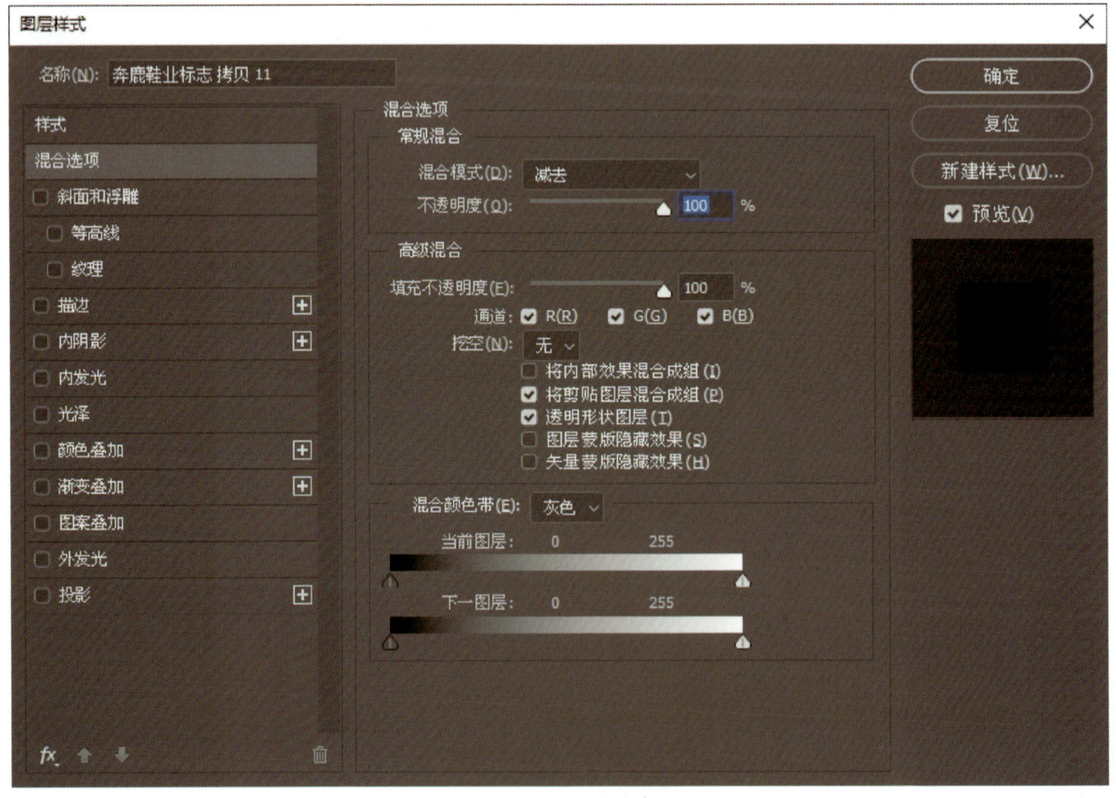

图 2-2-5　“图层样式”对话框

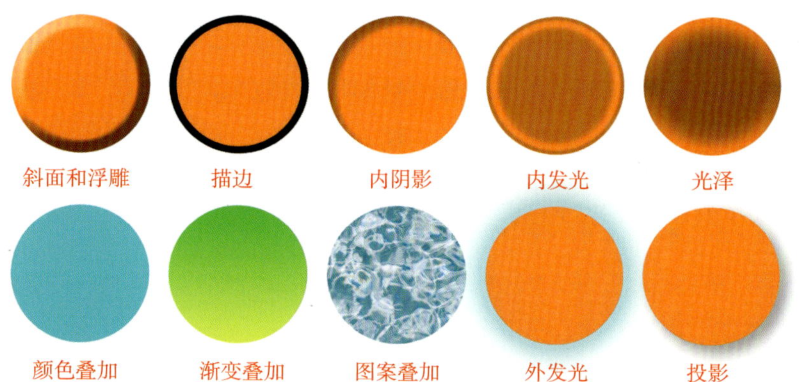

图 2-2-6　图层样式效果

1. 斜面和浮雕

斜面和浮雕可以为图层添加高亮显示和阴影的各种组合效果。

（1）外斜面：沿对象、文本或形状的外边缘创建三维斜面。

（2）内斜面：沿对象、文本或形状的内边缘创建三维斜面。

（3）浮雕效果：创建外斜面和内斜面的组合效果。

（4）枕状浮雕：创建内斜面的反相效果，其中对象、文本或形状看起来下沉。

（5）描边浮雕：只适用于描边对象，即在应用描边浮雕效果时才打开描边效果。

2. 描边

描边是指使用颜色、渐变色或图案描绘当前图层上的对象、文本或形状的轮廓。

3. 内阴影

内阴影是指在对象、文本或形状的内边缘添加阴影，让图层产生一种凹陷外观。

4. 内发光

内发光是指从图层对象、文本或形状的边缘向内添加发光效果。

5. 光泽

光泽是指对图层对象内部应用阴影，与对象的形状互相作用，通常用于创建规则的波浪形状，产生光滑的磨光及金属效果。

6. 颜色叠加

颜色叠加是指在图层对象上叠加一种颜色，即用一层纯色填充到应用样式的对象上。

7. 渐变叠加

渐变叠加是指在图层对象上叠加一种渐变色，即用一层渐变色填充到应用样式的对象上。

8. 图案叠加

图案叠加是指在图层对象上叠加图案，即用一致的重复图案填充对象。

9. 外发光

外发光是指从图层对象、文本或形状的边缘向外添加发光效果。

10. 投影

投影是指在图层上的对象、文本或形状后面添加阴影效果。

小贴士

图层效果与图层内容相链接。在移动或编辑图层的内容时，修改的内容中会应用相同的效果。一个图层或图层组可以应用一种或多种图层样式效果。

三、矩形选框工具组

矩形选框工具组中包括“矩形选框工具”“椭圆选框工具”“单行选框工具”和“单列选框工具”，如图 2-2-7 所示。

1. “矩形选框工具”

“矩形选框工具”可以建立一个矩形选区（按住【Shift】键可建立正方形选区）。

2. “椭圆选框工具”

“椭圆选框工具”可以建立一个椭圆形选区（按住【Shift】键可建立圆形选区）。

3. “单行选框工具”和“单列选框工具”

“单行选框工具”和“单列选框工具”可以将边框定义为宽度为 1 像素的行或列。

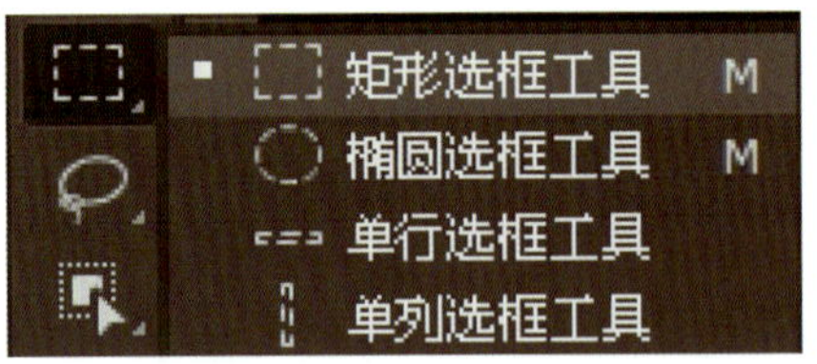

图 2-2-7　矩形选框工具组

小贴士

使用“矩形选框工具”或“椭圆选框工具”，按住【Shift】键拖动时可将选框限制为正方形或圆形（要使选区形状受到约束，请先释放鼠标按钮再释放【Shift】键）。若要以起点为中心绘制正方形、圆形，则需按住【Shift+Alt】组合键。

四、“分布”命令

选择三个以上的图层，执行“图层”→“分布”命令，或选择“移动工具”并单击工具属性栏中的“分布”按钮，即可执行“分布”命令，如图 2-2-8 所示。

1. 顶边

顶边是指从每个图层的顶端像素开始，间隔均匀地分布图层。

2. 垂直居中

垂直居中是指从每个图层的垂直中心像素开始，间隔均匀地分布图层。

3. 底边

底边是指从每个图层的底端像素开始，间隔均匀地分布图层。

4. 左边

左边是指从每个图层的左端像素开始，间隔均匀地分布图层。

5. 水平居中

水平居中是指从每个图层的水平中心开始，间隔均匀地分布图层。

6. 右边

右边是指从每个图层的右端像素开始，间隔均匀地分布图层。

7. 水平

水平是指在图层之间均匀分布水平间距。

8. 垂直

垂直是指在图层之间均匀分布垂直间距。

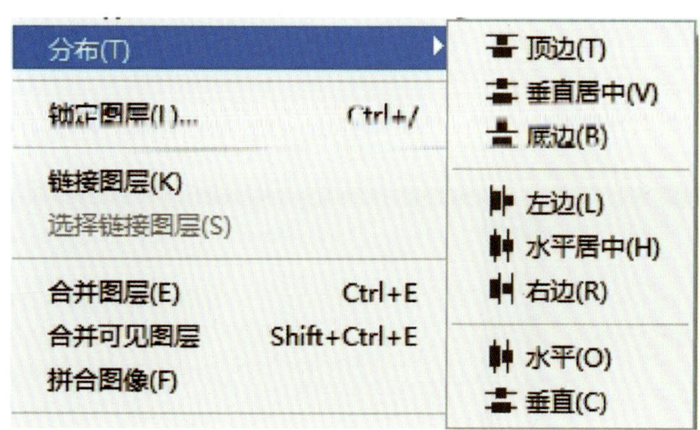

图 2-2-8 “分布”命令

五、合并与盖印图层

1. 合并图层

选择需要合并的多个图层，执行“图层”→“合并图层”命令，或按【Ctrl+E】组合键可将所选图层合并为新图层，新图层将沿用最上方图层的名称。

2. 合并可见图层

快速整合所有可见图层，执行“图层”→“合并可见图层”命令，或按【Shift+Ctrl+E】组合键，所有内容将整合到“背景”图层中，隐藏图层将保留。

3. 盖印图层

盖印图层是指在处理图片时，将处理后的效果盖印到新的图层上，而不会影响原始图层。按【Shift+Ctrl+Alt+E】组合键，会创建一个新的图层，其中包含所有可见图层的合并效果，而原始图层保持不变。

小贴士

合并图层可减少图层数量，而盖印图层则增加图层数量，各有其应用场景。盖印操作常用于保留原图层的合成工作。

六、剪贴蒙版

剪贴蒙版是由多个图层组成的群体组织，以最底层图层自身的形状作为蒙版垫，称为基底图层（简称基层），位于其上的图层叫作顶层，往上无论叠加多少个图层，都以基底图层的蒙版形状为基准来框定上面图层的显示区间，如图 2-2-9 所示。

选定基底图层后，用鼠标左键单击基底图层上一个或多个连续的邻近图层，按【Ctrl+Alt+G】组合键即可创建剪贴蒙版。

图 2-2-9 剪贴蒙版

任务实施

一、新建 Photoshop 文档

启动 Photoshop 应用程序后，按【Ctrl+N】组合键，打开“新建文档”对话框，在对话框的右侧“预设详细信息”选项中输入“室内场景”，宽度为“800”，高度为“500”，单位为“像素”，分辨率为“300”像素/英寸，颜色模式为“RGB 颜色”，其他参数默认，然后单击“创建”按钮，创建一个新图像文件。

二、填充背景色

用鼠标左键单击工具箱中的“设置背景色”按钮，在弹出的“拾色器（背景色）”对话框中设置颜色为“浅蓝色（R206，G246，B246）”，单击“确定”按钮完成设置，按【Ctrl+Delete】组合键填充背景色，如图 2-2-10 所示。

图 2-2-10　填充背景色

三、绘制条纹墙面

1. 填充条纹颜色

新建图层，设置前景色为“蓝绿色（R172，G232，B229）”，选择“矩形选框工具”在页面左侧绘制一个适当宽度的矩形，按【Alt+Delete】组合键填充条纹颜色，如图 2-2-11 所示。

2. 拷贝图层

在上下文任务栏单击“取消选择”后，选择“移动工具”，单击“图层 1”，按【Ctrl+J】组合键多次复制直至出现“图层 1 拷贝 7”图层，如图 2-2-12 所示。

图 2-2-11　填充条纹颜色

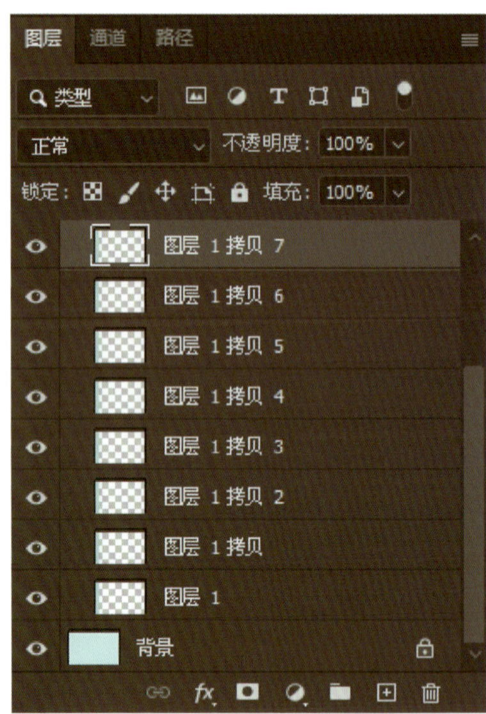

图 2-2-12　拷贝图层

3. 移动图层

选择“移动工具”，将“图层 1 拷贝 7”图层的矩形拖至页面右侧，如图 2-2-13 所示。

4. 水平分布矩形

单击“图层”面板中最上方的“图层 1 拷贝 7”图层，按住【Shift】键后单击“图层 1”图层，将除背景图层外的所有图层选中。执行“图层”→“分布”→“水平”命令，将所有矩形水平平均分布于整个页面，如图 2-2-14 所示。

图 2-2-13　移动“图层 1 拷贝 7”

图 2-2-14　水平分布矩形

5. 合并图层并重命名

执行“图层”→“合并”命令，将所有矩形合并为“图层 1 拷贝 7”，用鼠标左键双击“图层 1 拷贝 7”，将其重命名为“条形墙面”。

四、绘制地板

1. 绘制地板轮廓

新建图层，设置前景色为“浅褐色（R239，G200，B177）”，选择“矩形选框工具”在页面下方绘制一个适当宽度的矩形，按【Alt+Delete】组合键填充条纹颜色，如图 2-2-15 所示。

图 2-2-15　绘制地板轮廓

2. 绘制踢脚线

新建图层，设置前景色为“白色（R255，G255，B255）”，选择“矩形选框工具”在地板上方绘制一个适当宽度的矩形，按【Alt+Delete】组合键填充白色，绘制踢脚线，如图 2-2-16 所示，完成后在上下文任务栏单击“取消选择”。

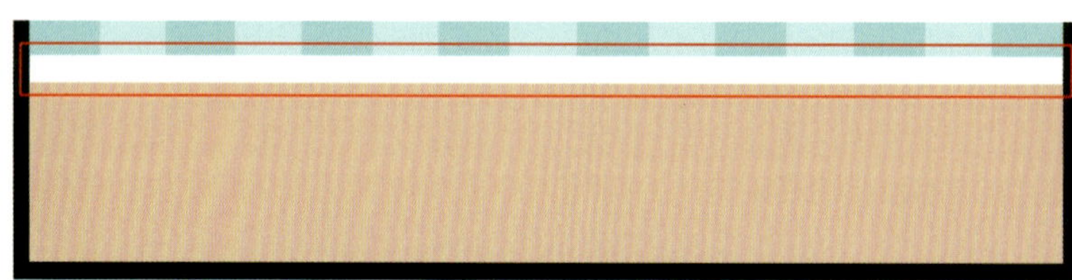

图 2-2-16　绘制踢脚线

3. 绘制地板间隙

新建图层，设置前景色为“褐色（R96，G58，B15）”，选择“单行选框工具”，在工具属性栏上单击“添加到选区”按钮，在地板上添加四条单行选框，按【Alt+Delete】组合键填充单行选框颜色，如图 2-2-17 所示，完成后按【Ctrl+D】组合键取消选择。

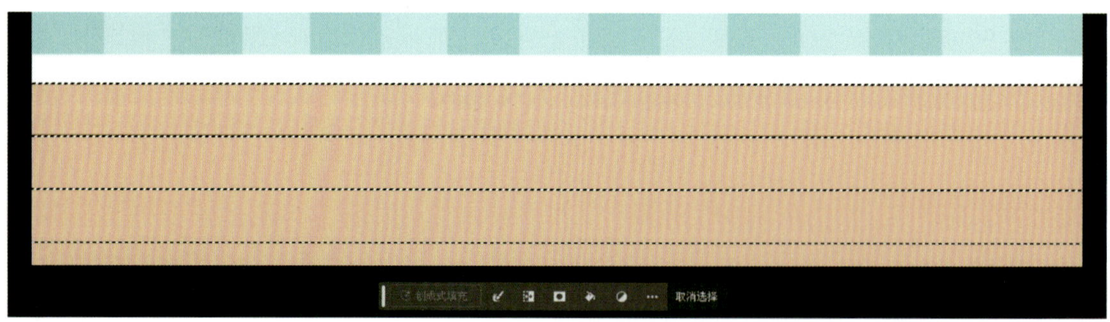

图 2-2-17　绘制地板间隙

五、编组室内背景图层

选中除“背景”图层外的所有图层，按住鼠标左键将选中图层拖动到“图层”面板底部的“创建新组”按钮，生成“组 1”图层组，然后用鼠标左键双击“组 1”图层组，将其重命名为“室内背景”，如图 2-2-18 所示。

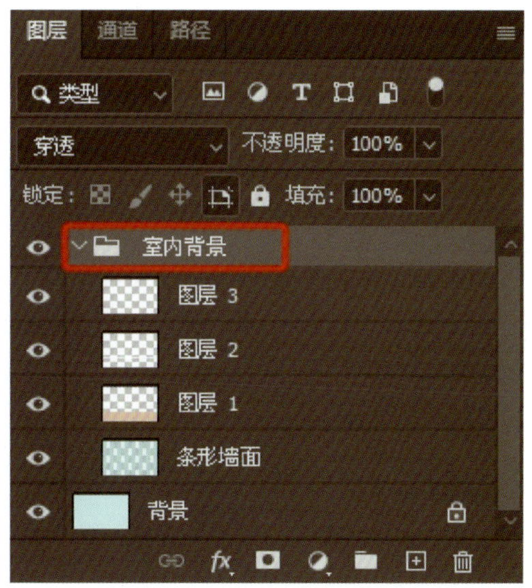

图 2-2-18　编组室内背景图层

六、制作装饰画画框

1. 绘制矩形画框

在“室内背景”图层组上方新建图层，选择“矩形工具”，在工具属性栏中设置工具模式为“形状”，填充颜色为“白色”，描边颜色为“棕色（R123，G73，B16）”，形状描边大小为“8 像素”，在墙面绘制矩形画框，如图 2-2-19 所示。

图 2-2-19　绘制矩形画框

2. “图层样式”对话框参数设置

执行“图层”→“图层样式”→“混合选项”命令，在弹出的“图层样式”对话框中为图形设置“投影”参数：混合模式为“正片叠底”、不透明度为“35”%、距离为“3”像素、扩展为“3”%、大小为“3”像素，其他为电脑默认值，如图 2-2-20 所示。单击“确定”按钮完成设置。

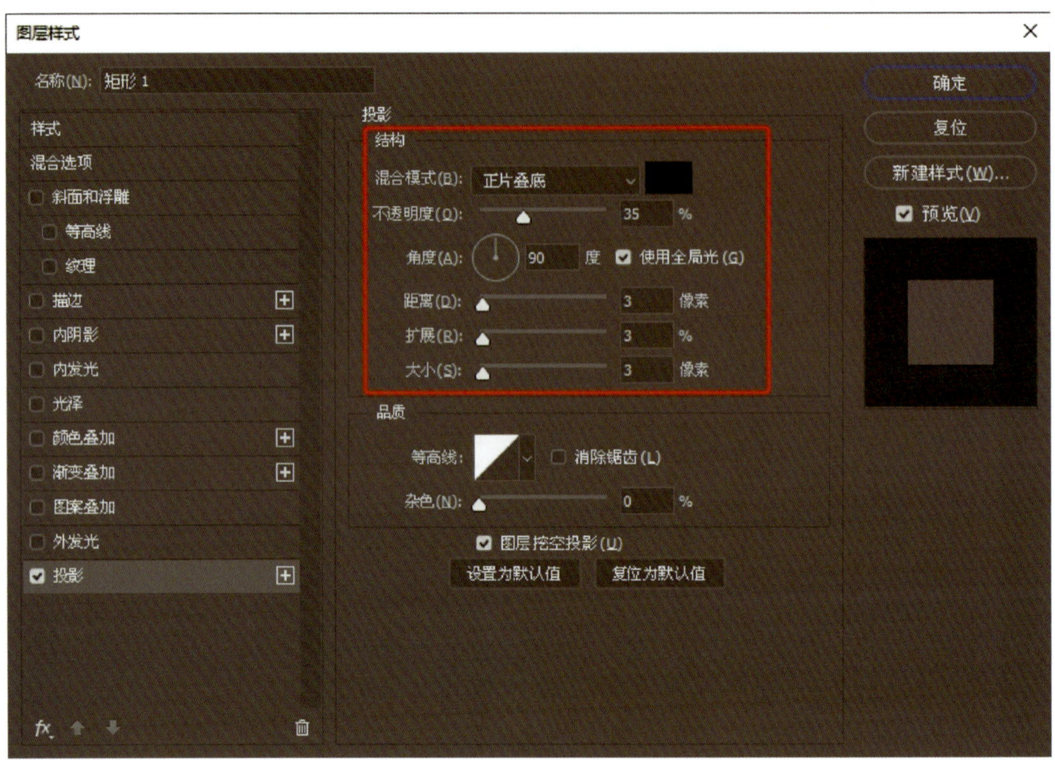

图 2-2-20 “图层样式”对话框参数设置

3. 置入装饰画 1

执行“文件”→“置入嵌入对象”命令，选择“素材 / 项目二素材 /04 装饰画 1.jpg”文件，单击“置入”按钮，置入装饰画。按住【Shift】键后，用鼠标左键按住其中一个角点并拖动缩小装饰画，将其移至相框上方，按【Enter】键完成置入，如图 2-2-21 所示。

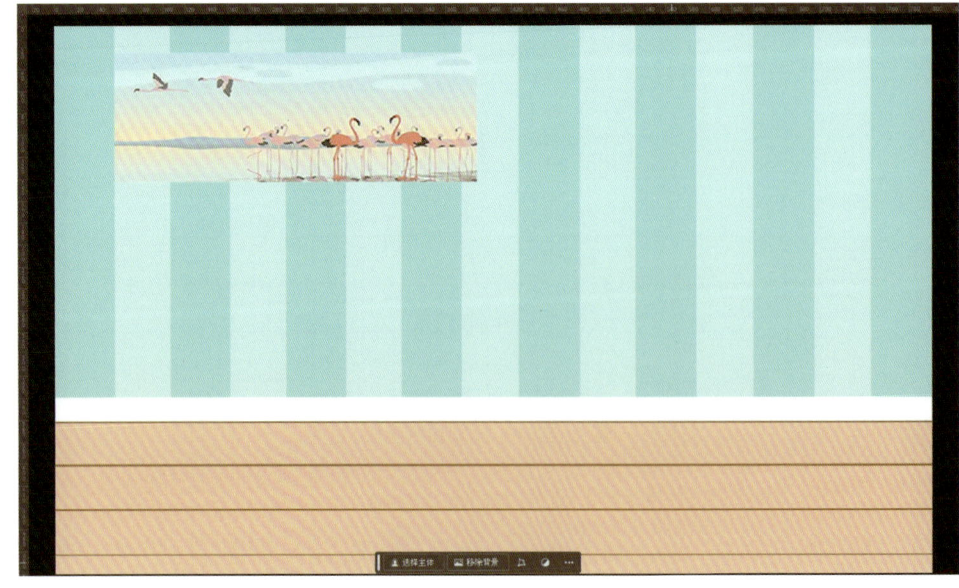

图 2-2-21 置入装饰画 1

4. 创建剪贴蒙版

用鼠标右键单击“04 装饰画 1”图层，在弹出的选项卡中选择“创建剪贴蒙版”命令，将装饰画置于矩形画框中，如图 2-2-22 所示。

图 2-2-22 创建剪贴蒙版

5. 制作圆形装饰画

参照绘制画框步骤 1 至步骤 4 的方法绘制圆形画框，画框描边大小为“7 像素”，将“05 装饰画 2.jpg”素材置于圆形画框中，效果如图 2-2-23 所示。

图 2-2-23 制作圆形装饰画

七、在墙上摆放花卉

1. 制作矩形框架

新建图层，选择“矩形工具”，在工具属性栏中设置工具模式为“形状”，填充颜色为“褐色（R96，G58，B15）”，在圆形装饰画下方绘制一个矩形。用鼠标右键单击“椭圆 1”图层，选择“拷贝图层样式”命令；用鼠标右键单击“矩形 2”图层，在弹出的选项卡中选择“粘贴图层样式”命令，完成矩形框架的制作，如图 2-2-24 所示。

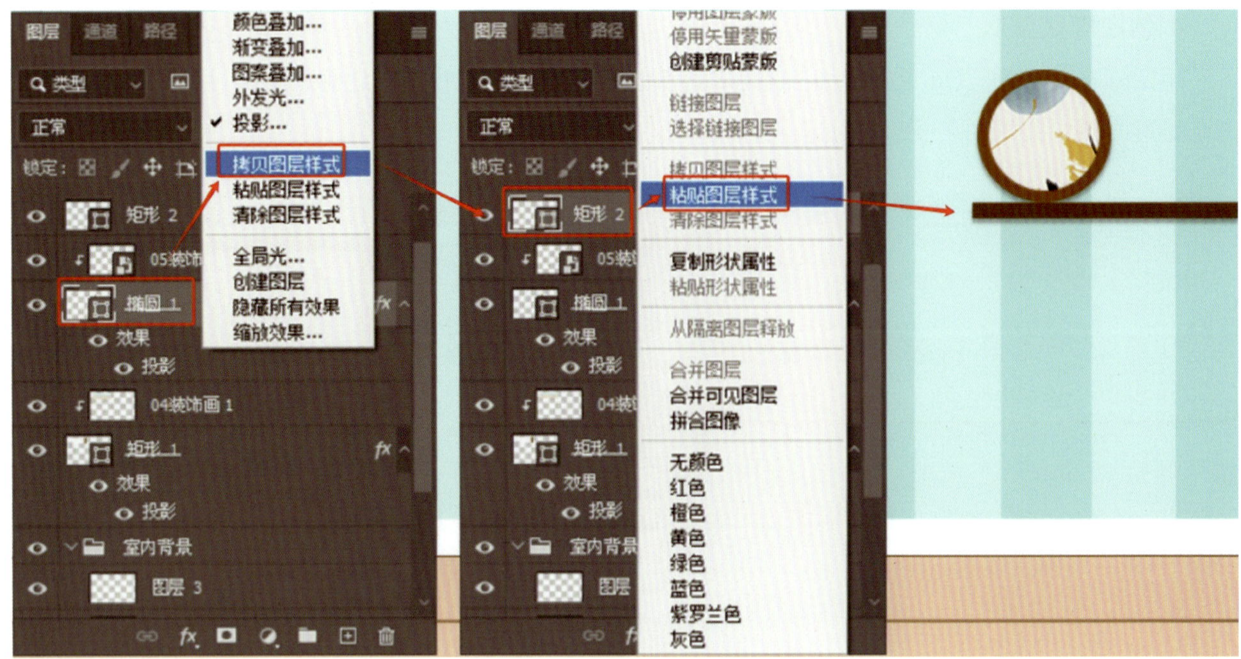

图 2-2-24 制作矩形框架

2. 置入花卉

执行“文件”→“置入嵌入对象”命令，将“素材 / 项目二素材 /06 花卉 .png”文件置入页面中并缩小花卉，将其置于合适的位置，如图 2-2-25 所示。按【Enter】键完成置入。

八、编组背景装饰图层

选中除“背景”图层及“室内背景”图层组以外的所有图层，按【Ctrl+G】组合键将图层编组为“组 1”图层组，用鼠标左键双击“组 1”，将其重命名为“背景装饰”，如图 2-2-26 所示。

图 2-2-25 置入花卉

图 2-2-26 编组背景装饰图层

九、制作地毯

1. 置入地毯

执行“文件”→“置入嵌入对象”命令，选择“项目二素材 /07 地毯 .jpg”文件，单击“置入”按钮，置入地毯。缩放地毯后，用鼠标右键单击，在弹出的选项卡中选择“透视”命令，将地毯上方的两个角往里缩放，达到透视的效果，按【Enter】键完成置入，如图 2-2-27 所示。

图 2-2-27　置入地毯

2. 为地毯添加投影

用鼠标右键单击“矩形 2”图层，在弹出的选项卡中选择“拷贝图层样式”命令；用鼠标左键单击“07 地毯”图层，选择“粘贴图层样式”命令，完成地毯的制作，如图 2-2-28 所示。

图 2-2-28　为地毯添加投影

十、置入室内素材

1. 置入沙发

执行“文件”→“置入嵌入对象”命令，选择“素材 / 项目二素材 /08 沙发 .jpg”文件，单击“置入”按钮，置入沙发。缩放沙发后，按【Enter】键完成置入。在上下文任务栏中单击“移除背景”按钮，将沙发抠取出来，如图 2-2-29 所示。

图 2-2-29　置入沙发

2. 置入其他室内素材

依次执行“文件”→“置入嵌入对象”命令，将“09 灯具 .ai”“10 柜子 .ai”和“11 大盆栽 .ai”文件置入，缩放后将其分别放置于合适的位置，如图 2-2-30 所示。

图 2-2-30　置入其他室内素材

十一、为家具添加投影

1. 为沙发添加投影

在“08 沙发”图层下方新建图层，选择“椭圆工具”，在工具属性栏中设置工具模式为“形状”，填充颜色为“黑色”，在沙发下方绘制椭圆，在“图层”面板中将不透明度改为“10%”，如图 2-2-31 所示。

他数值默认，单击“导出”按钮，在“另存为”对话框中选择文件存储位置，文件名默认，单击“保存”按钮导出该文档。

任务三　科幻场景设计——图层混合模式与效果

任务目标

1. 能制作渐变填充图层。
2. 能调整图层混合模式。
3. 能通过“自由变换”命令来调整图像。
4. 能创建链接图层。

任务描述

本任务通过渐变填充图层、调整图层混合模式绘制星空背景，使用“椭圆工具”、剪贴蒙版绘制星球，利用链接图层制作人物投影来完成图 2-3-1 所示的科幻场景。要完成本任务，学习者除了需要掌握图层的基本操作与绘制图形的技巧之外，还需要学习如何在图层中通过“色彩平衡”来调整图像整体的色调，以达到预期的科幻场景效果。

图 2-3-1　科幻场景——行走在星空上

相关知识

一、图层混合模式

在 Photoshop 中，共有二十七种图层混合模式，系统默认分为六个大类，分别是组合模式、加深模式、减淡混合模式、对比混合模式、比较混合模式及色彩混合模式，如图 2-3-2 所示。不同的混合模式会产生迥异的合成效果，但若只有一个图层，则不会形成混合的效果，因此“图层”面板上至少需要两个图层才能应用图层的混合模式。

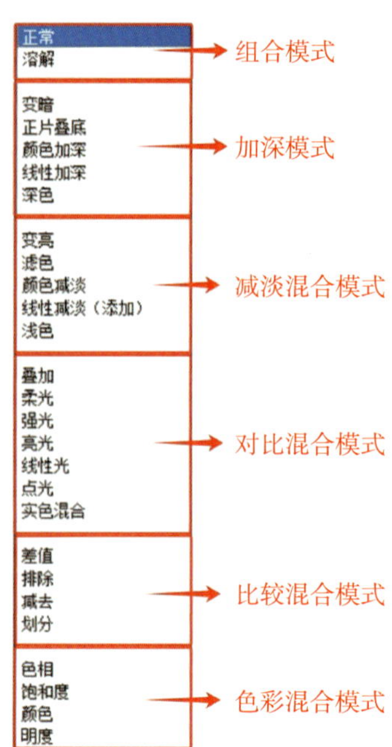

图 2-3-2 图层混合模式

1. 图层混合模式的作用

（1）加深模式：去掉亮部，暗部混合。滤除图像中的亮调部分，达到图像变暗的效果。

（2）减淡混合模式：去掉暗部，亮部混合。滤除图像中暗调部分，达到图像变亮的效果。

（3）对比混合模式：去掉亮部和暗部，中性灰混合。

（4）比较混合模式：反相混合，主要用于制作各种另类的反色效果。

（5）色彩混合模式：将上面图层图像中的颜色信息，不同程度地映衬在下面图层的图像上。

2. 常用的图层混合模式效果

常用的图层混合模式效果如图 2-3-3 所示。

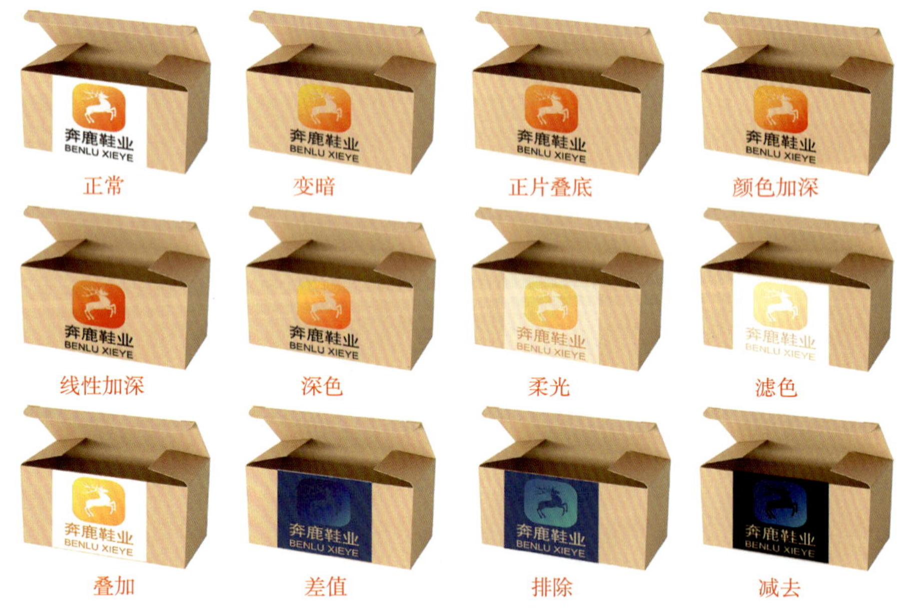

图 2-3-3 常用的图层混合模式效果

（1）正常：该模式为默认的图层混合模式，图层间没有任何影响，只能通过调节图层不透明度和图层填充值的参数，来不同程度地显示下一图层的内容。

（2）变暗：该模式将查看每个通道中的颜色信息，并将当前图层中较暗的色彩调整得更暗，较亮的色彩变得透明。

（3）正片叠底：该模式将当前图层中的图像颜色与其下层图层中的图像颜色混合相乘，得到比原来两种颜色更深的第三种颜色。

（4）颜色加深：该模式将增强当前图层与下层图层之间的对比度，从而达到颜色加深的效果。

（5）线性加深：该模式将查看每个通道中的颜色信息，并通过减小亮度使基色变暗来反映混合色。

（6）深色：该模式将比较混合色和基色的所有通道值的总和，并显示值较小的颜色。

（7）柔光：该模式将产生一种柔和光线照射的效果，高亮度的区域更亮，暗调区域更暗，使反差增大。

（8）滤色：该模式将混合色的互补色与基色混合，以得到较亮的颜色。用黑色过滤时颜色保持不变，用白色过滤时将产生白色。

（9）叠加：该模式通过智能分析上下图层颜色亮度关系来实现图像增强的功能，常用于需要同时增强高光细节和暗部层次的艺术创作。

（10）差值：该模式将根据图层颜色的亮度对比进行相加或相减，与白色混合将使颜色反相，与黑色混合则不产生变化。

（11）排除：该模式下如果图像颜色为白色，则将显示颜色的补色；如果图像颜色为黑色，则无任何变化。

（12）减去：该模式将查看每个通道中的颜色信息，并从基色中减去混合色。

二、自由变换

自由变换可对选区、整个图层、多个图层、图层蒙版、路径、矢量形状、矢量蒙版、选区边界或 Alpha 通道等进行变换。

执行“编辑”→“自由变换”命令，或按【Ctrl+T】组合键，或在图像上单击右键，从弹出的选项卡中选择“自由变换”，进入自由变换状态，可完成缩放、旋转、斜切、扭曲、透视等变换操作，以及旋转操作和翻转操作，如图 2-3-4 所示。

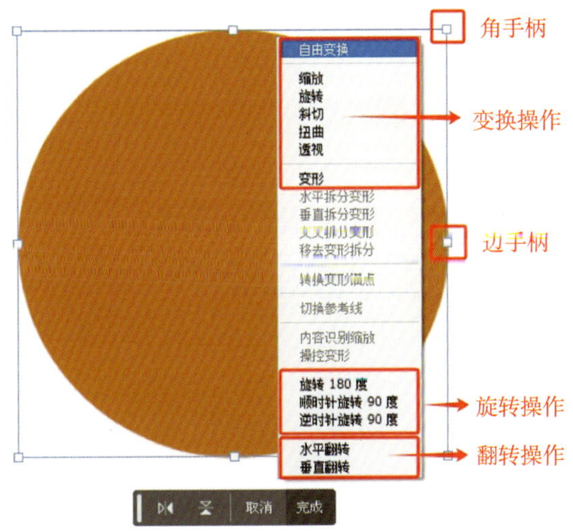

图 2-3-4　自由变换

1. 等比例缩放变形

拖动角手柄或边手柄（光标为双向箭头），可按比例进行缩放，按住【Shift】键可等比例缩放变形。

2. 旋转

当鼠标置于变换框外，光标变为弯曲的双向箭头时，将以参考点为轴心进行旋转，按住【Shift】键时，则以 15° 增量旋转。

3. 扭曲

按住【Ctrl】键拖动角手柄，可进行扭曲操作，加按【Shift】键会进行垂直或水平方向约束扭曲，加按【Alt】键则会以参考点为轴心进行对称扭曲。

> **小贴士**
>
> 1. 自由变换不能变换背景图层。要变换背景图层，需要先将其转换为普通图层。
>
> 2. 可按【Ctrl+Z】键撤销上一步操作，按【Esc】键退出自由变换。
>
> 3. 按住【Alt】键执行“编辑”→“自由变换”命令，或按【Ctrl+Alt+T】组合键可复制图层并进行自由变换。

三、链接图层及取消图层链接

1. 链接图层

在“图层”面板中选择图层或组，单击“图层”面板底部的“链接”图标，可以将多个图层变成链接图层。与同时选定多个图层的不同之处是，链接的图层将保持关联，对链接图层某一个图层进行移动或应用变换将改变全部图层的位置或外观。

2. 取消图层链接

选择一个链接的图层，单击“链接”图标即可取消图层链接。

3. 临时停用链接的图层

按住【Shift】键并单击链接图层的链接图标，将出现一个“红 ×”，此时可临时停用链接的图层。按住【Shift】键单击链接图标可再次启用链接。

4. 选择链接的图层

选择其中一个图层，执行“图层”→“选择链接图层”命令，将选中所有链接的图层。

任务实施

一、新建 Photoshop 文档

按【Ctrl+N】组合键，打开“新建文档”对话框，在对话框的右侧“预设详细信息”选项中输入“科幻场景”，宽度为“900”，高度为“600”，单位为“像素”，分辨率为“300”像素/英寸，颜色

模式为“RGB 颜色”，其他参数默认，然后单击“创建”按钮，创建一个新图像文件。

二、填充背景色

用鼠标左键单击“图层”面板中的“创建新的填充或调整图层”按钮，选择“渐变”，在弹出的“渐变填充”对话框中单击“渐变”，弹出“渐变编辑器”对话框，在预设中选择“蓝色”颜色组中的“蓝色 _29”，然后单击“确定”按钮，如图 2-3-5 所示，完成填充，效果如图 2-3-6 所示。

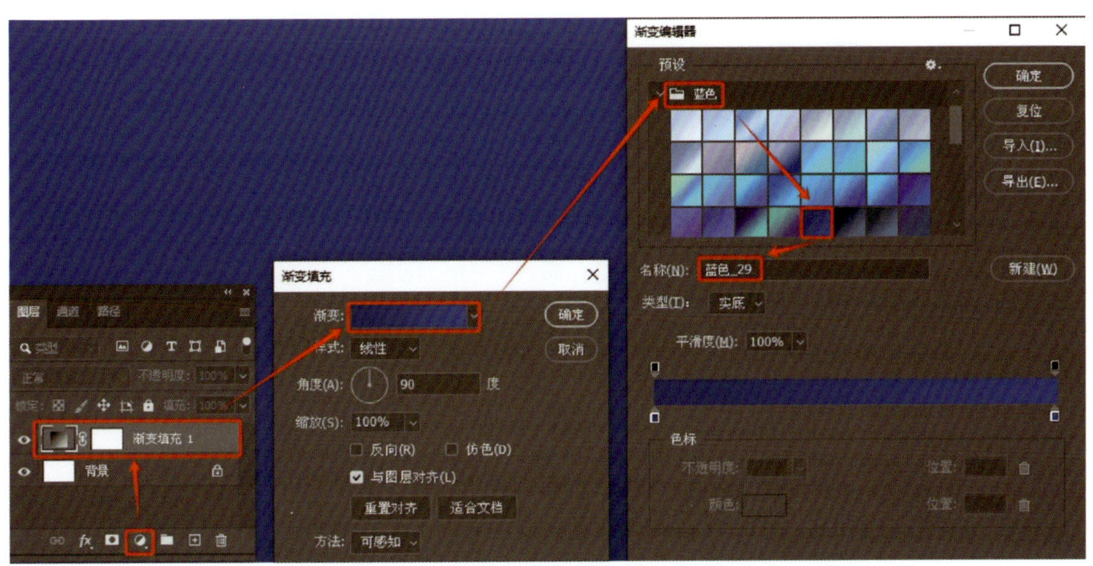

图 2-3-5　设置渐变色

图 2-3-6　填充渐变背景色

三、添加云彩效果

1. 置入云层 1

执行“文件”→“置入嵌入对象”命令，选择“素材 / 项目二素材 /13 云层 1.png”文件，单击“置入”按钮，并将“13 云层 1”移至页面上方，按【Enter】键完成置入。在“图层”面板中会自动生成“13 云层 1”图层，然后单击“设置选定图层的混合模式”，将混合模式设置为“线性减淡（添加）”，效果如图 2-3-7 所示。

图 2-3-7　置入云层 1

2. 为云朵 2 应用颜色叠加

置入“素材 / 项目二素材 /14 云层 2.png”文件，在“图层”面板中会自动生成“14 云层 2”图层，双击该图层，弹出“图层样式”对话框，选中“颜色叠加”样式，在“颜色叠加”对话框中设置颜色混合模式为“正常”，单击颜色选框，弹出“拾色器（叠加颜色）”对话框，设置为“紫色（R210，G53，B223）”，如图 2-3-8 所示，单击“确定”按钮，完成颜色叠加，效果如图 2-3-9 所示。

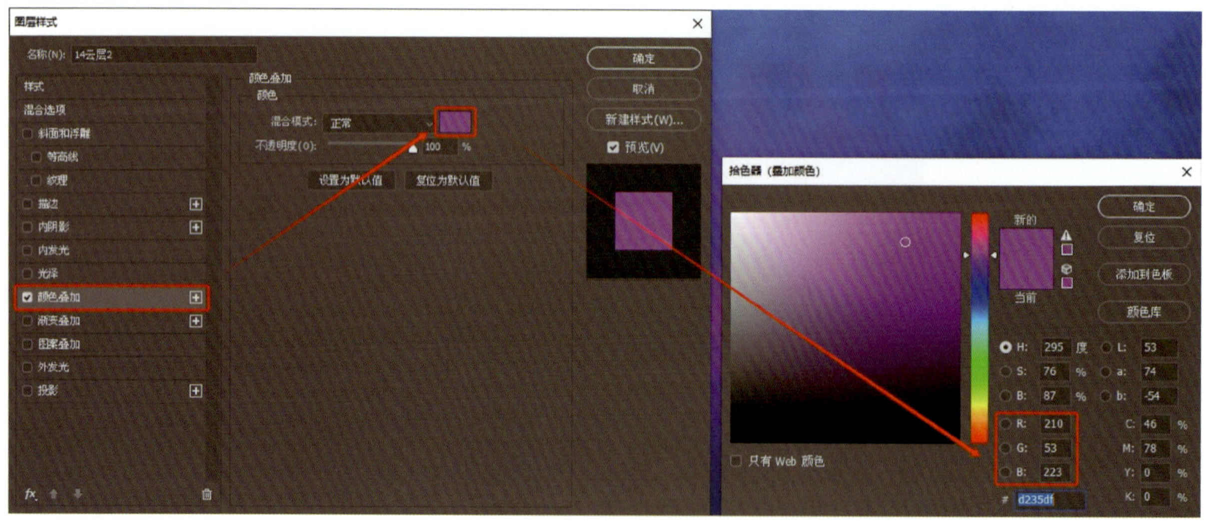

图 2-3-8　设置颜色叠加参数

3. 拷贝光点

执行“文件”→“打开”命令，打开“素材 / 项目二素材 /15 光点 1.psd”文件，用鼠标左键单击“图层 1”图层后，使用“矩形选框工具”，框选光点，执行“编辑”→“拷贝”命令，如图 2-3-10 所示。返回“科幻场景”文件，执行“编辑”→“粘贴”命令，按【Ctrl+T】组合键进行自由变换，按住【Shift】键，等比例缩放光点直至适合页面宽度即可，如图 2-3-11 所示，按【Enter】完成自由变换。

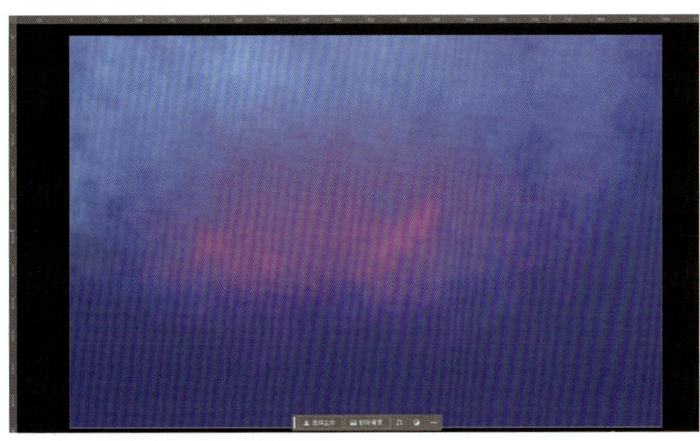

图 2-3-9　为云朵 2 应用颜色叠加

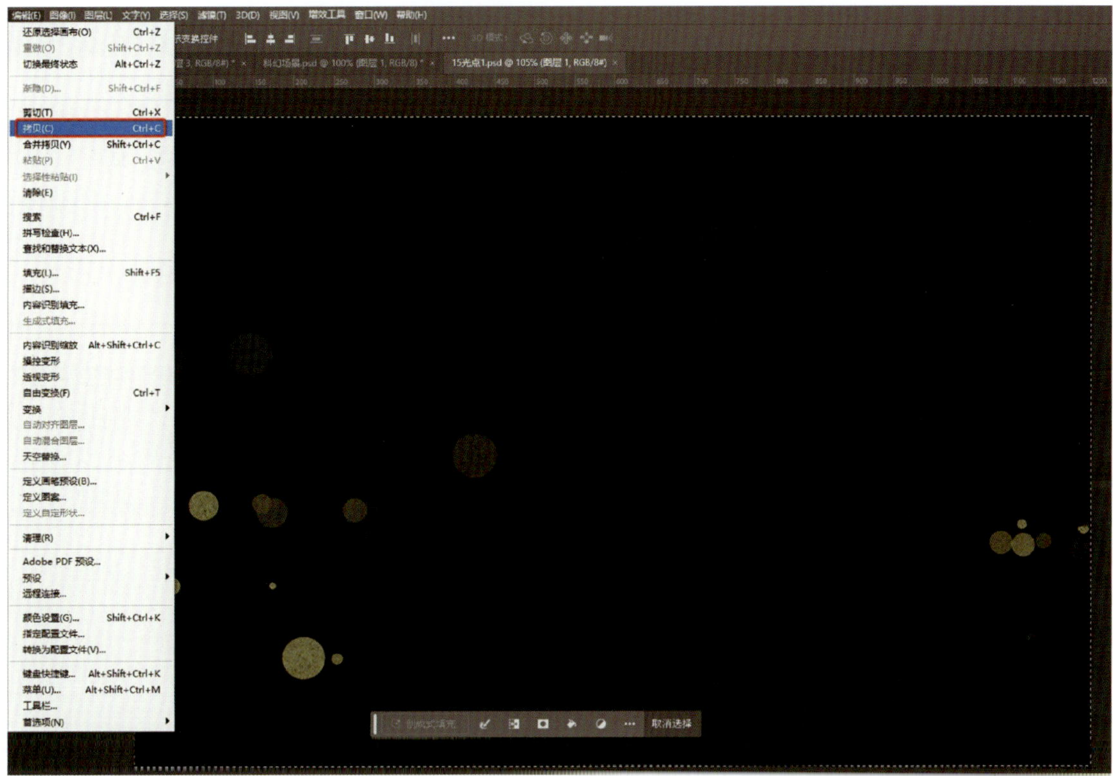

图 2-3-10　拷贝光点

图 2-3-11　缩放光点

四、制作星空

1. 绘制圆形

新建图层，选择“椭圆工具”，在工具属性栏中选择工具模式为“形状”，设置填充颜色为“黑色”，在页面上单击，弹出“创建椭圆”对话框，设置宽度和高度均为“172 像素”，单击“确定”按钮绘制圆形，如图 2-3-12 所示。在“图层”面板中会自动生成“椭圆 1”图层。

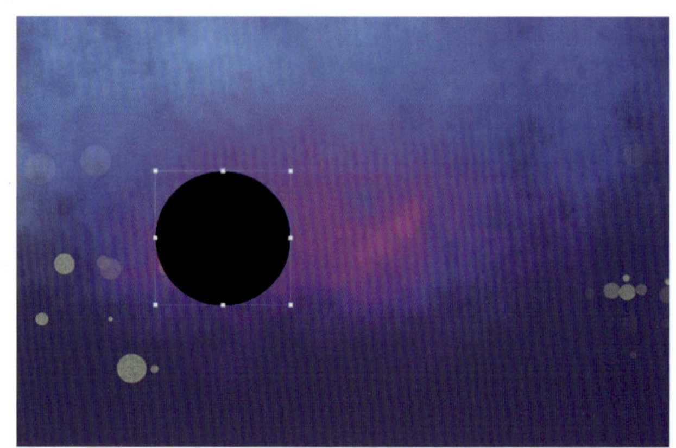

图 2-3-12　绘制圆形

2. 为圆形添加外发光效果

双击“椭圆 1”图层，在弹出的“图层样式”对话框中，选中“外发光”，设置外发光的混合模式为“滤色”，不透明度为“35”%，杂色为“0”%，单击设置“发光颜色”选框，弹出“拾色器”对话框，选择“白色”，方法为“柔和”，扩展为“15”%，大小为“29”像素，如图 2-3-13 所示，单击“确定”按钮完成外发光参数设置，效果如图 2-3-14 所示。

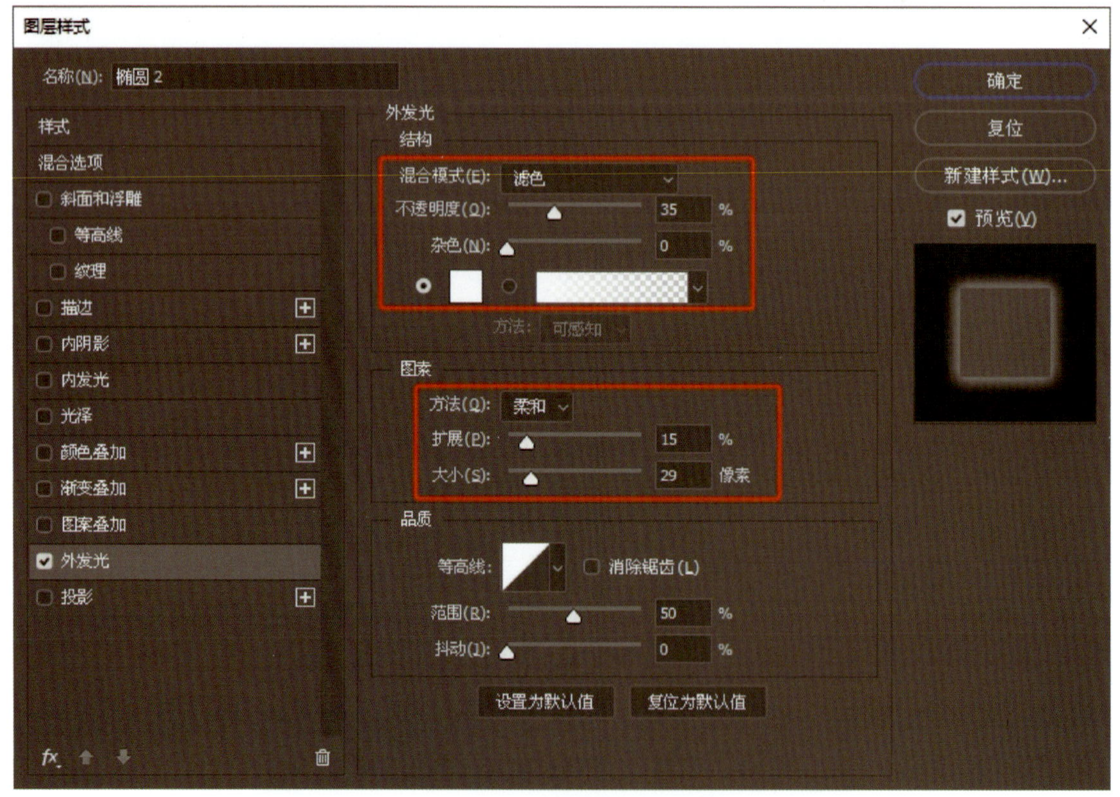

图 2-3-13　设置图层样式参数

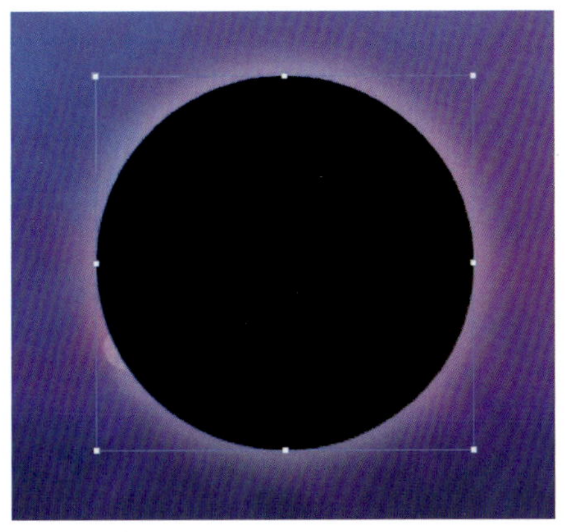

图 2-3-14　为圆形添加外发光效果

3. 创建剪贴蒙版

执行“文件”→“置入嵌入对象”命令，置入“素材 / 项目二素材 /16 星球表面 .psd”文件，缩放至合适大小并置于黑色椭圆上，用鼠标右键单击“16 星球表面”图层，在弹出的选项卡中选择“创建剪贴蒙版”命令，将星球表面放置在发光的圆形中，完成星球绘制，如图 2-3-15 所示。

图 2-3-15　创建剪贴蒙版

4. 绘制多个星球

参照绘制星球的步骤 1 至步骤 3，依次在页面左上方与右下方绘制两个大小不一的星球，适当调整图层样式中“外发光”的数值，最终效果如图 2-3-16 所示。

图 2-3-16　绘制多个星球

5. 置入发光的圆圈

执行“文件”→“置入嵌入对象”命令，置入“素材 / 项目二素材 /17 发光的圆圈 .png”文件，在“图层”面板的“设置选定图层的混合模式”中将混合模式设置为“滤色”，缩放至合适大小，将发光的圆圈移至小星球的上方，如图 2-3-17 所示，按【Enter】键完成置入。

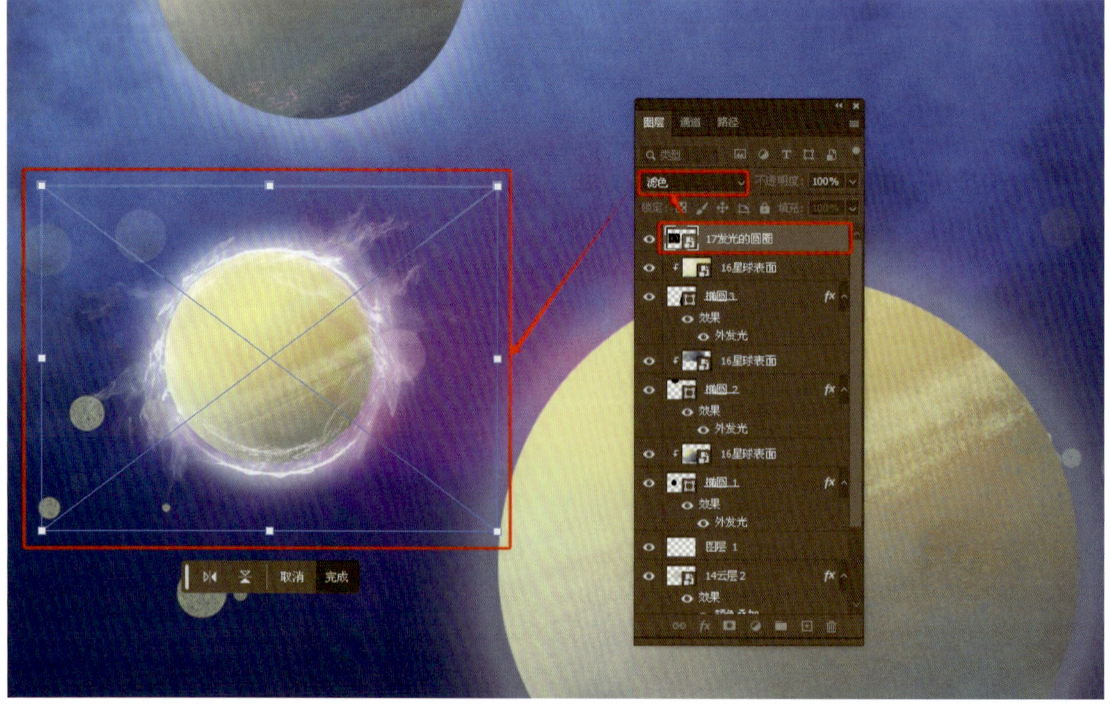

图 2-3-17　置入发光的圆圈

6. 置入星空素材并放大

执行“文件”→“置入嵌入对象”命令，置入“素材 / 项目二素材 /18 星空 .png”文件，并将“18 星空”素材放大至整个页面，如图 2-3-18 所示，按【Enter】键完成置入。

图 2-3-18 置入星空素材并放大

五、制作地面

1. 置入地面

按【Ctrl+O】组合键，打开“素材 / 项目二素材 /19 地面 .psd”文件，用鼠标左键单击“图层 1”图层后，按【Ctrl+A】组合键框选整个页面，再按【Ctrl+C】组合键复制“图层 1”，然后返回“科幻场景”文件，按【Ctrl+V】组合键粘贴为“图层 2”，按【Ctrl+T】组合键调出自由变换定界框，按住【Shift】键，等比例缩放地面后，将其放置于页面下方，如图 2-3-19 所示，按【Enter】键完成置入。

图 2-3-19 置入地面

2. 为地面添加外发光效果

双击“图层 2”图层，在弹出的“图层样式”对话框中，选中“外发光”，设置外发光的混合模式为“滤色”，不透明度为“35”%，杂色为“0”%，单击设置“发光颜色”选框，弹出“拾色器（外发光颜色）”对话框，选择“紫色（R177，G53，B214）”，方法为“柔和”，扩展为“0”%，大小为“38”像素，其他参数默认，如图 2-3-20 所示。

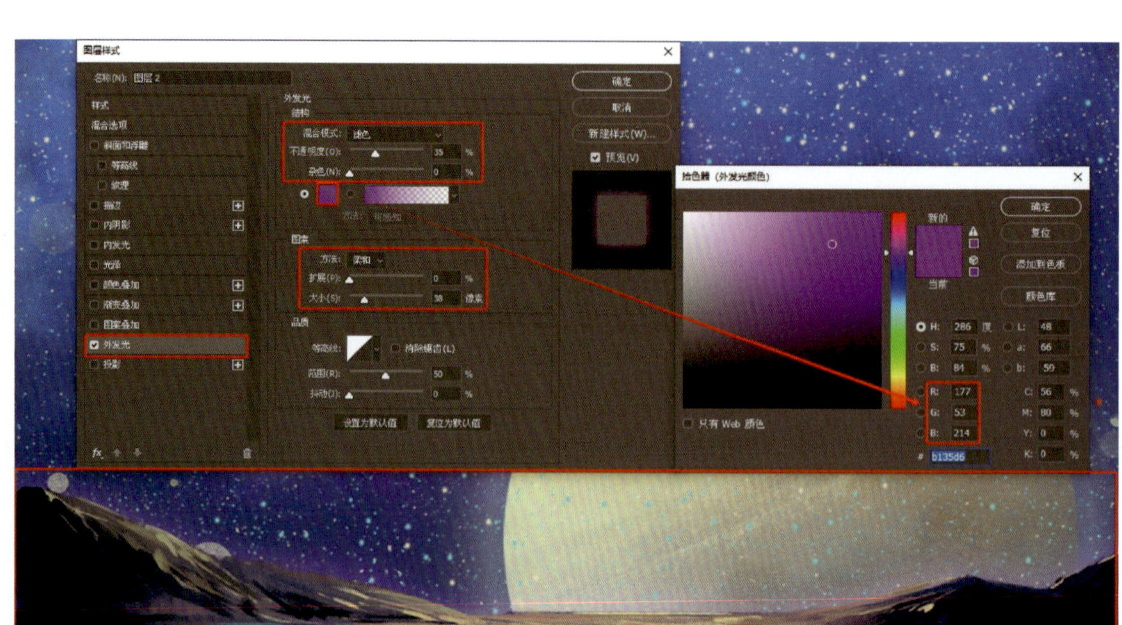

图 2-3-20　为地面添加外发光效果

六、置入宇航员

1. 抠取宇航员 1

执行“文件”→“置入嵌入对象”命令，置入“素材 / 项目二素材 /20 宇航员 1.jpg”文件，在上下文任务栏中单击“完成”按钮后，再次单击“移除背景”按钮 移除背景 ，将宇航员 1 抠取出来，如图 2-3-21 所示。

图 2-3-21　抠取宇航员 1

2. 调整宇航员 1 大小

按【Ctrl+T】组合键调出自由变换定界框，按住【Shift】键，等比例缩放宇航员 1，并将其放置于地面上方，如图 2-3-22 所示，在上下文任务栏中单击“完成”按钮完成自由变换。

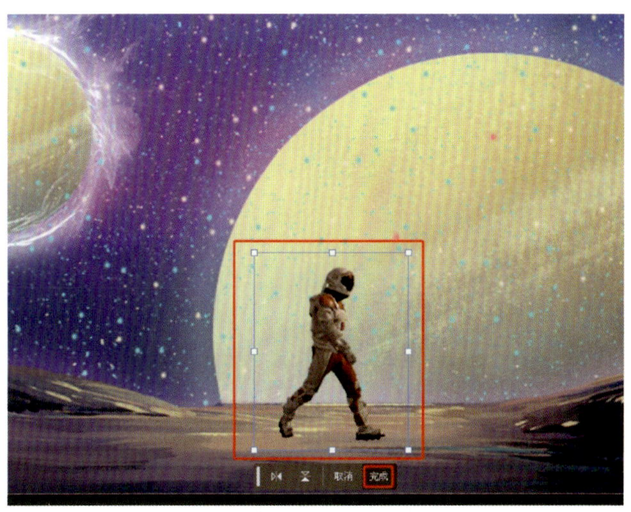

图 2-3-22　调整宇航员 1 大小

3. 制作宇航员 1 投影

按【Ctrl+J】快捷键拷贝“20 宇航员 1”图层后，选择“20 宇航员 1”图层，在“图层”面板中将混合模式设置为“柔光”。单击上下文任务栏中的“转换图形”按钮后，再单击“垂直翻转”按钮，将“20 宇航员 1”移动至“20 宇航员 1 拷贝”下方，如图 2-3-23 所示。

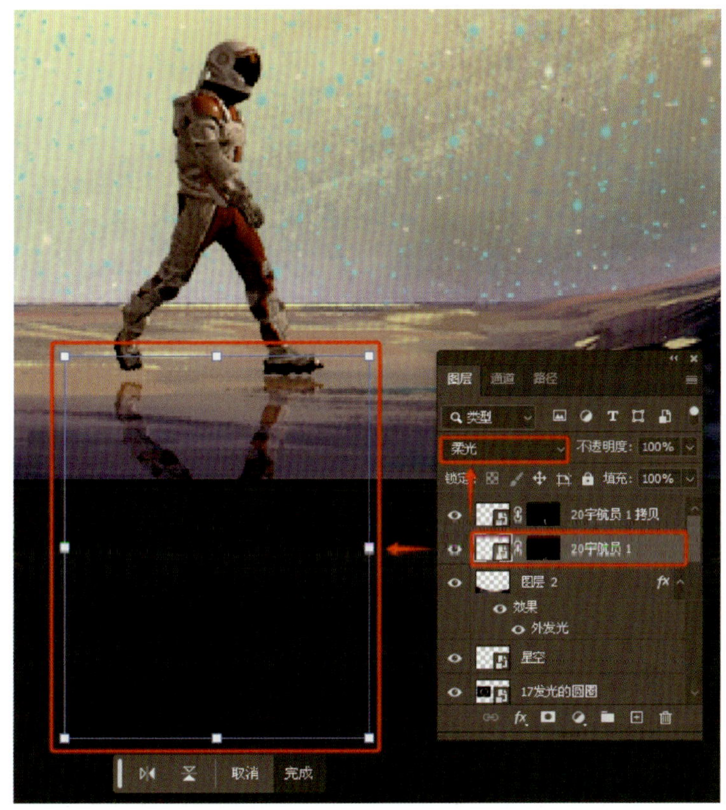

图 2-3-23　制作宇航员 1 投影

4. 置入宇航员 2

单击“图层”面板的最上方图层（“20 宇航员 1 拷贝”图层），执行“文件”→“置入嵌入对象”命令，置入“素材 / 项目二素材 /21 宇航员 2.jpg”文件，在上下文任务栏中单击“水平翻转”按钮后，按住【Shift】键等比例缩放宇航员 2，将鼠标光标置于定界框外，当光标变为弯曲的双向箭头时，旋转宇航员 2，将其放置于大星球上方，如图 2-3-24 所示，调整好其大小和位置后，在上下文任务栏中单击“完成”按钮完成置入。

图 2-3-24　置入宇航员 2

5. 添加宇航员 2 投影

在“图层”面板中双击“21 宇航员 2”图层，在弹出的“图层样式”对话框中为图形设置投影参数：混合模式为“正片叠底”、不透明度为“30”%、角度为“90”度，距离为“6”像素、扩展为“1”%、大小为“3”像素，其他参数为默认值，如图 2-3-25 所示。单击“确定”按钮完成设置。

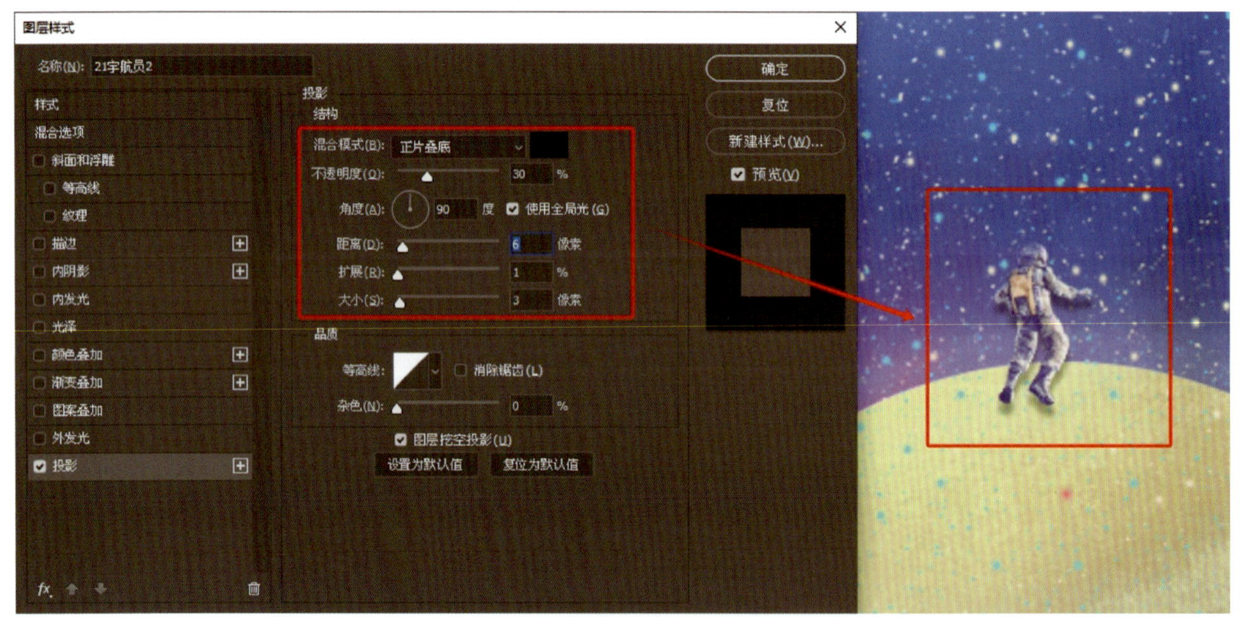

图 2-3-25　添加宇航员 2 投影

七、添加光点 2

执行“文件”→“置入嵌入对象”命令，置入“素材 / 项目二素材 /22 光点 2.psd”文件，将其移至页面上方，如图 2-3-26 所示，按【Enter】键完成置入。

八、调整图像整体色彩

单击“图层”面板中的“创建新的填充或调整图层”按钮，选择“色彩平衡”，然后在“属性”面板中将颜色数值依次设置为“-28”“-28”“+60”，“图层”面板自动生成“色彩平衡 1”图层，如图 2-3-27 所示。

图 2-3-26　置入光点 2

图 2-3-27　调整色彩平衡

九、保存文档

1. 存储文件

按【Ctrl+S】组合键，在弹出的“存储为”对话框中选择文件存储位置，文件名默认，保存类型为“Photoshop（*.PSD，*.PDD，*.PSDT）”，单击“保存”按钮保存该文档。

2. 导出文件

按【Alt+Shift+Ctrl+W】组合键，在弹出的“导出为”对话框中选择文件设置格式为“JPG”，其他数值默认，单击“导出”按钮，在“另存为”对话框中选择文件存储位置，文件名默认，单击“保存”按钮导出该文档。

项目三

动漫宣传设计——文字与路径

本项目通过动漫杂志封面设计、动漫网站首页设计和动漫展海报设计的任务实例，介绍了Photoshop 中的文字创建与编辑功能，重点讲解了“横排文字工具”、“文字蒙版工具”、“字符”面板、“段落”面板，以及“文字变形”命令、“栅格化文字”命令的使用方法。

任务一　动漫杂志封面设计——文字输入与编辑

任务目标

1. 能输入点文本和段落文本。
2. 能使用“横排文字工具”和“直排文字工具”编辑文字。
3. 能使用文字工具属性栏设置文字属性。
4. 能使用“字符”面板进行文字属性的设置。

任务描述

本任务主要利用“横排文字工具”“直排文字工具”和“字符”面板来制作图 3-1-1 所示的动漫杂志封面。要完成本任务，学习者除了需要掌握文字输入及编辑的制作技巧之外，还需要学习如何应用图层样式来制作文字效果。

图 3-1-1　动漫杂志封面设计

相关知识

一、文字工具

用鼠标右键单击工具箱上的“横排文字工具”图标 T，弹出文字工具组。Photoshop 提供了四种创建文字的工具：“横排文字工具”“直排文字工具”“直排文字蒙版工具”和“横排文字蒙版工具”，如图 3-1-2 所示。

图 3-1-2　文字工具组

“横排文字工具” T 和“直排文字工具” IT 主要用来创建点文本、段落文本和路径文本，“直排文字蒙版工具”和“横排文字蒙版工具”主要用于创建文字形状的选区。

二、创建文字

1. 点文本

使用文字工具在页面上单击并输入的文字，称为点文本。点文本不具备自动换行的功能，需要手动按【Enter】键换行。

2. 段落文本

使用文字工具在页面上单击并拖拽鼠标拉出文本框后输入的文字称为段落文本，其指定了文字的区域。文字在文本框内显示，待输入的文字达到文本框的边缘时，文字会自动换行排列。

3. 输入文字

选择“横排文字工具”或“直排文字工具”后，可在工具属性栏设置字体样式、大小、颜色等属性，设置完成后在页面中单击鼠标左键即可输入文本，然后按【Ctrl+Enter】组合键完成操作，如图 3-1-3 和图 3-1-4 所示。

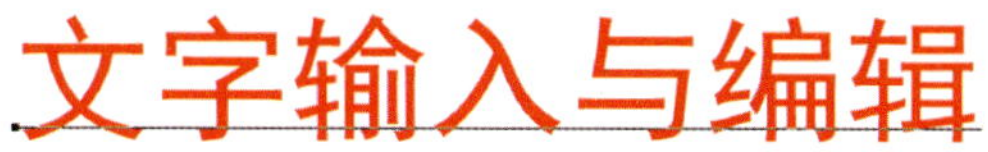

文字输入与编辑

图 3-1-3　横排文字效果

文字输入与编辑

图 3-1-4　直排文字效果

三、设置文字属性

选取文字工具后，在工具属性栏上可以设置文字的属性，如图 3-1-5 所示。下面对这些属性做简要介绍：

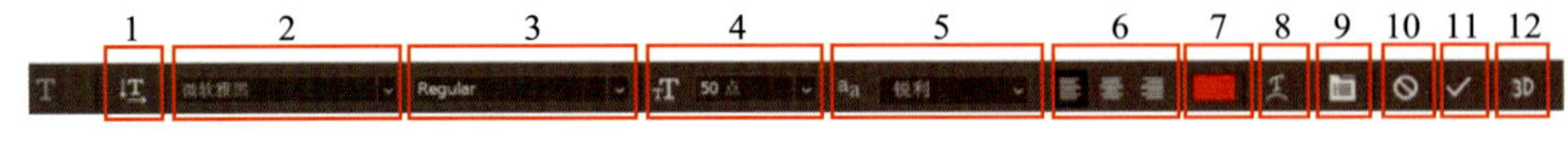

图 3-1-5　文字工具属性栏

1. 切换文本取向

单击“切换文本取向”图标，可以将横排文字变为直排、将直排文字变为横排。

2. 设置字体

在选项栏中单击“设置字体”下拉箭头图标，在弹出的下拉列表中选择合适的字体即可。当下次在文档中输入文字时，会自动使用上次设置的字体。

3. 设置字体样式

字体样式只针对部分字体有效。输入文字后，可以在该下拉列表中选择需要的字体样式。

4. 设置字体大小

可以直接输入数值，也可以在下拉列表中选择预设的字体大小。

5. 设置消除锯齿的方法

输入文字后，可以在该下拉列表中为文字选择一种消除锯齿的方式，其差别主要体现在文字的边缘处。

6. 设置文本对齐方式

根据输入字符时光标的位置来设置文本对齐方式。

7. 设置文本颜色

文本颜色默认为前景色，要修改文字颜色可单击该颜色块，在弹出的“拾色器”对话框中设置文字所需要的颜色即可。

8. 创建文字变形

选中文本，单击“创建文字变形”图标，在弹出的“变形文字”对话框中设置文本的变形效果。

9. 切换字符和段落面板

单击“切换字符和段落”面板图标，可以在“字符”面板或“段落”面板之间进行切换。

10. 取消所有当前编辑

在文本输入或编辑状态下显示“取消所有当前编辑”图标，单击即可取消当前的编辑操作。

11. 提交所有当前编辑

在文本输入或编辑状态下显示“提交所有当前编辑”图标✓，单击即可确定并完成当前的文字输入或编辑操作。

12. 从文本创建 3D

单击“从文本创建 3D”图标3D，可将文本对象转换为带有立体感的 3D 对象。

小贴士

设置字体属性技巧：在不知道使用哪种字体、字号的情况下，可以先输入文字，然后将文字选中，再到上下文任务栏上选择合适的字体和字号。

四、“字符”面板

执行“窗口”→“字符”命令，即可弹出“字符”面板，如图 3-1-6 所示。在“字符”面板中除了能对字体样式、字体大小、字体颜色和消除锯齿的方法等进行设置，还可以对行距、字距等属性进行设置。

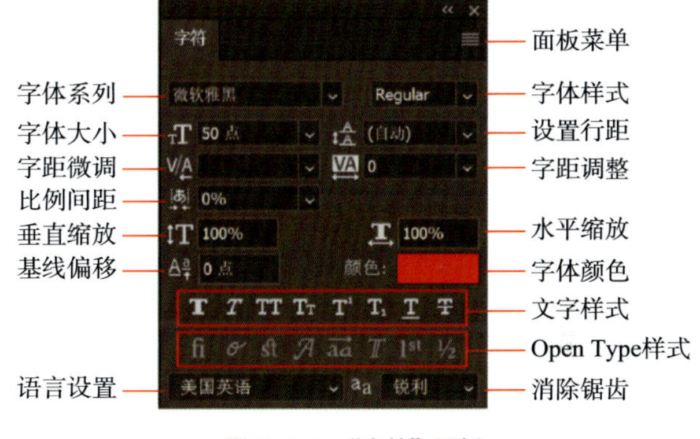

图 3-1-6　“字符”面板

1. 设置行距

行距是指上一行文字基线与下一行文字基线之间的距离。选择需要调整的文本图层，然后在“设置行距”文本框中输入行距值或在下拉列表中选择预设的行距值，设置完成后按【Enter】键即可。

2. 字距微调

字距微调用于微调两个字符之间的距离。在设置时，先要将光标插入需要进行字距微调的两个字符之间，然后在该文本框中输入所需的字距微调数量，也可以在下拉列表框中选择预设的字距微调数量。输入正值时，字距会扩大；输入负值时，字距会缩小。

3. 字距调整

字距调整用于调整所选字符之间的字距。输入正值时，字距会扩大；输入负值时，字距会缩小。

4. 比例间距

比例间距是按指定的百分比来减少字符周围的空间，字符本身并不会被伸展或挤压。

5. 垂直缩放 / 水平缩放

垂直缩放 / 水平缩放用于设置文字的垂直或水平缩放比例，以调整文字的高度或宽度。

6. 基线偏移

基线偏移用于设置文字与文字基线之间的距离。输入正值时，文字会上移；输入负值时，文字会下移。

7. 字体样式

字体样式用于设置文字的特殊效果，包括仿粗体、仿斜体、全部大写字母、小型大写字母、上标、下标、下划线、删除线等。

8. Open Type 样式

Open Type 样式包括标准连字、上下文替代字、自由连字、花饰字、替代样式、标题替代字、序数字和分数字。

9. 语言设置

语言设置用于对所选字符进行有关联字符和拼写规则的设置。

10. 消除锯齿

输入文字后，可以在该下拉列表中为文字指定一种消除锯齿的方法。

任务实施

一、新建文档

按【Ctrl+N】组合键，新建一个名为“动漫杂志封面设计”的文档，宽度为“210”，高度为“285”，单位为“毫米”，颜色模式为“CMYK 颜色”，分辨率为“150”像素 / 英寸。

二、置入背景素材

执行“文件”→“置入嵌入对象”命令，将“素材 / 项目三素材 /01 天空 .jpg”文件置入页面中，然后单击上下文任务栏上的“水平翻转”按钮，将图片水平翻转，这时在“图层”面板中会自动生成名为“01 天空”的图层。接着调整图片大小，使其适合整个文档，然后单击“完成”按钮完成图片的置入，效果如图 3-1-7 所示。

图 3-1-7　置入图片

三、制作杂志刊名

1. 设置文字属性

选择“横排文字工具”，然后在工具属性栏设置字体为“汉仪综艺体简”，字体大小为“150 点”，消除锯齿的方法为“锐利”，文本颜色为“红色（C0，M100，Y100，

KO)"，如图 3-1-8 所示。

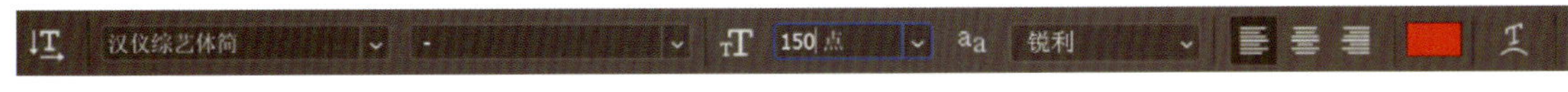

图 3-1-8　设置文字属性

2. 设置描边参数

在页面上单击输入点文本"动漫乐"，单击"图层"面板下方的"添加图层样式"按钮 fx，在弹出的选项卡中选择"描边"，弹出"图层样式"对话框，设置描边大小为"10"像素，颜色为"白色"，如图 3-1-9 所示。

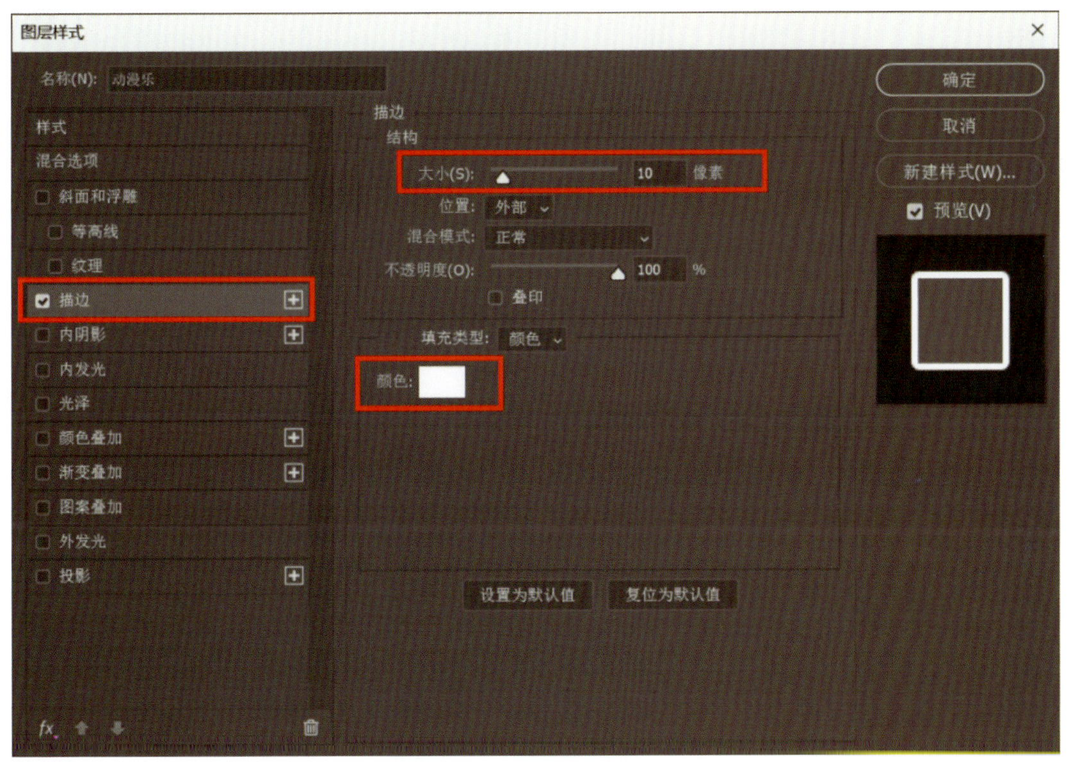

图 3-1-9　设置描边参数

3. 设置投影参数

单击并选中"投影"图层样式，设置投影混合模式为"正常"，颜色为"黑色（C100，M100，Y100，K100）"，不透明度为"100"%，角度为"45"度，距离为"20"像素，大小为"10"像素，其他参数默认，如图 3-1-10 所示。单击"确定"按钮完成设置，然后选择"移动工具"，调整文字位置，效果如图 3-1-11 所示。

四、置入人物素材

执行"文件"→"置入嵌入对象"命令，将"素材 / 项目三素材 /02 人物 .jpg"文件置入页面中，然后单击上下文任务栏上的"移除背景"按钮，将图片中的背景移除，按【Ctrl+T】组合键调整图片大小，并放置在相应的位置，效果如图 3-1-12 所示。

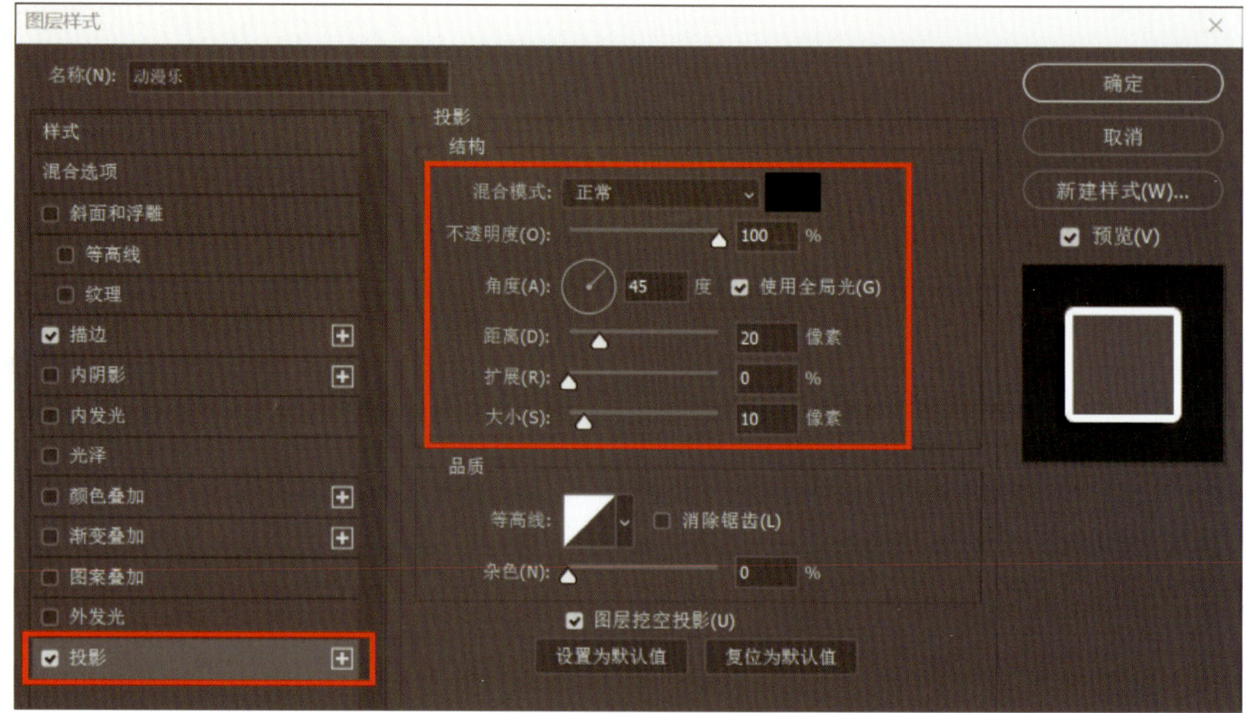

图 3-1-10　设置投影参数

图 3-1-11　文字应用图层样式效果

图 3-1-12　置入人物素材

五、输入直排文字

1. 输入文字

选择“直排文字工具”，在工具属性栏设置字体为“汉仪综艺体简”，字体大小为“18 点”，消除锯齿的方法为“锐利”，文本颜色为“白色”，然后在页面上分别输入“独家专访”“人气角色大盘点”和“本月热门新番”，如图 3-1-13 所示。

图 3-1-13　输入文字

2. 绘制圆形

选择“椭圆工具”，设置前景色为“白色”，在工具属性栏设置工具模式为“像素”，在直排文字上方绘制三个宽度和高度均为“45 像素”的圆形，效果如图 3-1-14 所示。选中该图层及三个直排文字图层，按【Ctrl+G】组合键进行图层编组，并将其命名为“直排文字”图层组，如图 3-1-15 所示。

图 3-1-14　绘制圆形

图 3-1-15　图层编组

六、输入横排文字

1. 设置文字属性

选择“横排文字工具”，在页面上单击并拖拽鼠标拉出文本框输入文字，双击该文字图层缩览图将文字选中，执行“窗口”→“字符”命令，打开“字符”面板，设置字体为“黑体”，字体大小为“36 点”，颜色为“黄色（C0，M25，Y90，K0）”，如图 3-1-16 所示。按【Esc】键完成设置。

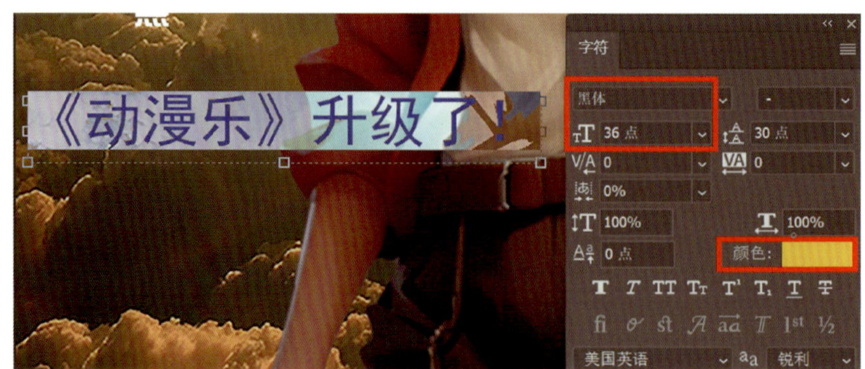

图 3-1-16　设置文字属性

2. 给文字添加图层样式

单击“图层”面板下方的“添加图层样式”按钮，在弹出的选项卡中选择“描边”，弹出“图层样式”对话框，设置描边大小为“6”像素，颜色为“黑色”，单击“确定”按钮完成设置，效果如图 3-1-17 所示。

图 3-1-17　给文字添加图层样式

3. 输入并设置文字属性

选择“横排文字工具”，在页面上单击并拖拽鼠标拉出文本框输入文字。双击该文字图层缩览图将文字选中，在“字符”面板上设置字体为“黑体”，字体大小为“24 点”，行距为“40 点”，颜色为“绿色（C45，M0，Y90，K0）”，如图 3-1-18 所示，按【Esc】键完成设置。

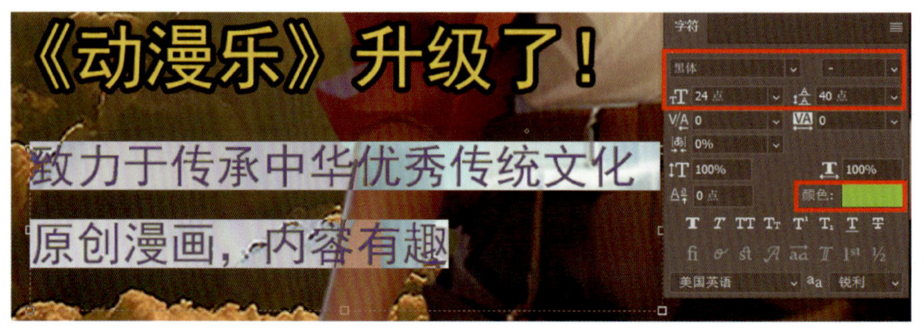

图 3-1-18　输入文字并设置文字属性

4. 设置图层样式

单击“图层”面板下方的“添加图层样式”按钮，在弹出的选项卡中选择“外发光”，弹出

“图层样式”对话框，设置外发光混合模式为“正常”、不透明度为“100”%、发光颜色为“黑色”，扩展为“18”%，大小为“10”像素，其他参数默认，如图 3-1-19 所示。单击“确定”按钮完成设置，调整文字位置，效果如图 3-1-20 所示。

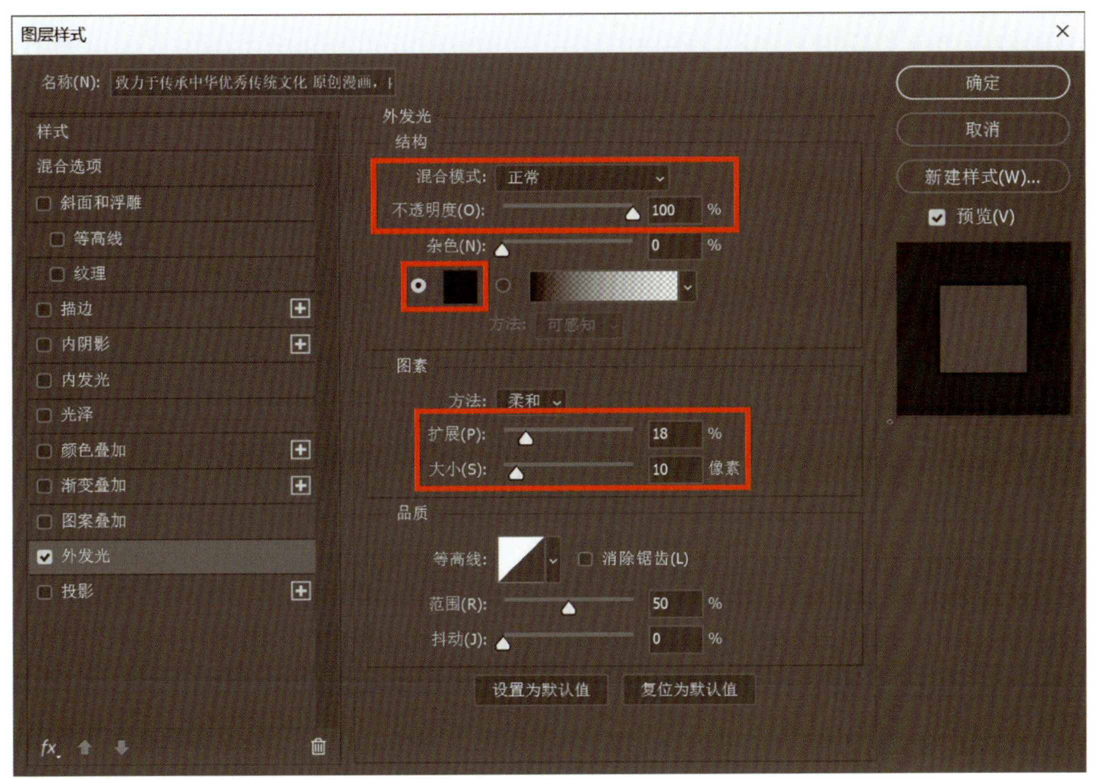

图 3-1-19　设置图层样式参数

图 3-1-20　文字应用图层样式效果

七、置入素材

执行“文件”→“置入嵌入对象”命令，将“素材 / 项目三素材 /03 文字 .png”文件置入页面中，调整图片大小及位置，完成后效果如图 3-1-1 所示。

八、保存文档

按【Ctrl+S】组合键，在弹出的“存储为”对话框中选择文件存储位置，文件名默认，保存类型为“Photoshop（*.PSD，*.PDD，*.PSDT）”，单击“保存”按钮保存该文档。

任务二　动漫网站首页设计——文字变形效果

任务目标

1. 能使用“文字变形”命令创建文字变形效果。
2. 能输入与编辑段落文本。
3. 能使用“栅格化文字”命令编辑文字。
4. 能使用“文字蒙版工具”创建文字选区。

任务描述

本任务主要利用“文字变形”命令、“栅格化文字”命令、“文字蒙版工具”来制作图 3-2-1 所示的动漫网站首页。要完成本任务，学习者除了需要掌握文字效果制作技巧之外，还需要学习使用图层样式和“渐变工具”来制作文字效果的方法。

图 3-2-1　动漫网站首页设计

相关知识

一、变形文字

1. 文字变形样式

输入文本后，执行“文字”→“文字变形”命令，或单击文字工具属性栏的“创建文字变形”图

标 ，弹出“变形文字”对话框，在该对话框中可选择需要的变形文字样式，如图 3-2-2 所示。变形文字效果如图 3-2-3 所示。

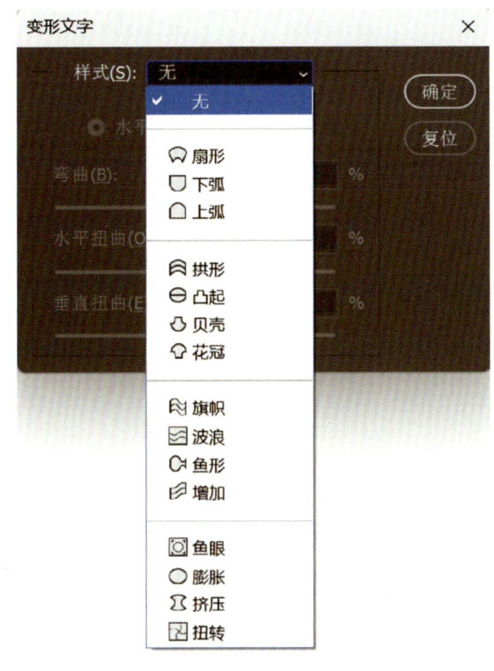

图 3-2-2　变形文字样式

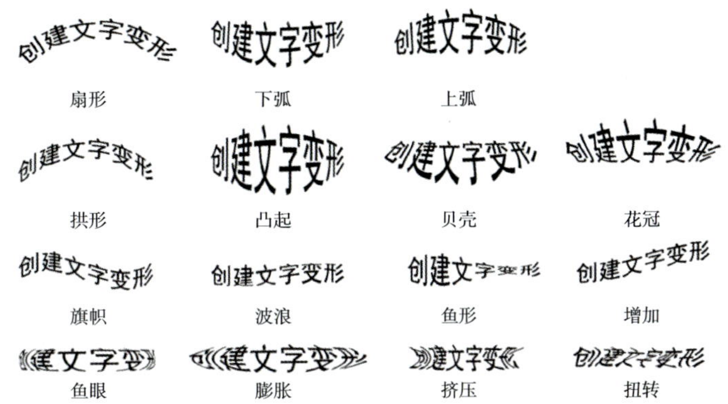

图 3-2-3　变形文字效果

2. 变形效果调整

创建变形文字后，可以通过调整其他参数选项来调整变形效果。每种样式都包含相同的参数选项，如图 3-2-4 所示。下面以“凸起”样式为例来介绍“变形文字”对话框中各参数选项的功能。

（1）水平：选中“水平”单选按钮时，文本变形的方向为水平方向。

（2）垂直：选中“垂直”单选按钮时，文本变形的方向为垂直方向。

（3）弯曲：设置文本的弯曲程度。

（4）水平扭曲：设置水平方向透视扭曲变形的程度。

（5）垂直扭曲：设置垂直方向透视扭曲变形的程度。

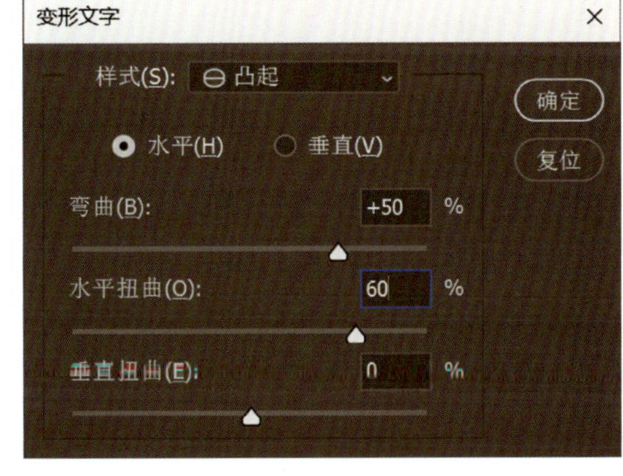

图 3-2-4　设置“变形文字”对话框参数

二、段落文本

创建段落文本后，可根据设计需求来调整文本框的大小，文字会自动在调整后的文本框内重新排列。通过文本框，还可以旋转、缩放和斜切文字。

将光标移至文本框外，当指针变为弯曲的双向箭头时，拖动鼠标可以旋转文字，如图 3-2-5 所示。在旋转过程中按住【Shift】键，则能够以 15° 为增量进行旋转，如图 3-2-6 所示。

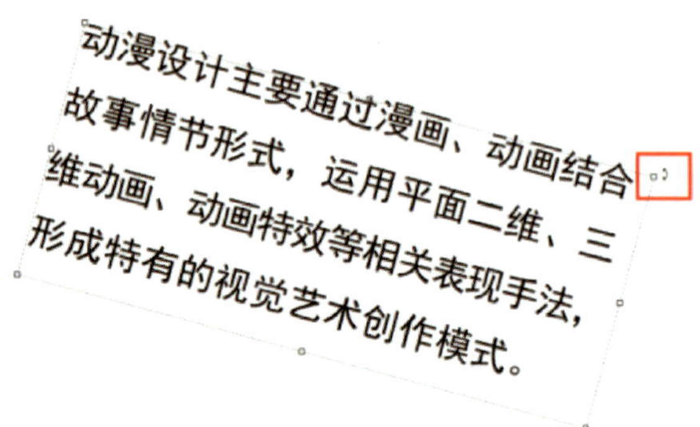

图 3-2-5　旋转段落文字

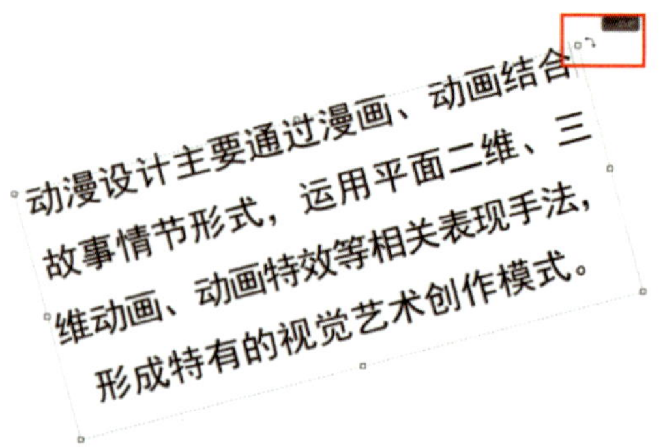

图 3-2-6　以 15° 为增量旋转段落文字

在编辑的过程中按住【Ctrl】键，可出现类似自由变换的定界框，将光标移动到文字选框的控制点上单击并拖动，即可斜切变形文字。但是，此时文字选框与文字本身都会发生变化，如图 3-2-7 所示。

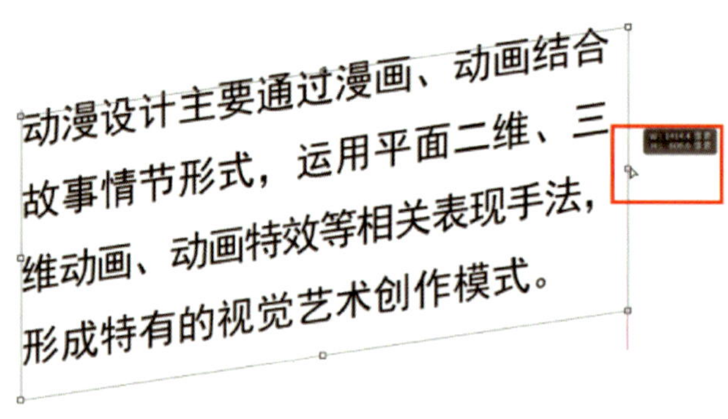

图 3-2-7　斜切变形文字

单击工具属性栏中的“提交”图标✓或者按【Ctrl+Enter】组合键，可完成对文本的编辑操作。如果要放弃对文字的修改，按【Esc】键即可。

三、点文本和段落文本的转换

如果当前选择的是点文本，执行“文字”→“转换为段落文本”命令，可以将点文本转换为段落文本；如果当前选择的是段落文本，执行“文字”→“转换为点文本”命令，可以将段落文本转换为点文本。

四、栅格化文字

文字是一种比较特殊的对象，无法直接进行形状或者内部像素的更改。栅格化文字是指将特殊对象变为普通对象的过程。在“图层”面板中选择一个文字图层，然后在图层名称上单击鼠标右键，在弹出的快捷菜单中执行“栅格化文字”命令，就可以将文字图层转换为普通图层，如图 3-2-8 所示。

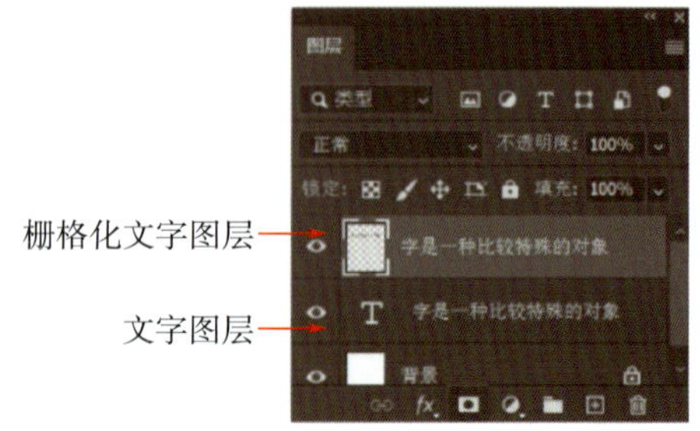

图 3-2-8　栅格化文字图层

五、文字蒙版工具

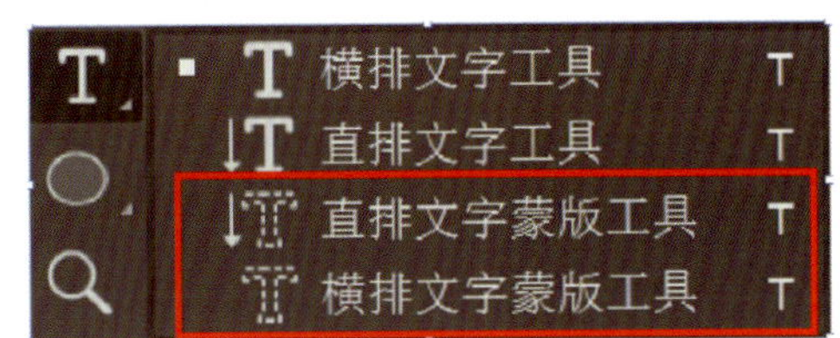

图 3-2-9　文字蒙版工具

文字蒙版工具包括“横排文字蒙版工具”和“直排文字蒙版工具”两种，如图 3-2-9 所示。文字蒙版工具创建的不是实体文字，而是文字选区。在文字选区中，可以填充前景色、背景色、渐变色以及从图像中复制带有图像内容的文字形状等。

使用文字蒙版工具输入文字后，可以单击工具属性栏中的“提交”图标☑或者按【Ctrl+Enter】组合键退出文字蒙版模式，文字转换成选区，如图 3-2-10 和图 3-2-11 所示。

图 3-2-10　输入的横排文字蒙版

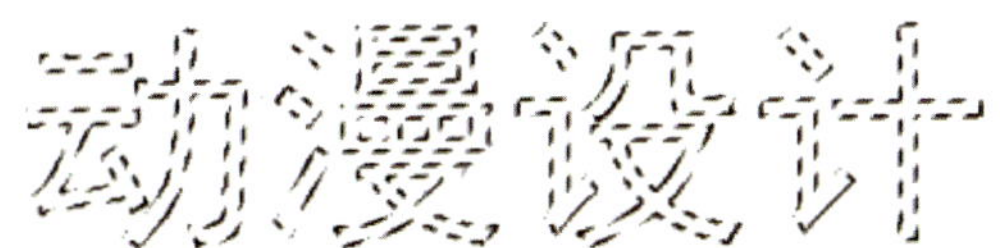

图 3-2-11　横排文字蒙版的选区效果

> **小贴士**
>
> 在使用文字蒙版工具输入文字时，光标移动到文字以外的区域会变为移动状态，这时单击并拖拽鼠标可以移动文字蒙版的位置。按住【Ctrl】键，文字蒙版四周会出现类似自由变换的定界框，可以对该文字蒙版进行旋转、缩放、斜切等操作。

任务实施

一、新建文档

按【Ctrl+N】组合键，新建一个名为“动漫网站首页设计”的文档，宽度为“1920”，高度为“1080”，单位为“像素”，颜色模式为“RGB 颜色”，分辨率为“72”像素 / 英寸。

二、填充颜色

1. 设置前景色

设置前景色为“黄色（R252，G212，B117）”，按【Alt+Delete】组合键为背景图层填充前景色。

2. 绘制白色矩形

新建“图层 1”，设置前景色为“白色”，选择“矩形工具”，在工具属性栏上设置工具模式为“像素”，然后在页面上方绘制一个宽度为“1920 像素”、高度为“330 像素”的白色矩形，如图 3-2-12

所示。效果如图 3-2-13 所示。

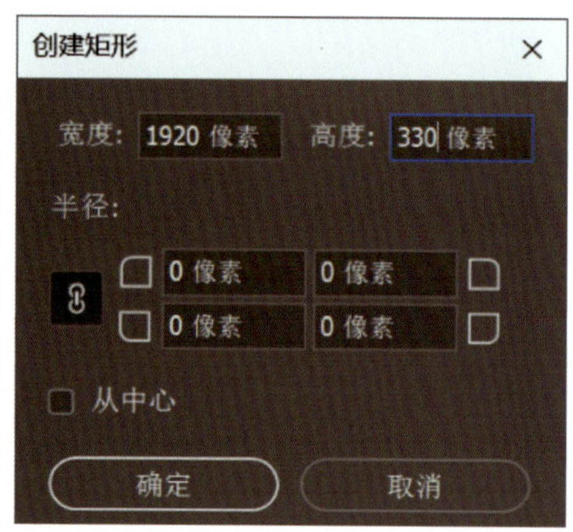

图 3-2-12　设置矩形参数

图 3-2-13　白色矩形的效果

3. 绘制暗红色矩形

新建“图层 2”，设置前景色为“暗红色（R125，G50，B30）”，选择“矩形工具”，在工具属性栏上设置工具模式为“像素”，然后在白色矩形下方绘制一个宽度为“1920 像素”、高度为“63 像素”的矩形，效果如图 3-2-14 所示。

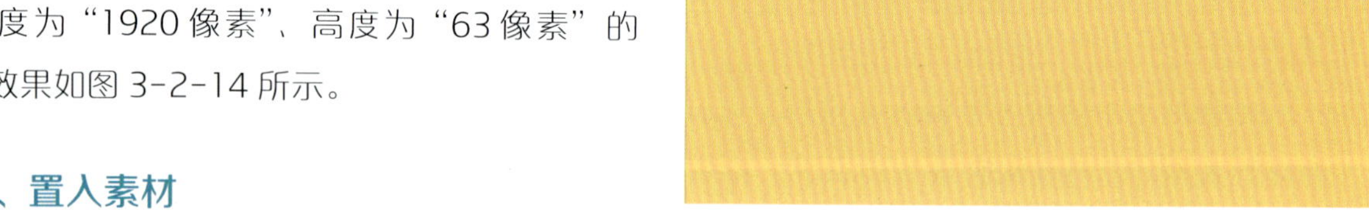

图 3-2-14　暗红色矩形的效果

三、置入素材

1. 置入抱猫女孩素材

执行“文件”→“置入嵌入对象”命令，将“素材 / 项目三素材 /04 抱猫女孩 .jpg”文件置入页面中，单击上下文任务栏上的“移除背景”按钮，将图片中的背景移除，按【Ctrl+T】组合键调整图片大小，并置于页面的右侧，效果如图 3-1-15 所示。

2. 置入卡通猫人素材

用上述相同的方法将“素材 / 项目三素材 /05 卡通猫人 .jpg”文件置入页面中，并将图片中的背景移除，调整图片大小，并置于页面合适的位置，效果如图 3-1-16 所示。

图 3-2-15　置入抱猫女孩素材

图 3-2-16　置入卡通猫人素材

3. 置入女孩、标志素材

执行“文件”→“置入嵌入对象”命令，依次将“素材 / 项目三素材 /06 女孩 jpg”和“素材 / 项目三素材 /07 标志 .png”文件置入页面中，调整图片大小及位置，效果如图 3-2-17 所示。

图 3-2-17　置入女孩、标志素材

四、制作变形文字效果

1. 设置变形文字参数

选择“横排文字工具”，在工具属性栏设置字体为“黑体”，字体大小为“90 点”，消除锯齿的方法为“锐利”，字体颜色为“黑色”，然后在页面上单击输入文字。接着单击“创建变形文字”按钮，弹出“变形文字”对话框，设置样式为“旗帜”，选中“水平”单选按钮，弯曲为“+ 100” %，如图 3-2-18 所示。单击“确定”按钮完成设置，效果如图 3-2-19 所示。

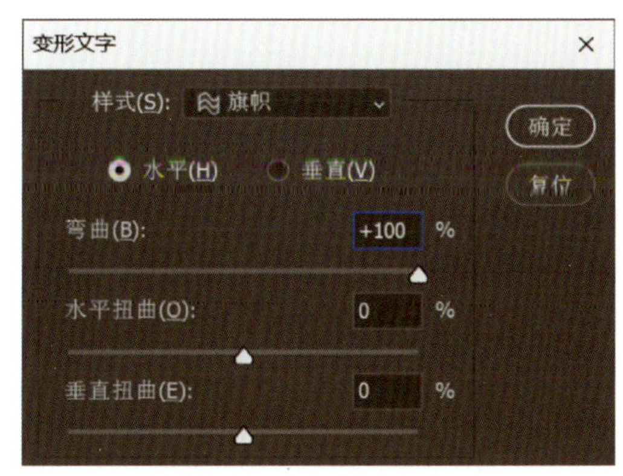

图 3-2-18　设置变形文字参数

图 3-2-19　变形文字效果

2. 设置渐变叠加参数

单击“图层”面板下方的“添加图层样式”按钮，在弹出的选项卡中选择“渐变叠加”，弹出“图层样式”对话框，设置混合模式为“正常”，不透明度为“100” %，渐变色为“红色 _07”，其他参数默认，如图 3-2-20 所示。

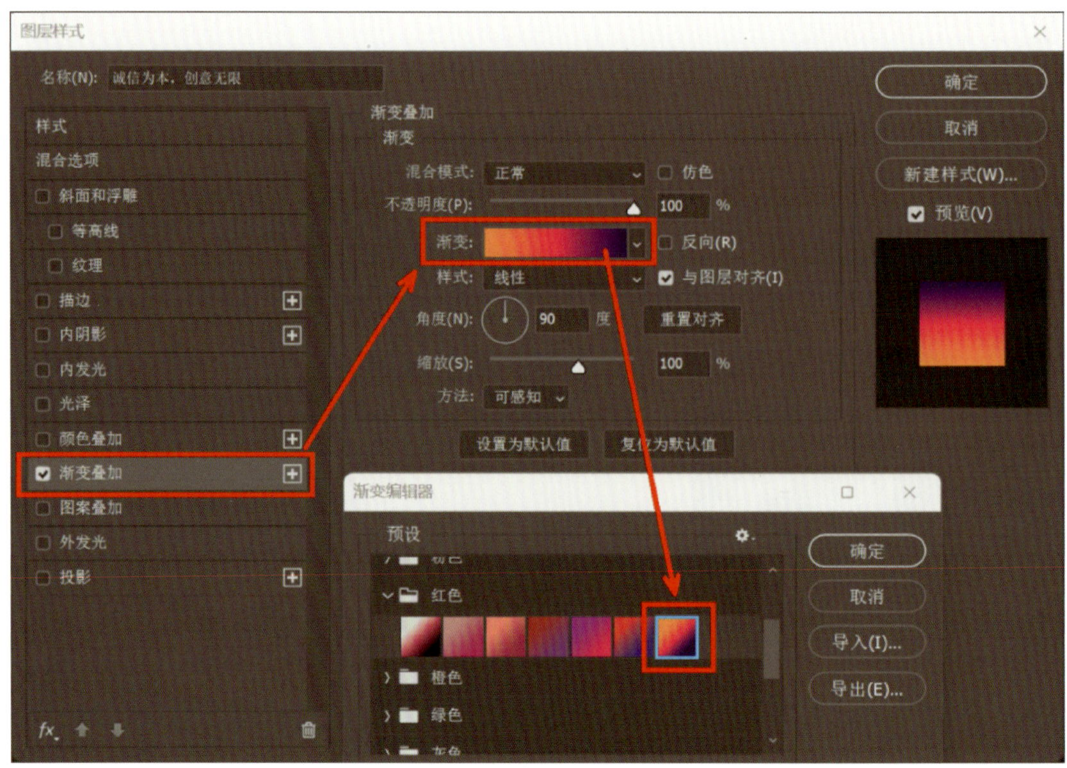

图 3-2-20　设置渐变叠加参数

3. 设置投影参数

单击并选中“投影”样式，设置混合模式为“正常”，颜色为“黑色”，不透明度为“30”%，角度为“45”度，距离为“12”像素，大小为“8”像素，其他参数默认，如图 3-2-21 所示。单击“确定”按钮完成设置，效果如图 3-2-22 所示。

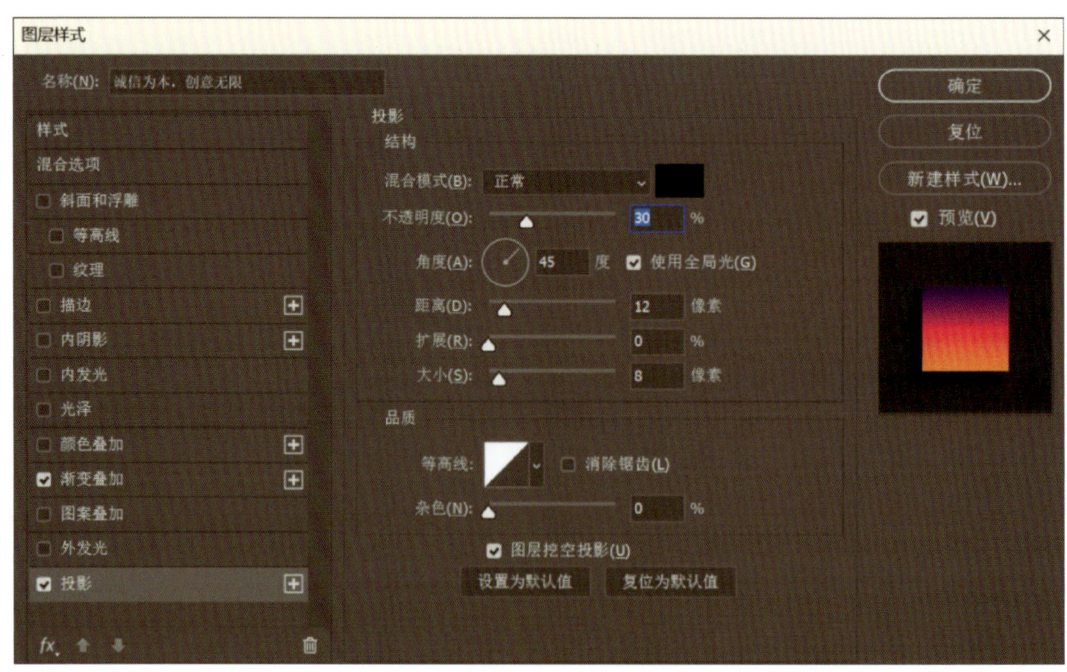

图 3-2-21　设置投影参数

图 3-2-22　应用图层样式效果

五、输入英文

新建图层，选择“横排文字工具”，在工具属性栏设置字体为“Arial”，字体样式为“Regular”，字体大小为“36 点”，文本颜色为“R172，G136，B112”，然后在动漫乐标志下方输入英文，如图 3-2-23 所示。

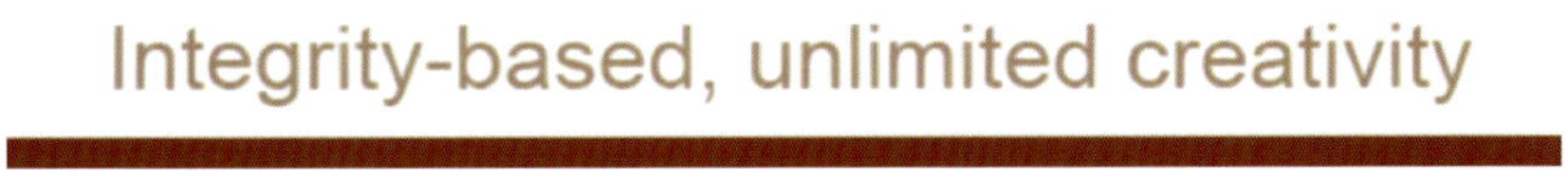

Integrity-based, unlimited creativity

图 3-2-23　输入英文

六、输入网站目录文字

新建图层，选择“横排文字工具”，在工具属性栏设置字体为“黑体”，字体大小为“36 点”，文本颜色为“R215，G205，B200”，在暗红色色块上依次输入“网站首页”“人物介绍”“剧情介绍”“创作背景”和“图片欣赏”，如图 3-2-24 所示。

Integrity-based, unlimited creativity
网站首页　人物介绍　剧情介绍　创作背景　图片欣赏

图 3-2-24　输入网站目录文字

七、输入公司简介文字

1. 输入文字

新建图层，选择“横排文字工具”，在工具属性栏设置字体为“黑体”，字体大小为“26 点”，文本颜色为“黑色”，在页面上单击并拖拽鼠标拉出文本框，输入公司简介文字，如图 3-2-25 所示。

2. 修改文字属性

将鼠标光标置于“ABOUT US- 公司简介”前，按下鼠标左键拖拽将其选中，如图 3-2-26 所示。然后在上下文任务栏上设置字体大小为“36 点”，文本颜色为“红色（R230，G0，B18）”，按【Esc】键完成设置，效果如图 3-2-27 所示。

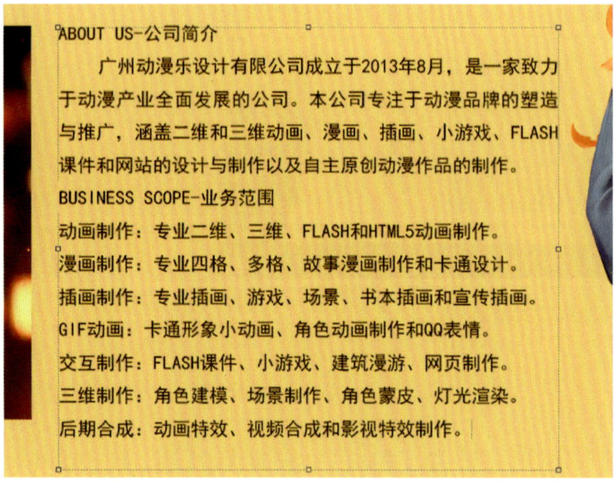

图 3-2-26 选择文字

图 3-2-25 输入公司简介文字

图 3-2-27 修改文字属性

3. 设置文字颜色

用上述相同的方法将“BUSINESS SCOPE—业务范围”设置字体大小为“36 点”，文本颜色为“红色（R230，G0，B18）”，效果如图 3-2-28 所示。

八、制作渐变文字效果 1

1. 输入文字

新建图层，选择“横排文字工具”，在工具属性栏设置字体为“黑体”，字体大小为“48 点”，文本颜色为“黑色”，在页面左下角输入“新品展示”，如图 3-2-29 所示。

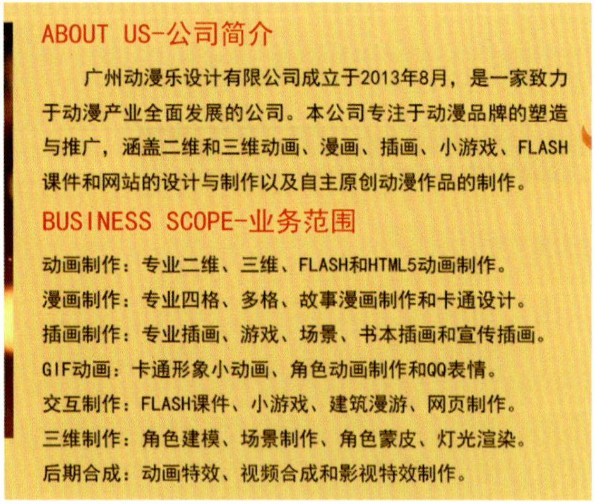

图 3-2-28 设置文字颜色

图 3-2-29 输入文字

2. 设置文字渐变色

执行“文字”→“栅格化文字图层（R）”命令，将文字图层栅格化，按住【Ctrl】键的同时单击“新品展示”图层的缩览图将其变为选区，然后选择“渐变工具”，在工具属性栏单击“点按可编辑渐变”，在弹出的“渐变编辑器”对话框中选择“红色_06”，如图 3-2-30 所示。

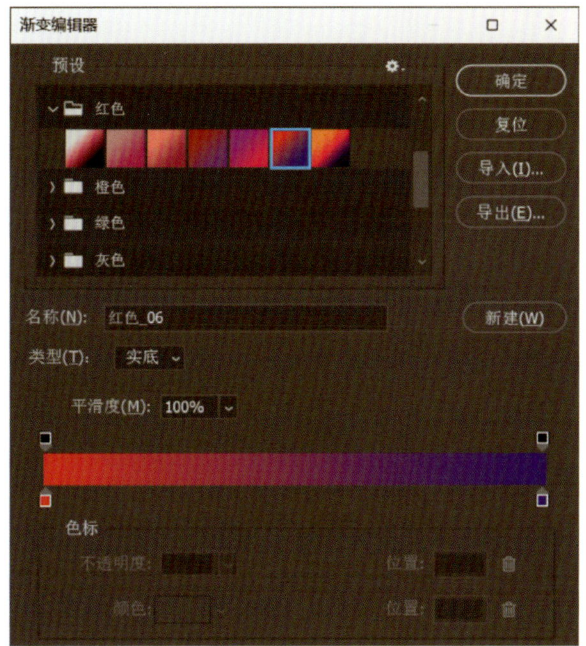

图 3-2-30　设置文字渐变色

3. 填充渐变色

单击“确定”按钮，然后从文字的左边向右边水平拖动鼠标，给文字填充渐变色，效果如图 3-2-31 所示。

九、制作渐变文字效果 2

1. 设置椭圆参数

新建“图层 3”，设置前景色为“红色（R230，G0，B18）”，选择“椭圆工具”，在页面单击弹出“创建椭圆”对话框，设置宽度为“250 像素”、高度为“150 像素”，如图 3-2-32 所示。单击“确定”按钮，完成红色椭圆的绘制。

图 3-2-31　文字应用渐变色效果

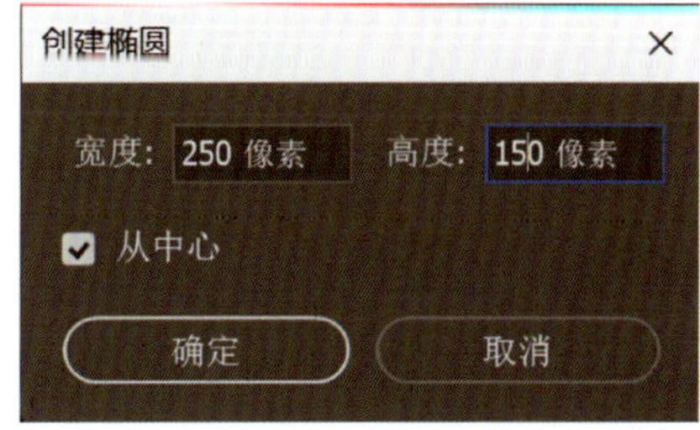

图 3-2-32　设置椭圆参数

2. 设置文字属性

新建“图层 4”，选择“横排文字蒙版工具”，在工具属性栏设置字体为“Comic Sans MS”，字体样式为“Bold Italic”，字体大小为“100 点”，颜色为“白色”，如图 3-2-33 所示。在红色椭圆上输入英文“NEW”，按【Esc】键后创建文字选区。

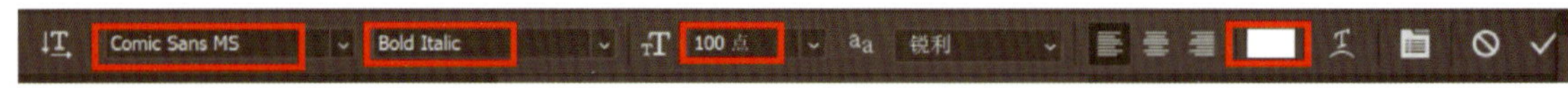

图 3-2-33 设置文字属性

3. 设置渐变色

选择“渐变工具”，在工具属性栏单击“点按可编辑渐变”图标，在弹出的“渐变编辑器”对话框中设置渐变色为“绿色_12”，如图 3-2-34 所示，单击“确定”按钮完成设置。然后在文字选区从左到右拖动鼠标，给文字填充渐变色，效果如图 3-2-35 所示。

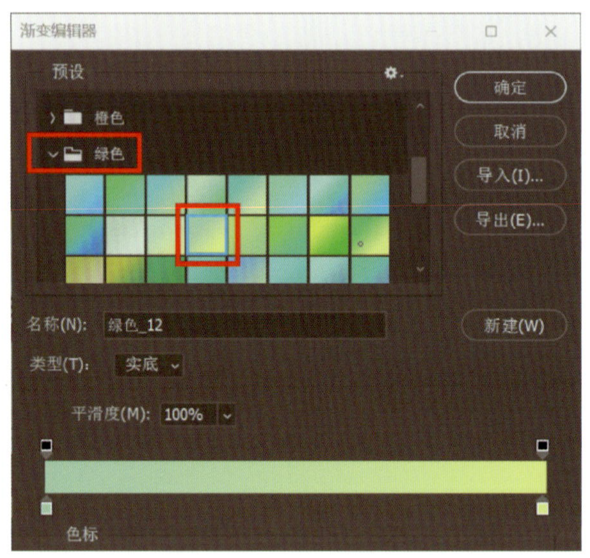

图 3-2-34 设置渐变色

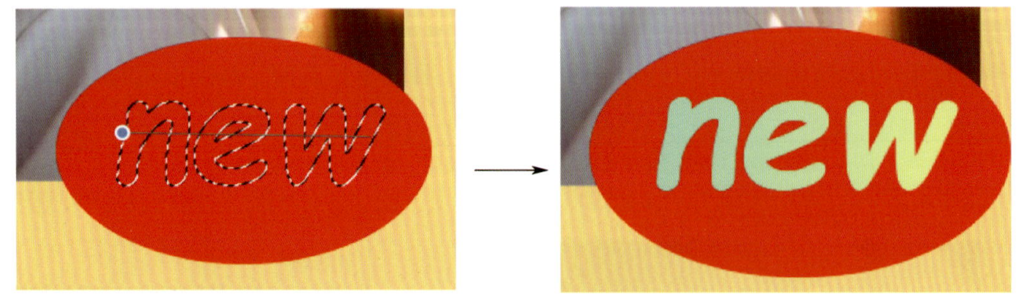

图 3-2-35 给文字填充渐变色

4. 设置文字效果

按住【Ctrl】键的同时单击“图层 3”“图层 4”，将绘制的红色椭圆及渐变文字图层选中，如图 3-2-36 所示，按【Ctrl+T】组合键，在工具属性栏上设置旋转角度为“-13”度，并调整到合适的位置，如图 3-2-37 所示，按【Enter】键完成操作，整体效果如图 3-2-1 所示。

十、保存文档

按【Ctrl+S】组合键，在弹出的“存储为”对话框中选择文件存储位置，文件名默认，保存类型为“Photoshop（*.PSD，*.PDD，*.PSDT）”，单击“保存”按钮保存该文档。

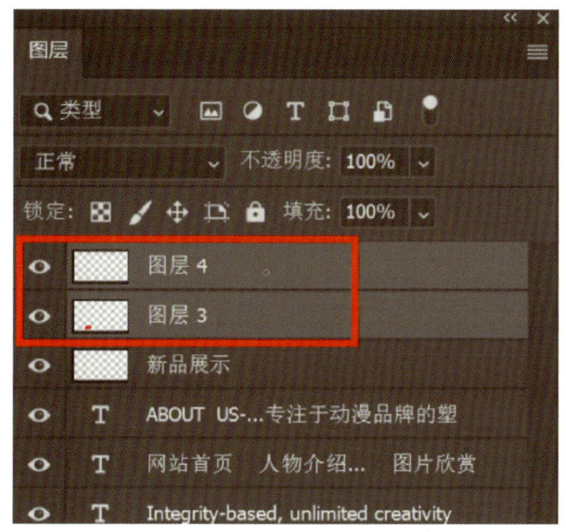

图 3-2-36　选中的图层

图 3-2-37　蒙版渐变文字效果

任务三　动漫展海报设计——路径文本编辑

任务目标

1. 能创建与编辑路径文本。
2. 能使用“转换为形状”命令编辑文字。
3. 能使用“创建工作路径”命令编辑文字。
4. 能创建与编辑区域文本。

任务描述

本任务主要利用路径文本及“转换为形状”命令来制作图 3-3-1 所示的超萌动漫展海报。要完成本任务，学习者除了需要掌握制作变形文字效果的技巧之外，还需要学习使用“字符”面板进行文字属性设置，以此来制作文字效果的方法。

图 3-3-1　超萌动漫展海报

相关知识

一、路径文本

在 Photoshop 中制作路径文本时，首先需要使用“钢笔工具”或“形状工具”（确保在属性栏中选择的是“路径”而不是“形状”或“像素”）在页面上绘制一个路径，路径可以是开放的（有两个端点）或封闭的（没有起点和终点），使用“钢笔工具”可绘制如图 3-3-2 所示的路径；然后选择“横排文字工具”，将工具光标移动至路径上单击鼠标左键即可输入文字，文字会自动沿着路径排列，如图 3-3-3 所示。

图 3-3-2　绘制的路径　　　　图 3-3-3　在路径上输入文字

可以像编辑常规文本一样编辑路径文本，包括更改字体、大小、颜色等。需要移动文字在路径上的位置时，可以使用“直接选择工具”或“路径选择工具”来选择并拖动文字，如图 3-3-4 所示。如果要将文字翻转到路径的另一侧，可以使用“直接选择工具”或“路径选择工具”来选择文字，然后按住【Ctrl】键并拖动文字到路径的另一侧即可，如图 3-3-5 所示。

图 3-3-4　拖动文字的效果　　　　图 3-3-5　翻转文字的效果

二、文字转换为形状

在制作艺术字的时候通常需要将文字对象转换为形状图层，接着就可以使用钢笔工具组和选择工具组中的工具对文字的外形进行编辑。方法是在输入文字后执行“文字”→“转换为形状”命令或右键单击该文字图层，在弹出的菜单中选择“转换为形状”命令，将文字图层转换为形状图层，如图 3-3-6 所示。此时文字图层的缩览图会发生变化，显示为一个形状图层的标志。

将转换为形状的文字图层选中，再使用“直接选择工具”将锚点选中，接着按住鼠标左键向上拖拽，对文字进行变形制作，如图 3-3-7 所示。

图 3-3-6　将文字图层转换为形状图层

图 3-3-7　将文字进行变形

三、创建文字工作路径

在输入文字后执行“文字”→“创建工作路径”命令或右键单击该文字图层，在弹出的菜单中选择“创建工作路径”命令，即可将文字图层转换为路径图层，如图 3-3-8 所示。此时可使用各种路径编辑工具（如“直接选择工具”和“转换点工具”）来修改它，如图 3-3-9 所示。

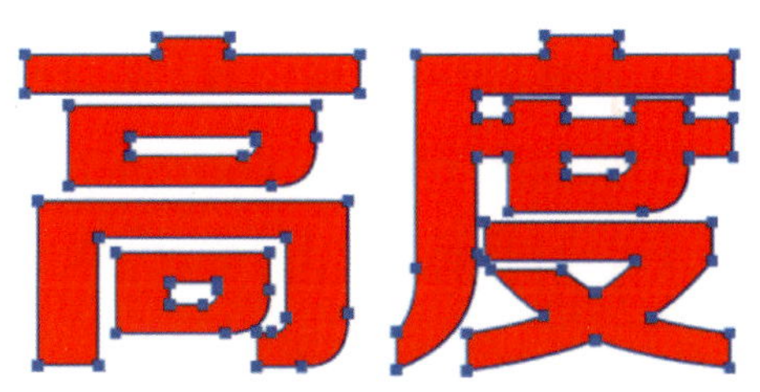

图 3-3-8　创建文字工作路径

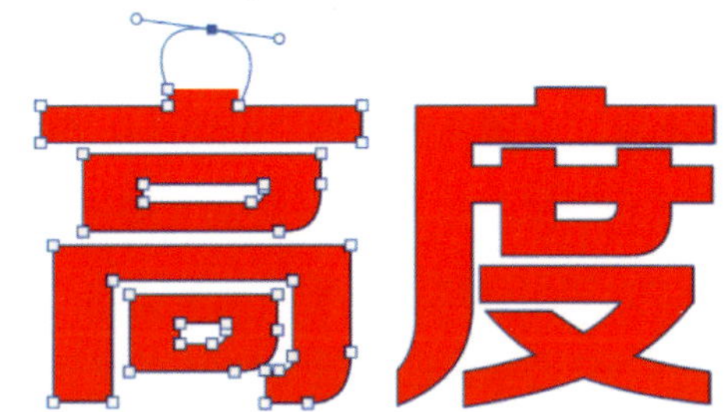

图 3-3-9　修改文字路径

小贴士

对文字图层执行“创建工作路径”命令，既能得到文字路径，又不破坏文字图层。

四、区域文本

在 Photoshop 中，区域文本并不是一个独立的命令，而是文字工具的一种使用方式，它允许用户在自定义的区域内输入并排列文字。区域文本与段落文本比较相似，都被限定在某个特定的区域内；区别在于段落文本处于一个矩形文本框中，而区域文本则需要在页面上绘制一个特定的区域来限制文字的流动。区域文本的使用方法是在绘制好的图形路径内选择文字工具输入文字，文字会自动在区域内换行，以适应绘制的区域形状和大小，如图 3-3-10 所示。输入文字后，可以像编辑普通文本一样对区域文本进行编辑，包括更改字体、字号、颜色等。

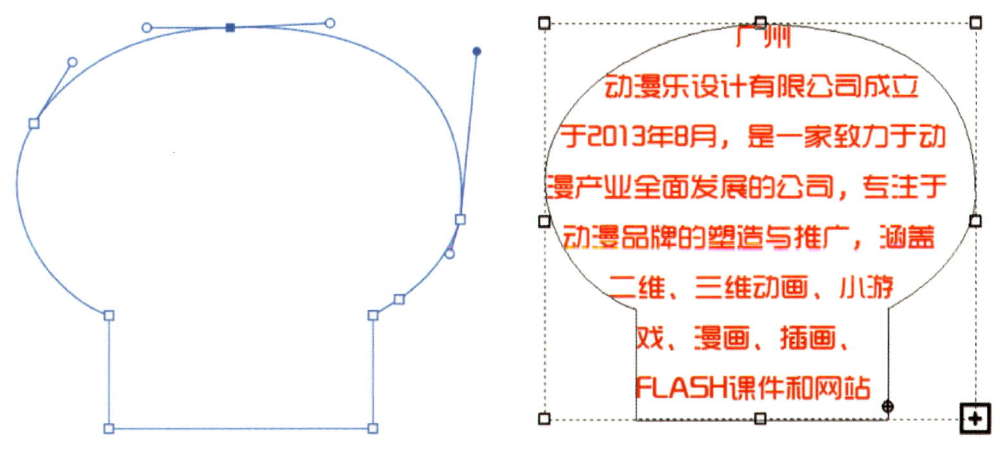

图 3-3-10　创建区域文本

任务实施

一、打开文档

按【Ctrl+O】组合键，将“素材 / 项目三素材 /08 背景 .jpg”文件打开。

二、绘制矩形

新建图层，设置前景色为“橙色（R250，G180，B60）”，选择“矩形工具”，在工具属性栏上设置工具模式为“像素”，然后在页面上单击鼠标左键，弹出“创建矩形”对话框，设置宽度为“710 像素”、高度为“455 像素”、左下角半径为“30 像素”，如图 3-3-11 所示。单击“确定”按钮绘制一个橙色矩形，并调整矩形位置，效果如图 3-3-12 所示。

图 3-3-11　设置矩形参数

图 3-3-12　绘制的矩形

三、置入素材

执行“文件”→“置入嵌入对象”命令，将“素材 / 项目三素材 /09 猫女孩 .png”文件置入页面中，并调整图片大小及位置，效果如图 3-3-13 所示。

图 3-3-13　置入图像

四、制作标题字

1. 将文字图层转化为形状图层

选择“横排文字工具”，在工具属性栏设置字体为“方正正大黑简体”，字体大小为“85点”，消除锯齿的方法为“锐利”，文本颜色为“深蓝色（R50，G90，B135）”，然后在页面左上角处单击输入文字，接着执行“文字”→“转换为形状”命令，将文字图层转换为形状图层，如图 3-3-14 所示。

图 3-3-14　将文字图层转换为形状图层

2. 对文字进行变形操作

使用“直接选择工具”“转换点工具”“删除锚点工具”及“添加锚点工具”将“动漫”两字进行变形制作，效果如图 3-3-15 所示。

3. 输入拼音

选择“横排文字工具”，在工具属性栏设置字体为“Arial”，字体大小为“18点”，文本颜色为“黑色”，然后在“超萌动漫展”文字下方输入拼音，如图 3-3-16 所示。

图 3-3-15　将“动漫”两字进行变形制作

图 3-3-16　输入拼音

五、制作路径文本

新建图层，使用“钢笔工具”在标题字下方绘制一条路径，如图 3-3-17 所示。然后选择“横排文字工具”，在工具属性栏设置字体为“黑体”，字体大小为“36点”，文本颜色为“黑色”，然后将工具光标移动至路径上，单击鼠标左键输入文字，文字会自动沿着路径排列，效果如图 3-3-18 所示。

图 3-3-17　绘制路径

图 3-3-18　在路径上输入文字

六、制作展览日期文字

1. 绘制矩形

选择“矩形工具”，设置前景色为“橙色（R250，G190，B50）”，然后在页面上单击，弹出“创建矩形”对话框，设置宽度为“175 像素”、高度为“50 像素”，如图 3-3-19 所示。单击“确定”按钮后在页面绘制一个橙色矩形，然后复制该矩形图层并将这两个矩形置于标题字的右侧，如图 3-3-20 所示。

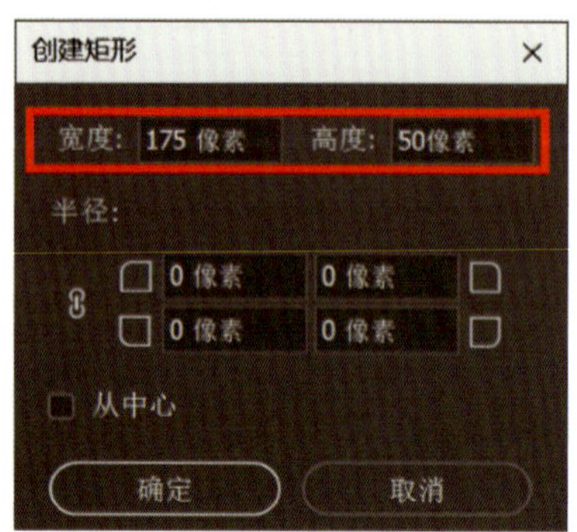

图 3-3-19　设置矩形参数

图 3-3-20　绘制的矩形

2. 输入“2025”

选择“横排文字工具”，执行“窗口”→“字符”命令，弹出“字符”面板，在其上设置字体为“Arial”，字体样式为“Bold”，字体大小为“36 点”，垂直缩放为“80%”，文本颜色为“黑色”，如图 3-3-21 所示。然后在黄色矩形的上方位置输入“2025”，如图 3-3-22 所示。

3. 输入“0203”和“0208”

新建图层，在“字符”面板上设置字体为“Arial”，字体样式为“Regular”，字体大小为“33 点”，垂直缩放为“80%”，文本颜色为“黑色”，分别在两个黄色矩形上输入“0203”和“0208”，效果如图 3-3-23 所示。

图 3-3-21　设置字体属性

图 3-3-22　输入"2025"

图 3-3-23　输入"0203"和"0208"

七、输入海报正文

1. 设置文字属性及参数

选择"横排文字工具"，在页面上单击并拖拽鼠标拉出文本框，输入文字，然后双击该文字图层的缩览图将文字选中，在"字符"面板上设置字体为"方正正大黑简体"，字体大小为"50 点"，行距为"60 点"，垂直缩放、水平缩放均为"100%"，颜色为"白色"，如图 3-3-24 所示。

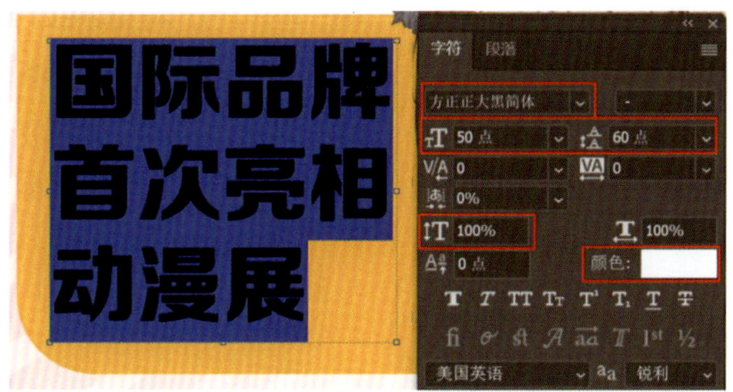

图 3-3-24　设置文字属性及参数

2. 修改字体颜色

选择"横排文字工具"将"首次亮相"文字选中，在上下文任务栏上设置文本颜色为"红色

（R230，G0，B18）”，然后将文字放置于合适的位置，效果如图 3-3-25 所示。

3. 设置文字属性并输入文字

新建图层，选择“横排文字工具”，在“字符”面板上设置字体为“黑体”，字体大小为“20 点”，行距为“30 点”，颜色为“黑色”，在页面左下方输入文字，效果如图 3-3-26 所示。

图 3-3-25　修改字体颜色

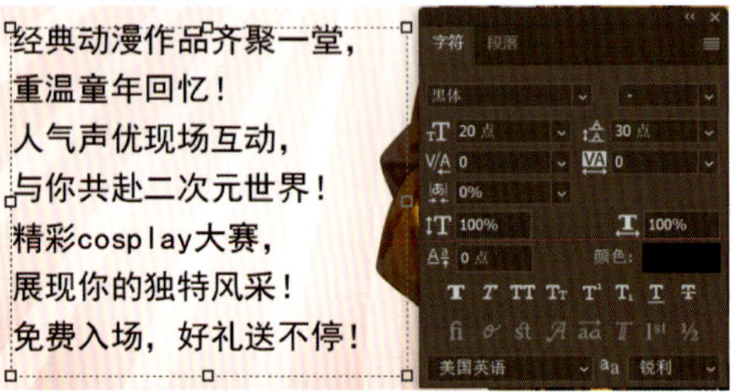

图 3-3-26　设置文字属性并输入文字

4. 绘制三角形

新建图层，设置前景色为“橙色（R250，G180，B60）”，选择“三角形工具”并在页面上单击，弹出“创建三角形”对话框，设置宽度和高度均为“50 像素”，勾选“等边”选项，如图 3-3-27 所示。单击“确定”按钮绘制一个橙色三角形，然后复制三个三角形分别排在文字的左侧，效果如图 3-3-28 所示。

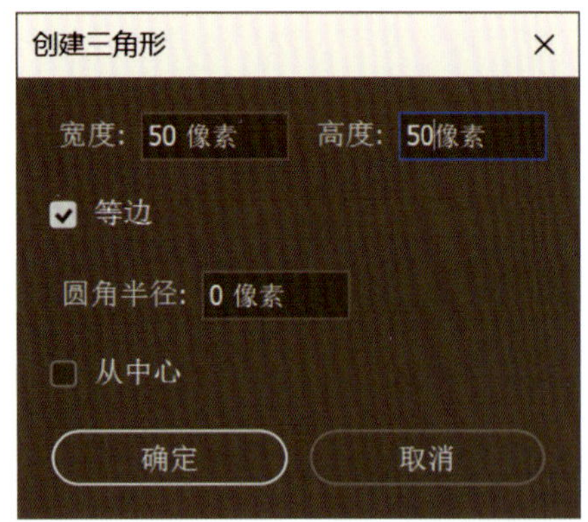

图 3-3-27　设置三角形参数

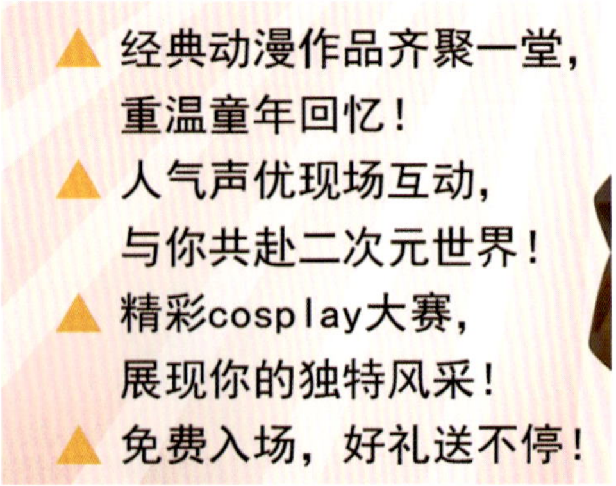

图 3-3-28　绘制的三角形

八、制作联系方式

1. 置入二维码

执行“文件”→“置入嵌入对象”命令，将“素材 / 项目三素材 /10 二维码 .jpg”文件置入页面中，调整图片大小并置于左下角，如图 3-3-29 所示。

图 3-3-29　置入二维码

2. 输入联系文字

选择“横排文字工具”，在工具属性栏设置字体为“黑体”，字体大小为“24 点”，文本颜色为“黑色”，然后在二维码右侧输入文字，调整文字位置，效果如图 3-3-30 所示。整体效果如图 3-3-1 所示。

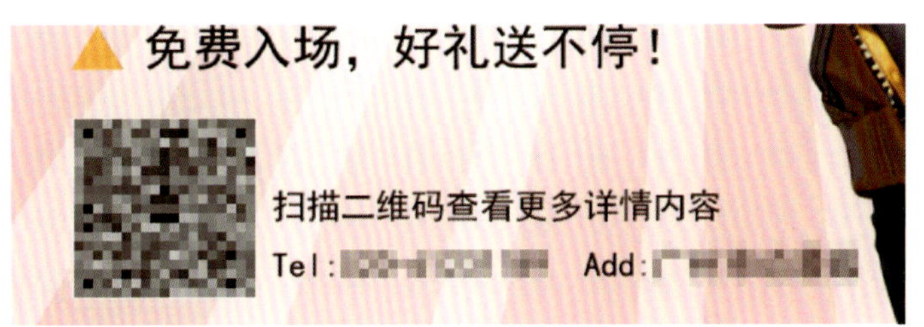

图 3-3-30　输入联系文字

九、保存文档

按【Shift+Ctrl+S】组合键，在弹出的“存储为”对话框中选择文件存储位置，文件名修改为“动漫展海报设计”，保存类型为“Photoshop（*.PSD，*.PDD，*.PSDT）”，单击“保存”按钮保存该文档。

项目四

动漫图像色彩设计——色调与修图

色彩设计（或色彩设定）是动画制作中的一个专属职位。在动画制作过程中，所有人物、服装、交通工具，甚至小道具上的颜色，都由色彩设计来决定。色彩设计的工作是负责确定动画中出现的人物或物品在画面上所呈现的颜色。

本项目通过动漫图像色彩设计、动漫场景色彩设计和动漫角色色彩设计的任务实例，介绍了Photoshop中的色彩模式、色彩调整、替换颜色等色彩设计的基本操作，重点讲解了色阶、曲线、色相/饱和度、色彩平衡、替换颜色等色彩调整命令的基本操作。学习者在动漫图像色彩设计制作的过程中能够学会动漫色彩设计的基本操作，为后续深入学习Photoshop打下坚实的基础。

任务一　动漫图像色彩设计——色调控制

任务目标

1. 能根据文件要求设置色彩模式。
2. 能通过自动色调来修改图像色调。
3. 能通过渐变映射来修改图像颜色。
4. 能设置彩色半调效果。

任务描述

本任务需要根据文件要求设置图像的色彩模式，利用“自动色调”命令调整动漫图像色调，通过“渐变映射”面板来修改图像渐变色，并添加彩色半调效果来完成图4-1-1所示的动漫图像色彩设计。要完成本任务，学习者还需要掌握绘制矢量图形、调整图层混合模式与透明度，以及完成文字输入与设置的相关技巧。

图4-1-1　动漫图像色彩设计——波普色彩

相关知识

一、色彩的模式

1. RGB色彩模式

电脑屏幕上的所有颜色都是由红色、绿色和蓝色三种色光按照不同的比例混合而成的。屏幕上的任何一种颜色都可以由RGB值来记录和表达。红色、绿色、蓝色又称为三原色光，用英文表示就是R（red）、G（green）、B（blue）。

2. CMYK色彩模式

CMYK色彩模式是一种印刷模式，C、M、Y、K分别是指青（Cyan）、洋红（Magenta）、黄（Yellow）、黑（Black），在印刷工艺中代表四种颜色的油墨。CMYK色彩模式的呈色原理是光线照到

有不同比例的 C、M、Y、K 油墨的纸上，部分色光被油墨吸收，反射入眼睛的色光形成彩色，也称为色光减色法。

可执行“图像”→“模式”命令，修改图像色彩模式，如图 4-1-2 所示。

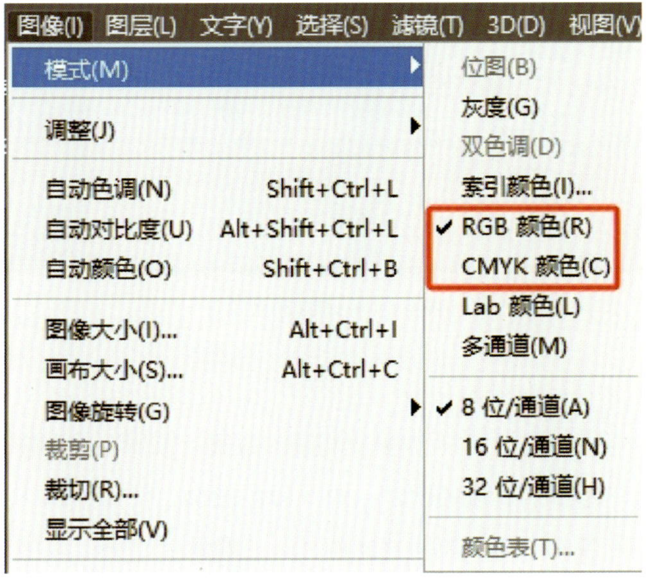

图 4-1-2　色彩模式

二、自动色调

色调是指图像的相对明暗程度，在彩色图像上表现为颜色。Photoshop 的自动色调调整只能应用于一个图层，只会影响目标图层上的图像图素。执行“图像”→“自动色调”命令，效果如图 4-1-3 所示。

图 4-1-3　自动色调效果

三、渐变映射

渐变映射是作用于其下图层的一种调整控制，它是将不同亮度映射到不同的颜色上。使用渐变映射会将图像先去色变成黑白，再从明度的角度将图像分为暗部、中间调和高光。“渐变映射”面板中的颜色渐变条，其从左到右的颜色对应图像中暗部、中间调和高光区域。执行“图像”→“调整”→“渐变映射”命令，打开“渐变映射”面板，效果如图 4-1-4 所示。

图 4-1-4　渐变映射效果

四、彩色半调

“彩色半调”滤镜是在图层上使用放大的半调网屏的效果。该滤镜将图像划分为矩形，并用圆形替换每个矩形，圆形的大小与矩形的亮度成比例。对于彩色图像，使用通道 1、2、3、4 与 CMYK 通道的青色、洋红色、黄色和黑色相对应。执行“滤镜”→“像素化”→“彩色半调”命令，打开“彩色半调”面板，效果如图 4-1-5 所示。

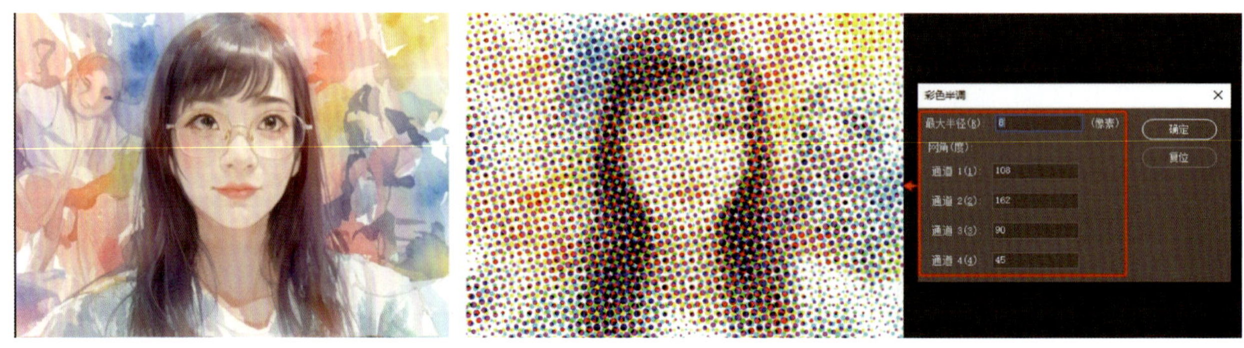

图 4-1-5　彩色半调效果

任务实施

一、新建 Photoshop 文档

启动 Photoshop 应用程序后，按【Ctrl+N】组合键，打开“新建文档”对话框，在对话框的右侧“预设详细信息”选项中输入“动漫图像色彩设计”，宽度为“900”，高度为“1 200”，单位为“像素”，分辨率为“150”像素 / 英寸，颜色模式为“RGB 颜色”，其他参数默认，然后单击“创建”按钮，创建一个新图像文件。

二、填充背景色

用鼠标左键单击工具箱中的“设置背景色”按钮，在弹出的“拾色器（背景色）”对话框中设置颜

色为“浅黄色（R251，G228，B174）”，单击“确定”按钮完成设置，按【Ctrl+Delete】组合键填充背景色，如图 4-1-6 所示。

三、添加参考线

按【Ctrl+R】组合键，显示标尺，按住鼠标从垂直标尺中拖拽出参考线放置在页面中间，执行“视图”→“参考线”→“锁定参考线”命令，锁定参考线，如图 4-1-7 所示。

图 4-1-6　填充背景色

图 4-1-7　添加参考线

四、绘制矩形

新建图层，选择“矩形工具”，在工具选项栏中设置填充颜色为“浅蓝色（R113，G162，B168）”，在参考线左侧绘制一个矩形，复制矩形图层，在工具选项栏中修改填充颜色为“红色（R255，G27，B44）”，使用“移动工具”将红色矩形移至参考线右侧，如图 4-1-8 所示。

图 4-1-8　绘制矩形

五、置入动漫图像

1. 置入动漫图像

执行“文件”→“置入嵌入对象”命令，选择“项目四素材 /01 动漫图像 .jpg”文件，单击“置入”按钮，置入动漫图像，按【Enter】键完成置入，如图 4-1-9 所示。

2. 移除图像背景

在上下文任务栏中单击“移除背景”按钮，将人物抠取出来，如图 4-1-10 所示。

图 4-1-9　置入动漫图像

图 4-1-10　移除图像背景

六、调整自动色调

执行“图像”→“自动色调”命令，调整图像自动色调，如图 4-1-11 所示。

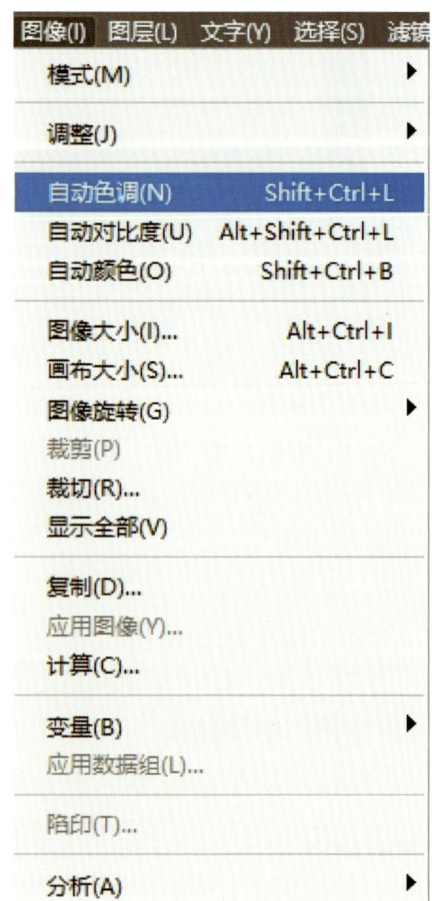

图 4-1-11　调整自动色调

七、设置色调分离

执行“图像”→“调整”→“色调分离”命令，在弹出的“色调分离”对话框中将色阶设置为“5”，如图 4-1-12 所示。

八、添加渐变映射

执行“图像”→“调整”→“渐变映射”命令，在弹出的“渐变映射”对话框中，单击“灰度映射所用的渐变”的渐变颜色条，弹出“渐变编辑器”对话框，在位置“0%”“25%”“50%”和“75%”处设置“色标”滑块，对应的颜色分别是“深蓝色（R0，G43，B76）”“红色（R255，G27，B44）”“浅蓝色（R113，G162，B168）”和“浅黄色（R251，G228，B174）”，如图 4-1-13 所示。图像添加渐变映射效果如图 4-1-14 所示。

九、绘制透明黄色矩形

新建图层，选择“矩形工具”，在工具选项栏中设置填充颜色为“浅黄色（R251，G228，B174）”，在页面绘制一个矩形，将图层的不透明度调整为“50%”，如图 4-1-15 所示。

图 4-1-12　色调分离效果

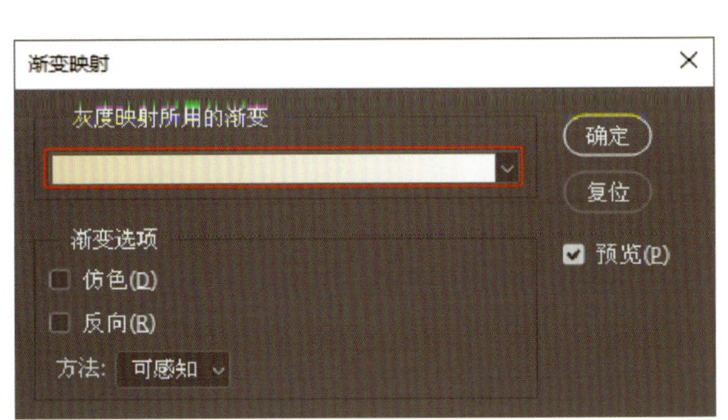

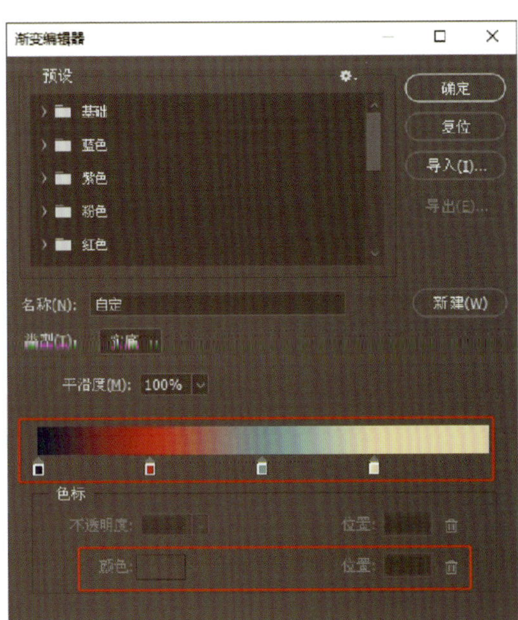

图 4-1-13　设置渐变映射

图 4-1-14　添加渐变映射效果

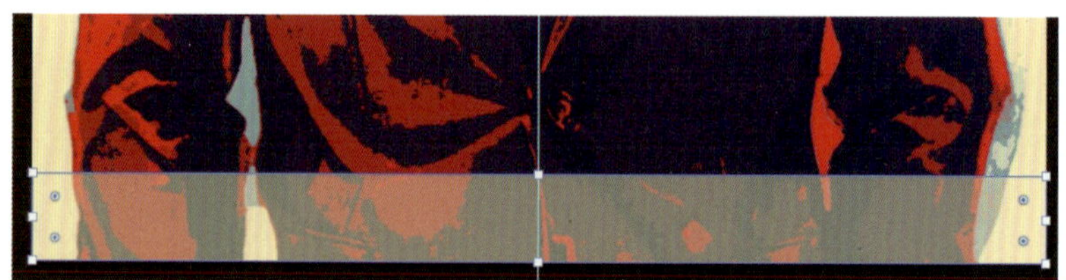

图 4-1-15　绘制透明矩形

十、添加文字

1. 添加红色英文

单击“默认前景色和背景色”，设置前景色为“红色（R255，G27，B44）”，选择“横排文字工具”，在工具属性栏中设置字体类型为“Arial”，字体样式为“Black”，文字的大小为“36 点”，在透明黄色矩形上方单击鼠标左键，输入“FASHION POP”，按【Esc】键退出输入，使用“选择工具”将红色英文移至透明黄色矩形中间，如图 4-1-16 所示。

图 4-1-16　添加红色英文

2. 添加黄色中文

在工具属性栏中设置字体类型为“黑体”，文字的大小为“72 点”，颜色为“浅黄色（R251，G228，B174）”，在英文上方单击鼠标左键，输入中文“时尚波普”，使用“选择工具”将文字移至透明黄色矩形上方的中间位置，效果如图 4-1-17 所示。

图 4-1-17　添加黄色中文

十一、制作波点效果

1. 设置经典渐变

用鼠标左键单击工具箱中的“渐变工具”按钮，在工具属性栏上选择“经典渐变”，单击“可编辑渐变”按钮，弹出“渐变编辑器”对话框，设置“渐变控制条”下方的第一个“色标”滑块颜色为“深灰色（R56，G56，B56）”，第二个“色标”滑块颜色为“白色（R255，G255，B255）”，如图 4-1-18 所示。

2. 添加经典渐变图层

新建图层，在工具属性栏中单击“线性渐变”按钮，按住【Shift】键在页面区从左向右拖拽鼠标光标填充渐变色，填充颜色后的背景图层效果如图 4-1-19 所示。

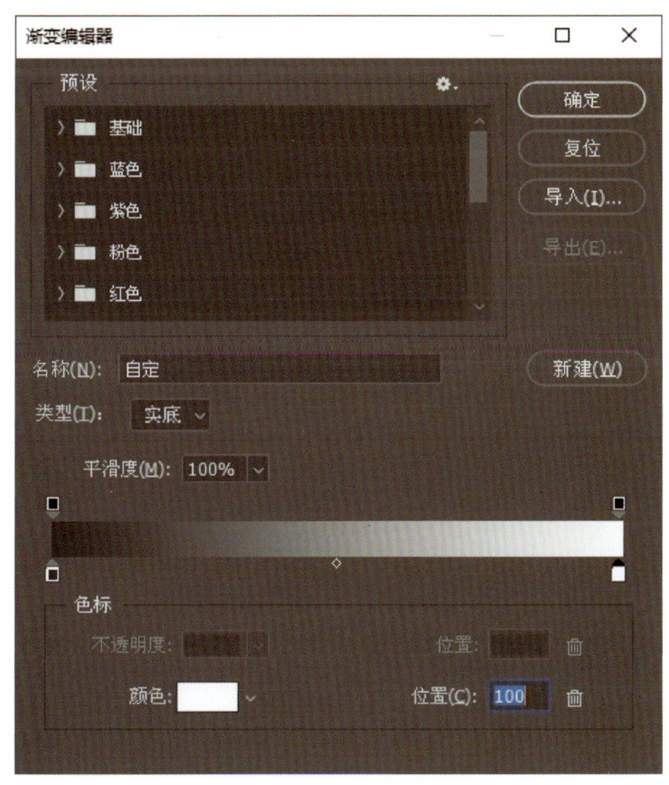

图 4-1-18　设置经典渐变

图 4-1-19　添加经典渐变图层

3. 添加彩色半调滤镜

执行“滤镜”→“像素化”→“彩色半调”命令，打开“彩色半调”面板，将最大半径调整为“12”像素，通道 1 至通道 4 的数值均设置为“0”，如图 4-1-20 所示，完成后单击“确定”按钮，渐变图层效果如图 4-1-21 所示。

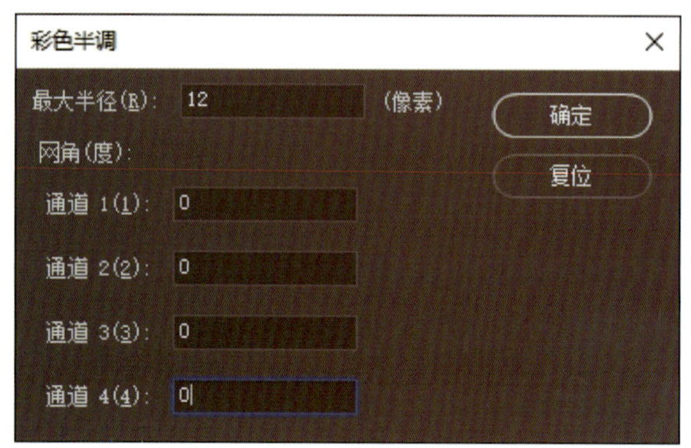

图 4-1-20　设置“彩色半调”滤镜

图 4-1-21　添加彩色半调滤镜

4. 调整透明度

在“图层”面板中的“设置选定图层的混合模式”中将混合模式设置为“柔光”，不透明度设置为“50%”，如图 4-1-22 所示。最终完成的波普色彩图像效果如图 4-1-1 所示。

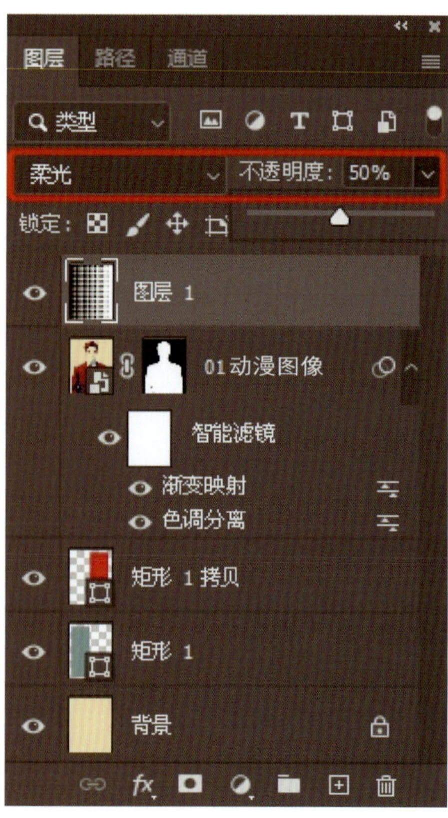

图 4-1-22　调整透明度

十二、保存文档

1. 存储文件

按【Ctrl+S】组合键，在弹出的“存储为”对话框中选择文件存储位置，文件名默认，保存类型为“Photoshop（*.PSD，*.PDD，*.PSDT）”，单击“保存”按钮保存该文档。

2. 导出文件

按【Alt+Shift+Ctrl+W】组合键，在弹出的“导出为”对话框中选择文件设置格式为“JPG”，其他数值默认，单击“导出”按钮，在“另存为”对话框中选择文件存储位置，文件名默认，单击“保存”按钮导出该文档。

任务二　动漫场景色彩设计——色彩调整

任务目标

1. 能通过色阶来调整图像亮度。
2. 能通过色相 / 饱和度来修改图像的色相、纯度和明度。
3. 能通过曲线来调整图像的亮度与对比度。
4. 能通过色彩平衡来调整图像的整体色调。

任务描述

本任务需要为动漫场景调整色彩，使用“色阶”命令调整房屋场景的亮度，使用“色相 / 饱和度”命令修改房屋场景的色相、纯度和明度，通过调整“曲线”来修改房屋场景的亮度与对比度，并使用“色彩平衡”命令修改南瓜车的整体色调来完成图 4-2-1 所示的动漫场景色彩设计。要完成本任务，学习者还需要掌握添加渐变图层、调整图层混合模式与透明度的相关技巧。

图 4-2-1　动漫场景色彩设计

相关知识

一、色阶

色阶是表示图像亮度强弱的指数标准，也可称为色彩指数。色阶调整图片从白到黑的色彩亮度，与图像颜色无关。打开需要调整的图像，执行“图像”→“调整”→“色阶”命令，在弹出的“色阶”面板中会呈现一个由深到浅的直方图。通过拖动直方图上黑色、灰色和白色三个滑块，可以分别调整图像的阴影、中间调和高光的亮度范围，效果如图 4-2-2 所示。

图 4-2-2　调整色阶效果

二、曲线

曲线是一种比色阶更加灵活的色彩调整方法。通过在“曲线”面板中绘制曲线，可以精确地调整图像的明暗和颜色。打开需要调整的图像，执行“图像”→“调整”→“曲线”命令，在弹出的“曲线”面板中会呈现一条表示图像亮度的线。通过拖动线上的点，可以调整图像的亮度、对比度和色彩平衡。通过在线上添加或删除节点，还可以进一步微调图像的明暗和对比度，效果如图 4-2-3 所示。

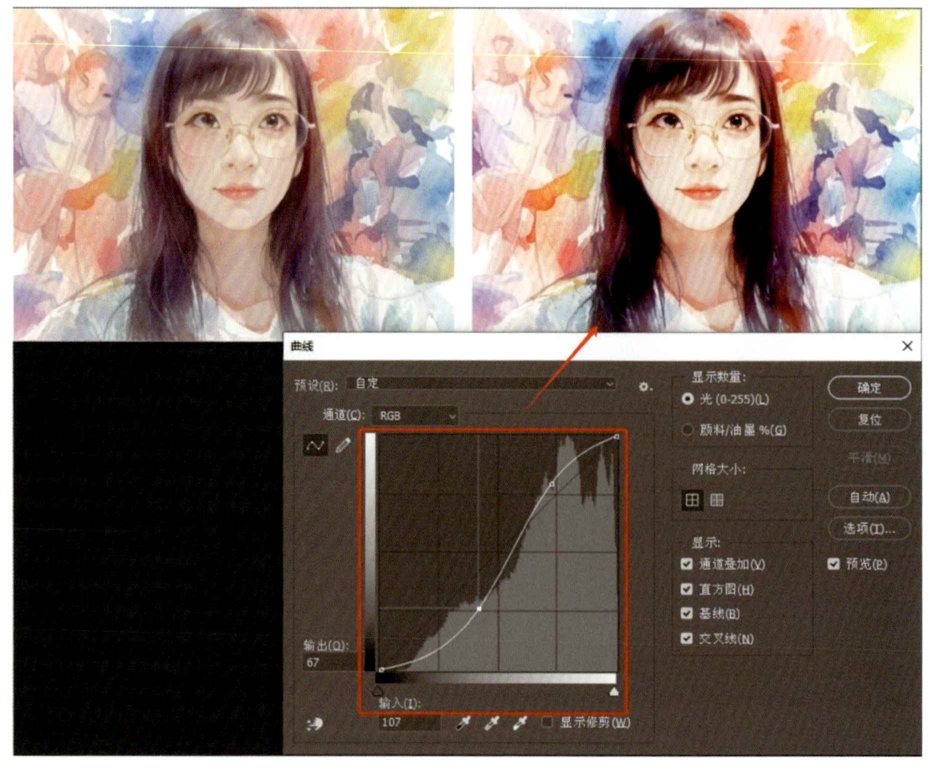

图 4-2-3　调整曲线效果

三、色相 / 饱和度

色相 / 饱和度调整可以改变图像的颜色和饱和度。执行“图像”→“调整”→“色相 / 饱和度”命令，在弹出的“色相 / 饱和度”面板中，通过拖动滑块来调整整体色相 / 饱和度和亮度，或者选择特定的颜色通道进行调整，效果如图 4-2-4 所示。

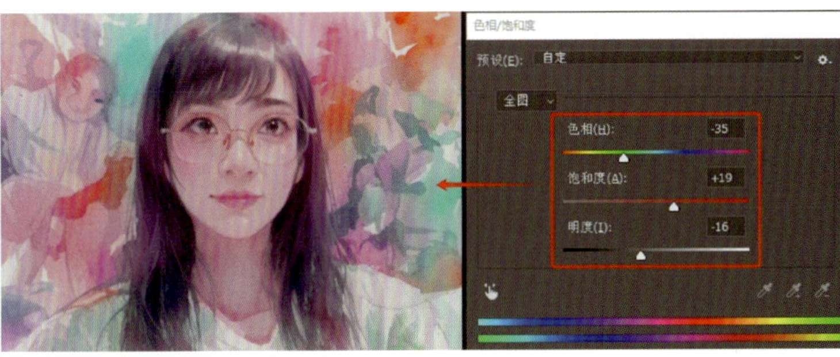

图 4-2-4　调整色相 / 饱和度效果

四、色彩平衡

色彩平衡可以调整图像的整体色调。执行“图像”→“调整”→“色彩平衡”命令，在弹出的“色彩平衡”面板中，通过调整滑块来改变图像中不同颜色的亮度和饱和度，从而改变图像的整体色调，效果如图 4-2-5 所示；还可以通过调整选择色彩范围选项来调整特定的颜色区域。

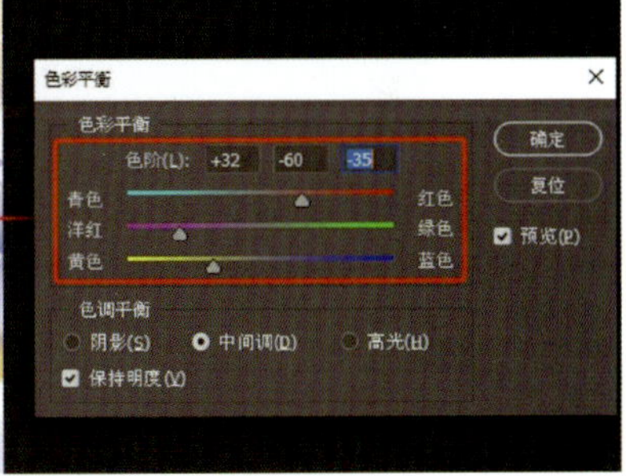

图 4-2-5　调整色彩平衡效果

任务实施

一、新建 Photoshop 文档

启动 Photoshop 应用程序后，按【Ctrl+N】组合键，打开“新建文档”对话框，在对话框的右侧“预设详细信息”选项中输入“动漫场景色彩设计”，宽度为“1 200”，高度为“1 500”，单位为“像素”，分辨率为“72”像素 / 英寸，颜色模式为“RGB 颜色”，其他参数默认，然后单击“创建”按钮，创建一个新图像文件。

二、添加渐变图层

用鼠标左键单击“图层”面板中的“创建新的填充或调整图层”按钮，选择“渐变”，在弹出的

“渐变填充”对话框中单击“渐变”，弹出“渐变编辑器”对话框，单击渐变控制条下方的第一个“色标”滑块后单击“颜色”按钮，在弹出的“拾色器”对话框中设置颜色为“浅蓝色（R165，G237，B255）”，完成后单击“确定”按钮，在“渐变控制条”第二个“色标”滑块中，设置颜色为“天蓝色（R53，G205，B255）”，两个色标的不透明度均设置为“100%”，完成后单击“确定”按钮结束设置，如图 4-2-6 所示，完成填充后效果如图 4-2-7 所示。

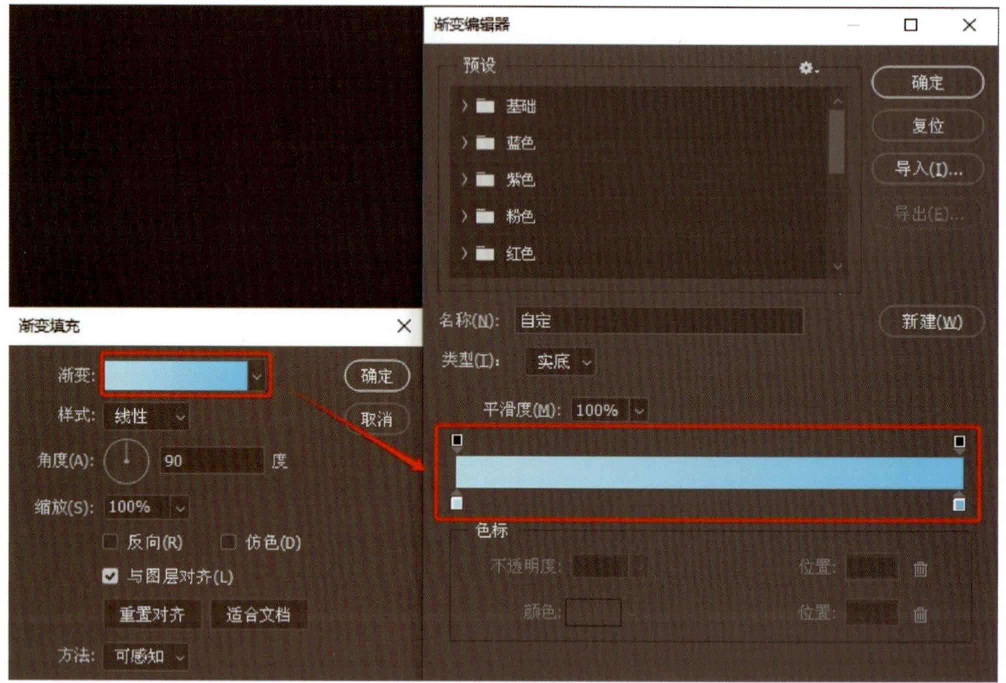

图 4-2-6　设置渐变色

图 4-2-7　填充渐变色背景

三、添加白云

1. 打开白云素材

执行“文件”→“打开”命令，打开“项目四素材 /02 云朵 .psd”文件，如图 4-2-8 所示。

图 4-2-8 打开白云素材

2. 调整白云位置

选择“矩形选框工具”，按住鼠标左键在页面中套选其中一朵白云，如图 4-2-9 所示。建立选区后按【Ctrl+C】组合键复制白云，返回“动漫场景色彩设计”文件，按【Ctrl+V】组合键粘贴白云，按【Ctrl+T】组合键将白云调整至合适大小后，放置在页面上方位置。以上操作重复执行，直至粘贴好所有白云，效果如图 4-2-10 所示。

图 4-2-9 复制白云素材

四、置入村落

执行“文件”→“置入嵌入对象”命令，将“项目四素材 /03 村落 .psd”文件置入页面中，将置入的素材放置在页面下方，如图 4-2-11 所示。

图 4-2-10　粘贴白云素材

图 4-2-11　置入村落

五、调整村落色彩

1. 调整色阶

执行“图像”→“调整”→“色阶”命令，在弹出的“色阶”面板中，将灰色滑块数值设置为“1.53”，如图 4-2-12 所示。

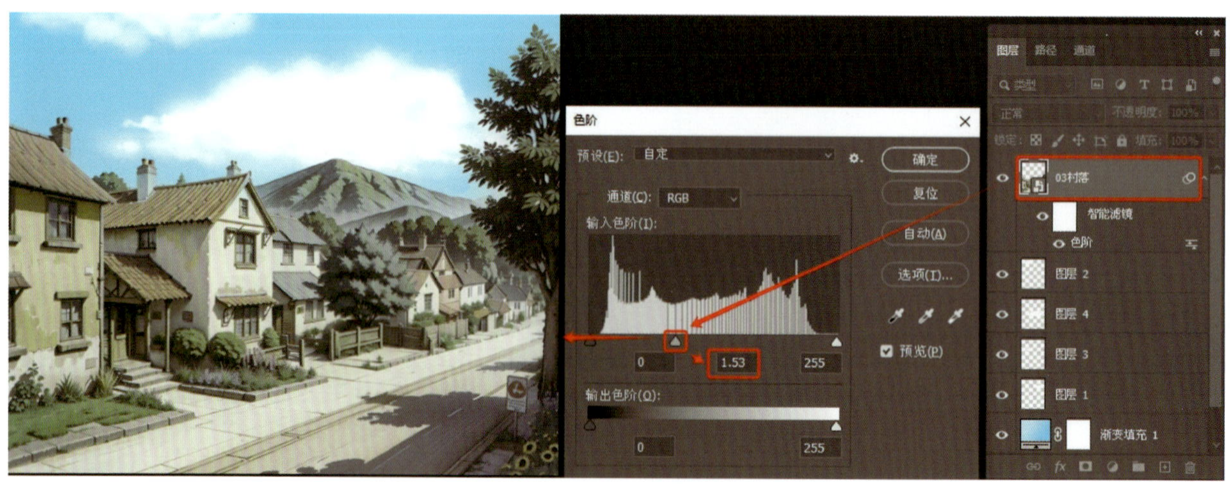

图 4-2-12　调整色阶

2. 调整色相 / 饱和度

执行“图像”→“调整”→“色相 / 饱和度”命令，在弹出的“色相 / 饱和度”面板中，设置色相为“-18”，饱和度为“+ 67”，明度为“+ 15”，参数如图 4-2-13 所示。调整色相 / 饱和度后，效果如图 4-2-14 所示。

图 4-2-13　调整色相 / 饱和度参数

图 4-2-14　调整色相 / 饱和度效果

3. 调整曲线

执行“图像”→“调整”→“曲线”命令，在弹出的“曲线”面板中拖动线上方的点，将输出值设置为“220”，输入值设置为“200”，如图 4-2-15 所示；再次拖动线下方的点，将输出值设置为“69”，输入值设置为“93”，如图 4-2-16 所示。调整后，效果如图 4-2-17 所示。

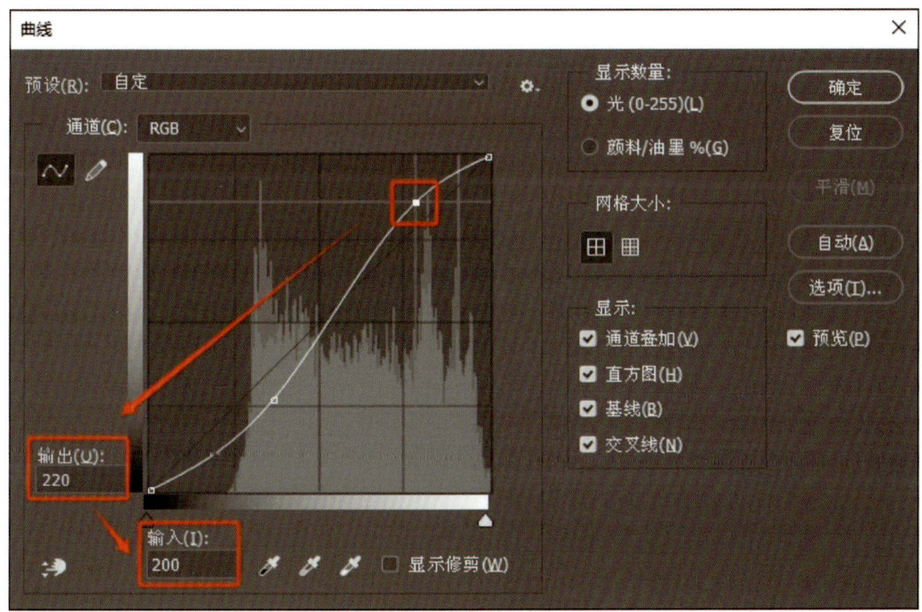

图 4-2-15　调整曲线 1

六、置入南瓜飞船

执行“文件”→“置入嵌入对象”命令，将“项目四素材 /04 南瓜飞船 .png”文件置入页面中，将置入的素材调整大小后放置在页面上方，如图 4-2-18 所示。

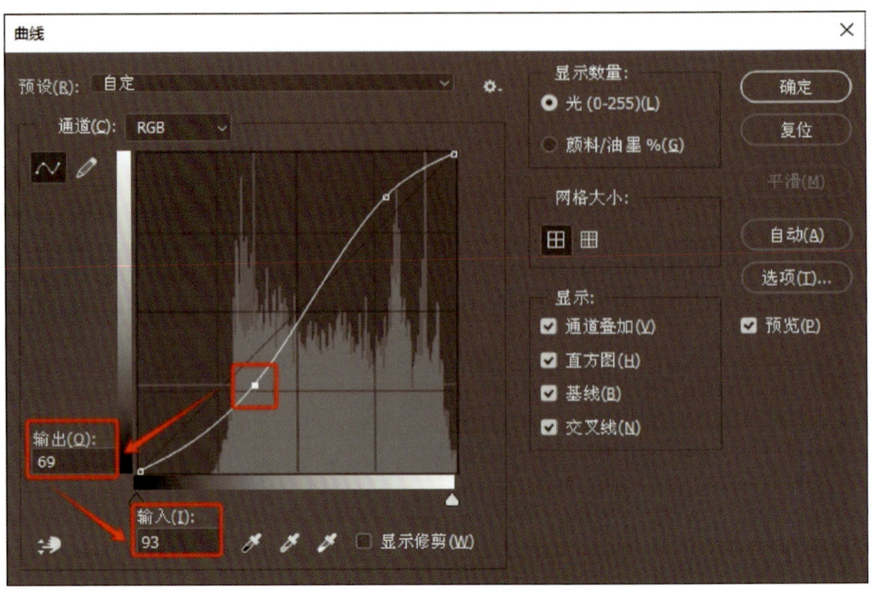

图 4-2-16　调整曲线 2

图 4-2-17　调整曲线效果

图 4-2-18　置入南瓜飞船

七、调整南瓜飞船色彩

执行“图像”→“调整”→“色彩平衡”命令，在弹出的“色彩平衡”面板中将色阶数值调整为“+ 56、-36、+ 38”，参数设置如图 4-2-19 所示。单击“确定”按钮完成参数设置，南瓜飞船效果如图 4-2-20 所示。

八、添加南瓜飞船阴影效果

1. 绘制黑色椭圆

在“图层”面板最上方新建图层，选择“椭圆选框工具”，在工具属性栏中将羽化值设置为“10 像素”，按住鼠标左键在页面右下角绘制一个椭圆选区。设置前景色为“黑色（R0，G0，B0）”，按【Alt+Delete】组合键填充黑色前景色，效果如图 4-2-21 所示。

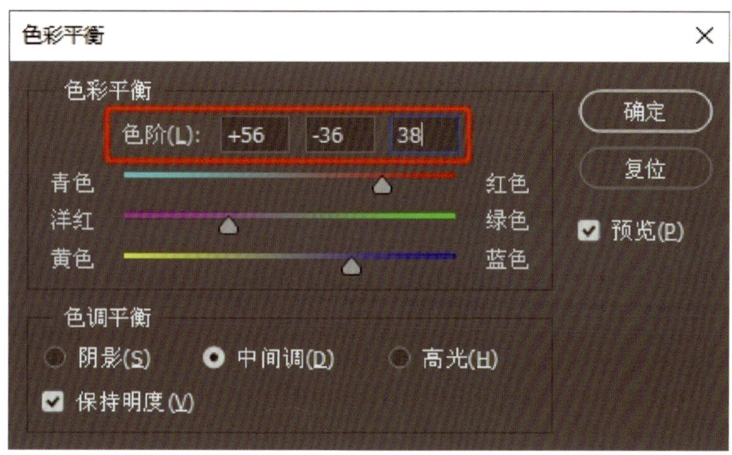

图 4-2-19　调整色彩平衡

图 4-2-20　调整色彩平衡效果

图 4-2-21　绘制黑色椭圆

2. 调整椭圆效果

在“图层”面板中将图层混合模式设置为“正片叠底”，不透明度设置为“38%”，如图 4-2-22 所示。动漫场景完成的效果如图 4-2-1 所示。

图 4-2-22　调整椭圆效果

九、保存文档

1. 存储文件

按【Ctrl+S】组合键，在弹出的“存储为”对话框中选择文件存储位置，文件名默认，保存类型为“Photoshop（*.PSD，*.PDD，*.PSDT）”，单击“保存”按钮保存该文档。

2. 导出文件

按【Alt+Shift+Ctrl+W】组合键，在弹出的“导出为”对话框中选择文件设置格式为“JPG”，其他数值默认，单击“导出”按钮，在“另存为”对话框中选择文件存储位置，文件名默认，单击“保存”按钮导出该文档。

任务三　动漫角色色彩设计——颜色模式转换与替换图像色彩

任务目标

1. 能使用“匹配颜色”命令修改图像的整体色彩。
2. 能使用“替换颜色”命令改变图像的局部色彩。
3. 能使用“亮度 / 对比度”命令修改图像的整体色调。

任务描述

本任务需要为动漫角色设置背景色，利用“匹配颜色”命令修改背景底纹色彩，通过“替换颜色”命令来修改动漫角色的局部色彩，并通过“亮度 / 对比度”命令调整图层的整体色调来完成图 4-3-1 所示的动漫角色色彩设计。要完成本任务，学习者还需要掌握添加文字和为动漫角色添加描边效果的相关技巧。

图 4-3-1　动漫角色色彩设计

相关知识

一、匹配颜色

使用“匹配颜色工具”可以在多个图像、图层或选区之间匹配颜色。通过调整亮度、色彩范围和中性色调，可以对图像中的颜色进行优化。“匹配颜色”命令仅适用于RGB 模式。执行“图像”→“调整”→“匹配颜色”命令，在弹出的“匹配颜色”面板中单击“源”，选择需要匹配颜色的文件，然后通过修改“图像选项”中的明亮度、颜色强度和渐隐参数来实现色彩匹配效果，如图 4-3-2 所示。

图 4-3-2　图像匹配颜色效果

二、替换颜色

“替换颜色工具”结合了颜色范围选择工具与色相、饱和度和亮度滑块的功能。执行“图像”→“调整”→“替换颜色”命令，在弹出的“替换颜色”面板中，使用“吸管工具”选择需要修改颜色的区域，然后在结果中选择所需的替换颜色，效果如图 4-3-3 所示。

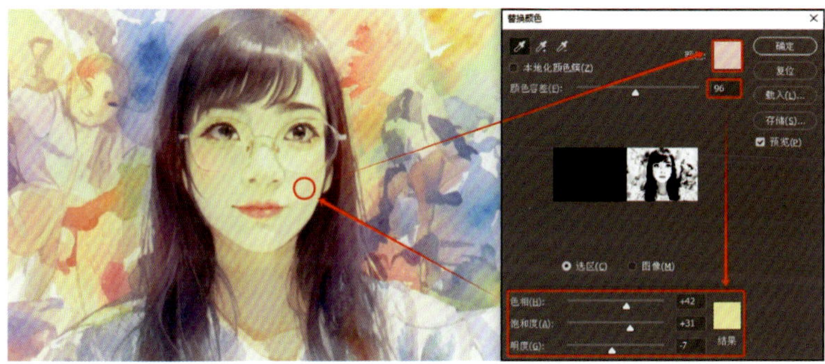

图 4-3-3　图像替换颜色效果

> **小贴士**
>
> 纯灰色、黑色或白色不能替换为其他颜色。但是，可以更改明度设置。(色相和饱和度的调整是基于当前颜色的，如果颜色没有变化，那么这些设置将不会产生任何效果。)

三、亮度 / 对比度

通过调整亮度和对比度，可以改变图像的整体明暗程度和色彩对比度。执行“图像”→“调整”→“亮度 / 对比度”命令，在弹出的“亮度 / 对比度”面板中，通过滑动亮度和对比度的滑块，观察图像的变化，并根据需要微调参数值，效果如图 4-3-4 所示。

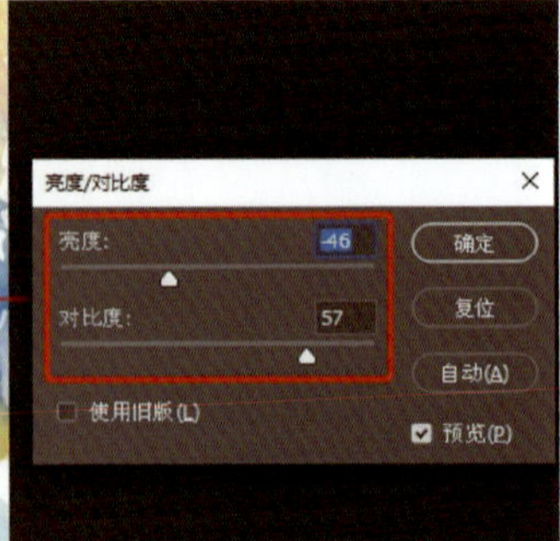

图 4-3-4　调整亮度 / 对比度效果

任务实施

一、新建 Photoshop 文档

按【Ctrl+N】组合键，打开“新建文档”对话框，在对话框的右侧“预设详细信息”选项中输入“动漫角色色彩设计”，宽度为“210”，高度为“297”，单位为“毫米”，分辨率为“300”像素 / 英寸，颜色模式为“RGB 颜色”，其他参数默认，然后单击“创建”按钮，创建一个新图像文件。

二、填充背景色

用鼠标左键单击工具箱中的“设置背景色”按钮，在弹出的“拾色器（背景色）”对话框中设置颜色为“浅黄色（R255，G238，B215）”，单击“确定”按钮完成设置，按【Ctrl+Delete】组合键填充背景色，如图 4-3-5 所示。

图 4-3-5　填充背景色

三、绘制圆角矩形

新建图层，选择“矩形工具”，在工具属性栏中设置工具模式为“形状”，填充颜色为“土黄色（R209，G118，B0）”，描边颜色为“无”，圆角为“70 像素”，按住【Shift】键在页面中间绘制一个圆角正方形，如图 4-3-6 所示。

四、置入底纹

执行“文件”→“置入嵌入对象”命令，选择“素材 / 项目四素材 /05 底纹 .png”文件，单击“置入”按钮，置入底纹，将其放置在圆角正方形上方，按【Enter】键完成置入，如图 4-3-7 所示。在“图层”面板中会自动生成“底纹”图层。

五、栅格化底纹图层

在“底纹”图层上使用右键单击鼠标，在弹出的选项卡中选择“栅格化图层”命令，栅格化“底

纹”图层，如图 4-3-8 所示。

六、打开匹配颜色图像并修改色彩模式

1. 打开匹配颜色图像

执行“文件”→“打开”命令，打开“素材 / 项目四素材 /06 匹配颜色 .jpg”文件，如图 4-3-9 所示。

图 4-3-6　绘制圆角正方形

图 4-3-7　置入底纹

图 4-3-8　栅格化底纹图层

图 4-3-9　打开匹配颜色图像

2. 修改色彩模式

执行“图像”→“模式”→“RGB 颜色”命令，将匹配颜色图像从 CMYK 颜色调整为 RGB 颜色，如图 4-3-10 所示。

七、为底纹匹配颜色

返回“动漫角色色彩设计”文件，选择“底纹”图层后，执行“图像”→“调整”→“匹配颜色”命令，在弹出的“匹配颜色”面板中，单击“源”，选择“06 匹配颜色 .jpg”文件，在图像选项中设置明亮度为“166”、颜色强度为“105”，参数设置如图 4-3-11 所示。单击“确定”按钮，效果如图 4-3-12 所示。

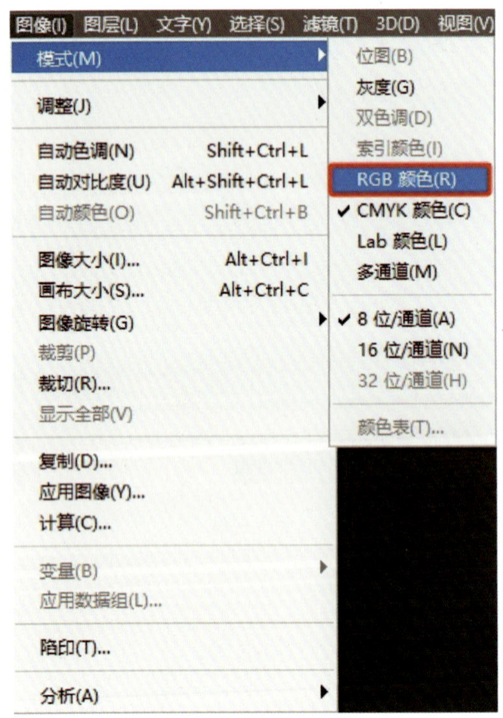

图 4-3-10　修改色彩模式

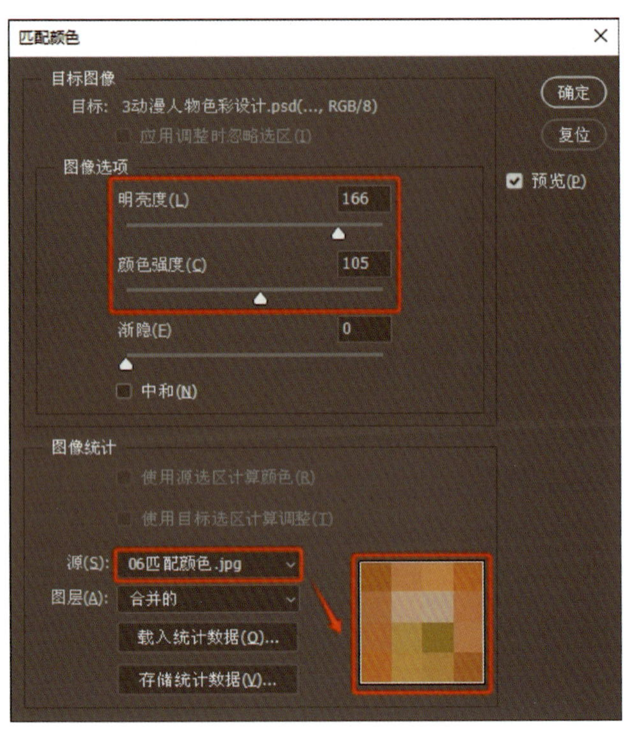

图 4-3-11　将底纹匹配颜色

八、建立剪贴蒙版

用鼠标右键单击“底纹”图层，在弹出的选项卡中选择“创建剪贴蒙版”命令，将底纹置于“矩形 1”图层蒙版中，如图 4-3-13 所示。效果如图 4-3-14 所示。

九、添加文字

1. 添加“中国戏曲”文字

选择“文字工具”，在工具属性栏中设置字体为“方正行楷简体”，文字的大小为“130 点”，颜色为“橙色（R255，G144，B0）”，然后在正方形上方单击鼠标左键，输入“中国戏曲”，使用“移动工具”将文字移至页面中间，效果如图 4-3-15 所示。

图 4-3-12　匹配颜色效果

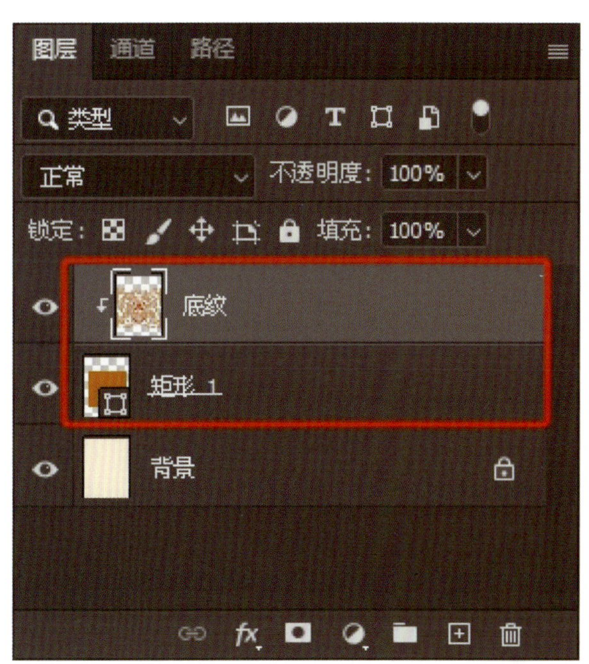

图 4-3-13　建立剪贴蒙版

图 4-3-14　创建剪贴蒙版效果

图 4-3-15　添加“中国戏曲”文字

2. 添加“净角”文字

新建图层，选择“文字工具”，在工具属性栏中将文字的大小设置为“100 点”，颜色设置为“橙色（R235，G139，B0）”，在正方形左下方单击鼠标左键，输入“净角”，如图 4-3-16 所示。

3. 添加注释文字

新建图层，选择“文字工具”，在文字“净角”右侧单击并拖拽鼠标绘制文本框，然后在“属性”面板上将字符中的文字大小设置为“22 点”，行距设置为“38 点”，段落设置为“居中对齐文本”，然后输入文字，如图 4-3-17 所示。

图 4-3-16　添加“净角”文字

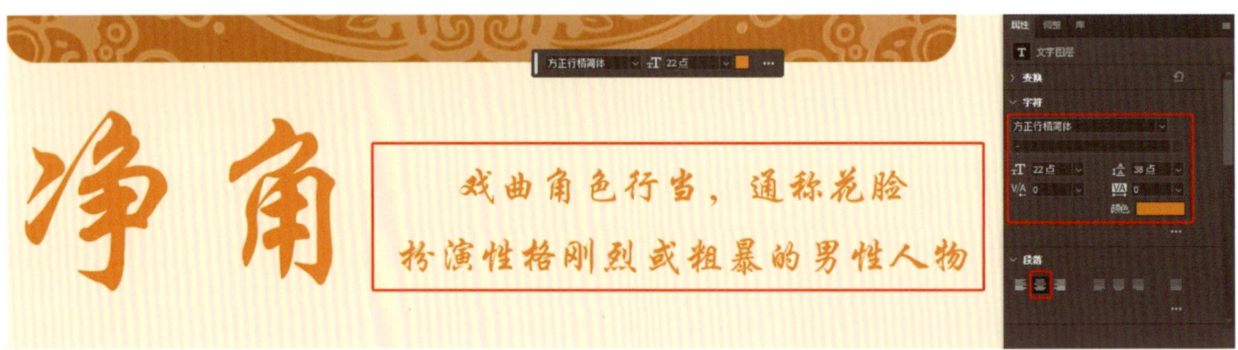

图 4-3-17　添加注释文字

十、置入动漫角色

执行“文件”→“置入嵌入对象”命令，选择“素材 / 项目四素材 /07 动漫角色 .png”文件，单击“置入”按钮，置入动漫角色，调整到合适的大小后将其置于圆角正方形上方，按【Enter】键完成置入，如图 4-3-18 所示。用鼠标右键单击“07 动漫角色”图层，在弹出的选项卡中选择“栅格化图层”命令，栅格化底纹图层。

图 4-3-18　置入动漫角色

十一、为角色添加描边效果

执行“图层”→“图层样式”→“描边”命令，在弹出的“图层样式”对话框中为图形设置描边大小为“36”像素，位置为“外部”，混合模式为“正常”，填充颜色为“淡黄色（R255，G246，B234）”，其他参数为默认值，如图 4-3-19 所示。单击“确定”按钮，描边效果如图 4-3-20 所示。

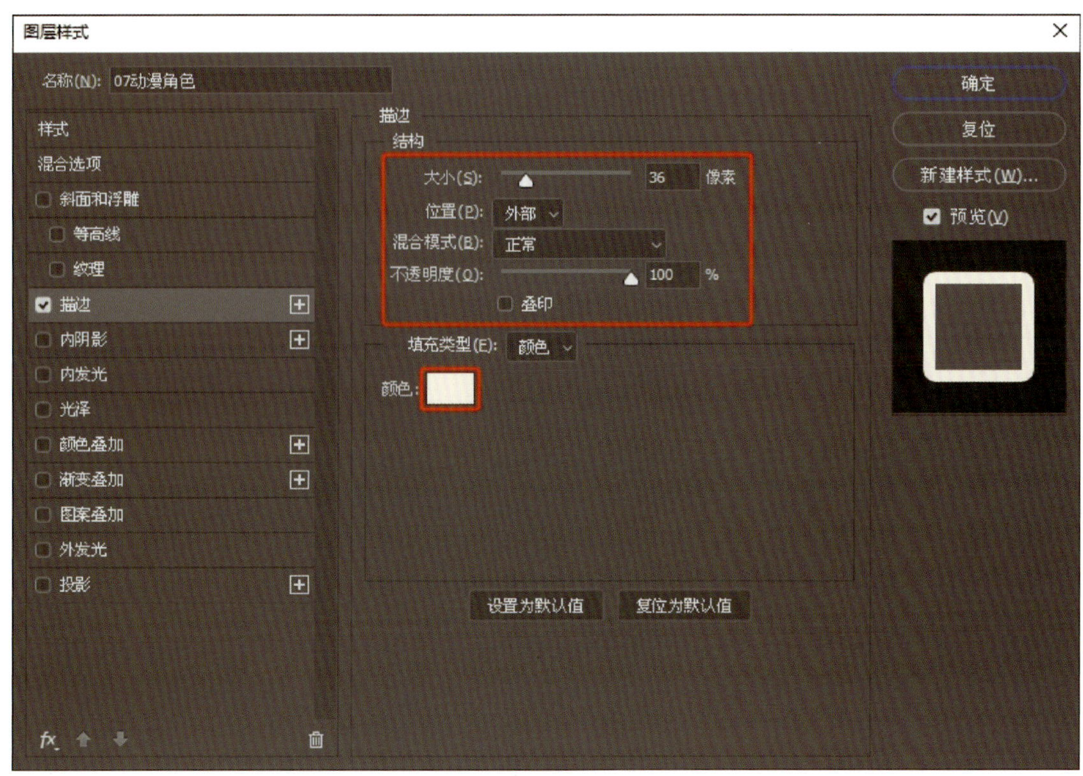

图 4-3-19　设置描边参数

图 4-3-20　添加描边效果

十二、为动漫角色修改服饰颜色

1. 选择袖子颜色

执行“图像”→“调整”→“替换颜色”命令，在弹出的“替换颜色”面板中，设置颜色容差为“36”，使用“吸管工具”单击动漫角色袖子颜色，如图 4-3-21 所示。

图 4-3-21　选择袖子颜色

2. 替换袖子颜色

在“替换颜色”面板下方设置色相为“-180”，饱和度为“+ 60”，明度为“+ 26”，将袖子颜色替换成红色，如图 4-3-22 所示。单击“确定”按钮完成设置。

图 4-3-22　替换袖子颜色效果

3. 替换下衣颜色

执行“图像”→“调整”→“替换颜色”命令，在弹出的“替换颜色”面板中，设置颜色容差为“116”，使用“吸管工具”单击动漫角色下衣绿色部分，在“替换颜色”面板下方设置色相为“-180”、饱和度为“+38”、明度为“+8”，将下衣颜色替换成暗红色，如图 4-3-23 所示。单击“确定”按钮完成设置。

图 4-3-23　替换下衣颜色效果

4. 替换头冠和衣服下摆颜色

执行“图像”→“调整”→“替换颜色”命令，在弹出的“替换颜色”面板中，设置颜色容差为“99”，使用“吸管工具”单击动漫角色帽子蓝色部分，在“替换颜色”面板下方设置色相为“-135”、饱和度为“+ 13”、明度为“+ 13”，将头冠和衣服下摆颜色替换成黄绿色，如图 4-3-24 所示。单击“确定”按钮完成设置。

5. 替换袖口颜色

执行“图像”→“调整”→“替换颜色”命令，在弹出的“替换颜色”面板中，设置颜色容差为“68”，使用“吸管工具”单击动漫角色袖口灰蓝色部分，在“替换颜色”面板下方设置色相为“-180”、饱和度为“0”、明度为“0”，将袖口颜色替换成灰红色，如图 4-3-25 所示。

十三、调整整体图像的亮度 / 对比度

单击“图层”面板下方的“创建新的填充或调整图层”按钮，在弹出的选项卡中选择“亮度 / 对比度”，建立调整图层，在“属性”面板中将亮度设置为“6”、对比度设置为“30”，如图 4-3-26 所示。调整完“亮度 / 对比度”后，最终效果如图 4-3-1 所示。

图 4-3-24　替换头冠和衣服下摆颜色效果

图 4-3-25　替换袖口颜色效果

图 4-3-26　在“属性”面板中调整“亮度 / 对比度”

十四、保存文档

1. 存储文件

按【Ctrl+S】组合键，在弹出的“存储为”对话框中选择文件存储位置，文件名默认，保存类型为“Photoshop（*.PSD，*.PDD，*.PSDT）”，单击“保存”按钮保存该文档。

2. 导出文件

按【Alt+Shift+Ctrl+W】组合键，在弹出的“导出为”对话框中选择文件设置格式为“JPG”，其他数值默认，单击“导出”按钮，在“另存为”对话框中选择文件存储位置，文件名默认，单击“保存”按钮导出该文档。

项目五

漫画风格设计——通道与蒙版

漫画风格是指漫画作品在绘画和表现上所展现出的独特特点，它涵盖了画面的构图、线条的运用、色彩的选择、角色的造型以及表情的刻画等多个方面。每种漫画风格都拥有其独特的魅力，如日式漫画风格以细腻的线条和丰富的色彩而著称，而欧美漫画风格则更加注重人物的立体感和写实性。随着时代的发展和人们审美观念的变化，漫画风格也在不断演变和创新。

本项目通过扁平漫画风格设计、传统漫画风格设计和写实漫画风格设计的实例，介绍了 Photoshop 中通道的功能、分类、操作方法以及图层蒙版的使用技巧，重点讲解了通道的操作与图层蒙版的制作方法，旨在使学习者在漫画风格设计制作的过程中，能够深入理解漫画风格的表现手法与通道的运用技巧。

任务一　扁平漫画风格设计——通道的基本操作

任务目标

1. 能在“通道”面板中拆分通道。
2. 能在“通道”面板中合并通道。
3. 能使用“套索工具”建立图像选区。
4. 能使用“色相 / 饱和度”命令调整图像颜色。
5. 能使用“颜色叠加”命令修改图像颜色。
6. 能复制、拷贝图层。

任务描述

本任务使用“通道”面板中的拆分通道与合并通道来为扁平漫画更改背景色，使用“套索工具”分别选取植物放置于扁平漫画中，并使用“自由变换”命令调整图像大小和位置，来完成图 5-1-1 所示的扁平漫画风格作品。要完成本任务，学习者除了需要掌握通道的基本操作技巧之外，还需要学会

图 5-1-1　扁平漫画风格——春日郊游

运用“色相 / 饱和度”命令和“颜色叠加”命令来调整图像颜色，以达到最终的扁平漫画风格效果。

相关知识

一、通道

通道即选区。在通道中，以白色代替透明表示选择区域，以黑色表示非选择区域。因此，通道没有独立的意义，只有在依附于其他图像存在时，才能体现其功能。“通道”面板如图 5-1-2 所示。

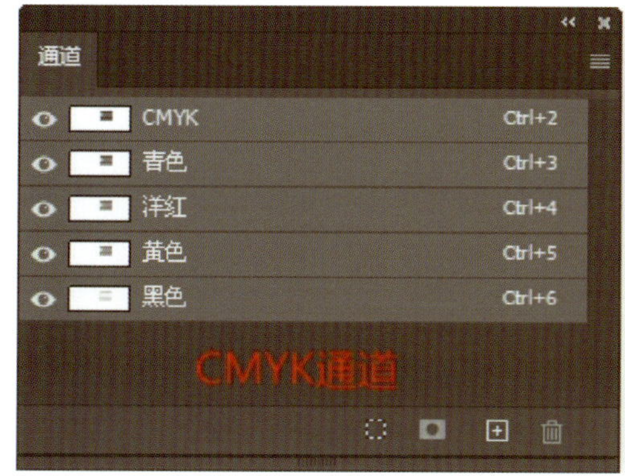

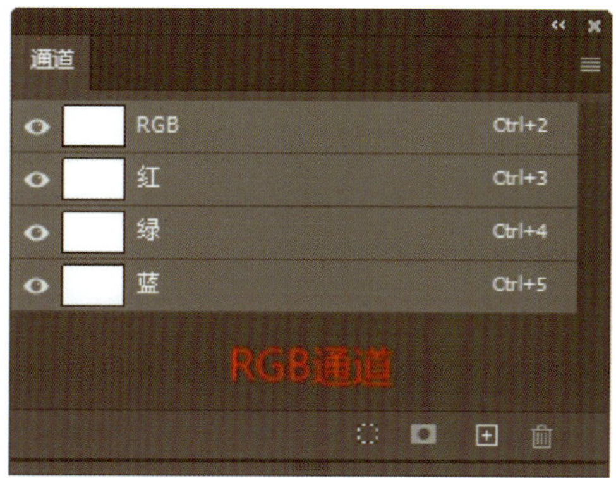

图 5-1-2 “通道”面板

二、拆分通道

拆分通道即将通道分离为单独的图像。Photoshop 中只能分离拼合图像的通道，不可分离有多个图层的通道。

要将通道分离为单独的图像，可用鼠标左键单击“通道”面板右上角的“扩展”按钮，在弹出的选项卡中选择“分离通道”，原文件就会被关闭，单个通道会出现在单独的灰度图像窗口，如图 5-1-3 所示。新窗口中的标题栏显示原文件名及通道，可以分别存储和编辑新图像。

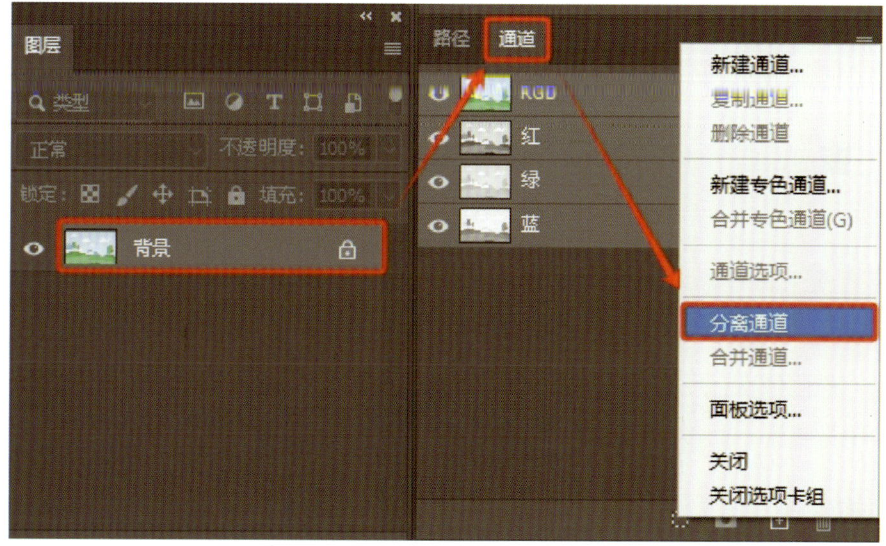

图 5-1-3 拆分通道

三、合并通道

合并通道即将多个灰度图像合并为一个图像。

执行“新建”→“打开”命令，依次打开包含要合并的多个灰度图像，选择其中一个图像作为现用图像，在“通道”面板菜单中选取“合并通道”。在弹出的“合并通道”对话框中选择需要合并的通道模式后，弹出“合并 × ×（模式）通道”对话框，在其中依次选择对应的颜色通道后，单击“确定”按钮，如图 5-1-4 所示。

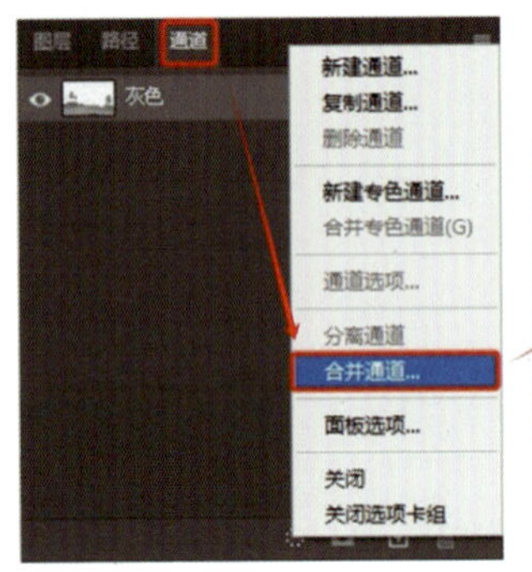

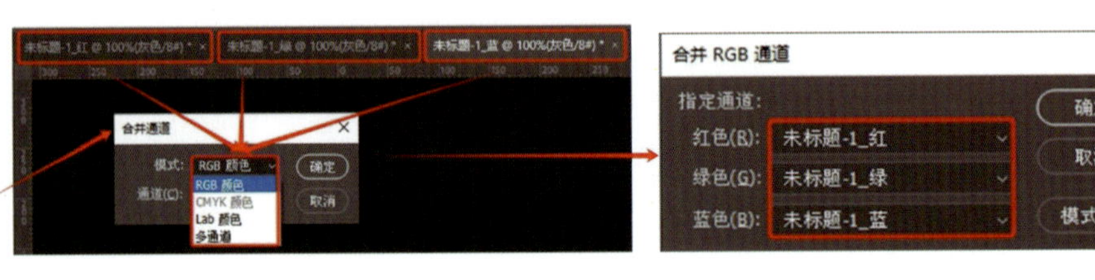

图 5-1-4　合并通道

小贴士

在合并通道时，所有需要合并的图像都必须处于灰度模式、只有单个图层、具有相同的像素尺寸，并处于打开状态。已打开的灰度图像的数量决定了合并通道时可用的颜色模式。

例如，如果打开了三个图像，可以将它们合并为一个 RGB 图像；如果打开了四个图像，则可以将它们合并为一个 CMYK 图像。

四、套索工具组

1. “套索工具”

“套索工具” 可以自由地绘制形状不规则的选区。选择“套索工具”后按住鼠标左键，在图像上拖拽光标绘制选区边界，当松开鼠标左键时，选区将自动闭合，形成新的选区。

2. “多边形套索工具”

“多边形套索工具” 适用于绘制直线、折线等线条明确的选区。使用时，在图像边缘单击鼠标左键以确定起点，然后依次在图像边缘的转折点（每条直线段的末端）单击鼠标左键，直至选区完成。如果操作过程中出现错误，可按【Delete】键删除生成的点。

3. “磁性套索工具”

“磁性套索工具” 可自动跟踪图像边缘，适合背景复杂、图像与背景对比度高的素材，可通过

设置选项参数来使磁性吸附更强。

任务实施

一、打开文档

按【Ctrl+O】组合键，打开“打开文档”对话框，选择“素材 / 项目五素材 /01 扁平背景图 .jpg”文件，单击“打开”按钮，打开扁平漫画背景图，如图 5-1-5 所示。

图 5-1-5　打开扁平漫画背景图

二、拆分背景通道

执行“窗口”→“通道”命令，打开“通道”面板，单击“通道”面板右上角的“扩展”按钮，在弹出的选项卡中选择“分离通道”命令，如图 5-1-6 所示。将“01 扁平背景图 .psd”文档拆分为“01 扁平背景图 .psd_ 红”“01 扁平背景图 .psd_ 绿”和“01 扁平背景图 .psd_ 蓝”三个灰度文档，如图 5-1-7 所示。

图 5-1-6　分离通道

图 5-1-7　分离扁平漫画背景图文档

三、合并通道

1. 合并 RGB 通道

单击“通道”面板右上角的“扩展”按钮，在弹出的选项卡中选择“合并通道”命令，如图 5-1-8 所示。在弹出的“合并通道”对话框的“模式”中选择“RGB 颜色”，单击“确定”按钮后弹出“合并 RGB 通道”对话框，在红色选项中选择“01 扁平背景图 .jpg_ 蓝”、绿色选项中选择“01 扁平背景图 .jpg_ 红”、蓝色选项中选择“01 扁平背景图 .jpg_ 绿”，如图 5-1-9 所示。

图 5-1-8　合并通道

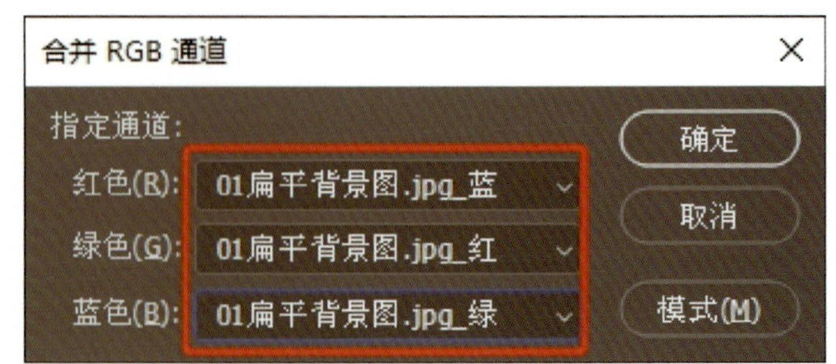

图 5-1-9　“合并 RGB 通道”对话框选项

2. 生成文档

单击“确定”按钮完成合并通道后，生成一个名为“未标题 -1”的新文档，效果如图 5-1-10 所示。

图 5-1-10　合并通道生成“未标题 -1”文档

四、绘制太阳

新建图层，设置前景色为“黄色（R250，G213，B100）”，选择“椭圆工具”，在工具属性栏中设置工具模式为“形状”，填充为“黄色（R250，G213，B100）”，然后在页面左上角单击，在弹出的“创建椭圆”对话框中输入宽度及高度均为“486 像素”，单击“确定”按钮绘制一个黄色圆形，如图 5-1-11 所示。

图 5-1-11　绘制黄色圆形（太阳）

五、添加扁平人物

依次执行“文件”→“置入嵌入对象”命令，分别将“素材/项目五素材/02 男生.ai”和“素材/项目五素材/03 女生.ai”文件置入页面中，将置入的素材调整至合适大小并放置在相应的位置，效果如图 5-1-12 所示。

图 5-1-12　添加扁平人物

六、打开“04 扁平植物.psd”文件

执行“文件”→“打开”命令，打开“素材/项目五素材/04 扁平植物.psd”文件，如图 5-1-13 所示。

图 5-1-13　打开扁平植物文件

七、添加柳叶

1. 套选柳叶

选择“套索工具”，按住鼠标左键在画面中套选柳叶，如图 5-1-14 所示。建立选区后按【Ctrl+C】组合键复制柳叶，返回“未标题 -1”文件，按【Ctrl+V】粘贴柳叶，使用“移动工具”将柳叶置于页面右上角，如图 5-1-15 所示。

图 5-1-14　套选柳叶

图 5-1-15　复制并粘贴柳叶

2. 拷贝柳叶图层

在“图层”面板中选择名为“图层 1”的柳叶图层，按【Ctrl+J】组合键复制为“图层 1 拷贝”图层。按【Ctrl+T】组合键自由变换柳叶大小与位置，如图 5-1-16 所示。调整后按【Enter】键完成变换。

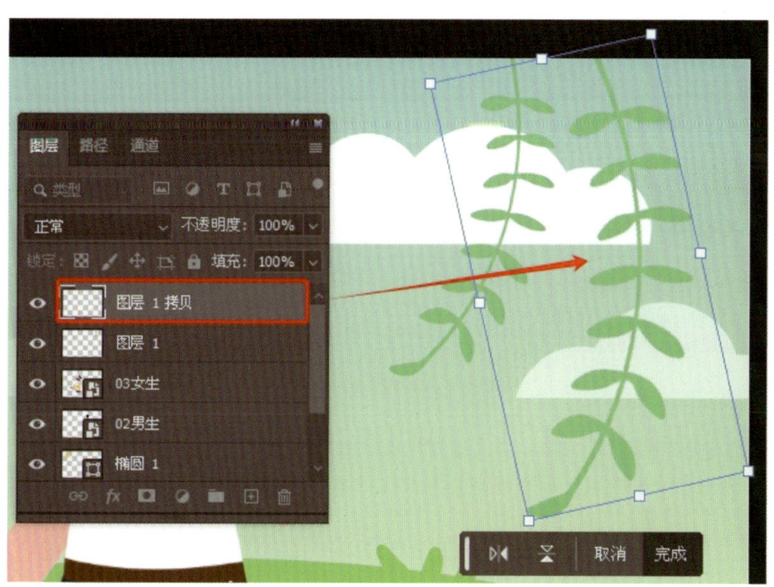

图 5-1-16　拷贝柳叶图层

3. 叠加柳叶颜色

选择“图层 1 拷贝”图层，执行“图层”→“图层样式”→“颜色叠加”命令，在弹出的“图层样式”对话框中设置颜色的混合模式为“正常”，叠加颜色为“深绿色（R50，G133，B58）”，不透明度为“100%”，完成后单击“确定”按钮，如图 5-1-17 所示。

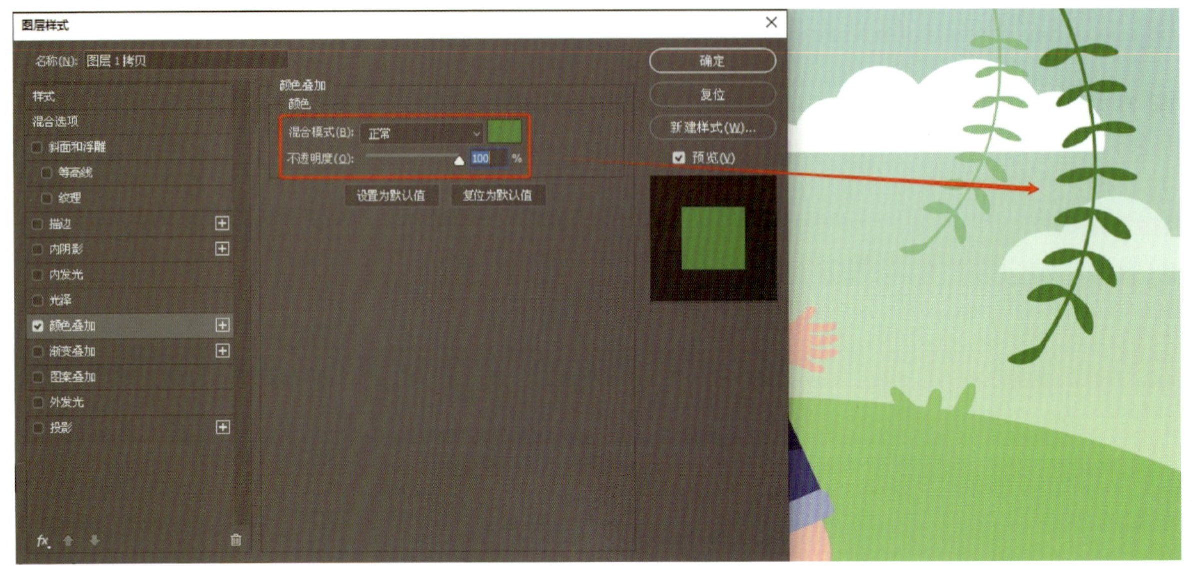

图 5-1-17　叠加柳叶颜色

4. 再次拷贝柳叶

再次选择“图层 1”，按【Ctrl+J】组合键拷贝图层后，按【Ctrl+T】组合键自由变换柳叶大小与位置。接着继续执行“图层”→“图层样式”→“颜色叠加”命令，设置叠加颜色为“浅绿色（R230，G210，B160）”，效果如图 5-1-18 所示。

图 5-1-18　再次拷贝柳叶

八、添加绿树

返回“04 扁平植物 .psd”文件，选择“套索工具”，按住鼠标左键在画面中套选绿树，建立选区后按【Ctrl+C】组合键复制绿树，返回“未标题 -1”文件，按【Ctrl+V】粘贴绿树。将图层置于最顶层，然后使用“移动工具”将绿树放置在页面左侧山坡上，并拷贝两个绿树图层，调整大小后依次摆放在山坡上，效果如图 5-1-19 所示。

九、添加前景绿叶

1. 添加绿叶素材

返回“04 扁平植物 .psd”文件，选择“套索工具”，按住鼠标左键在画面中依次套选两片大绿叶，复制粘贴至“未标题 -1”文件，并通过“自由变换”命令调整绿叶大小，并摆放至页面左下角，如图 5-1-20 所示。

图 5-1-19 添加绿树

图 5-1-20 添加前景绿叶

2. 增加前景绿叶

按【Ctrl+J】组合键拷贝深绿色绿叶图层，然后调整绿叶大小后放在原绿叶右侧，接着执行“图像”→“调整”→“色相 / 饱和度”命令，在弹出的“色相 / 饱和度”对话框中设置色相为“-70”、饱和度为“+ 66”、明度为“+ 22”，单击“确定”按钮完成设置，如图 5-1-21 所示。

十、添加前景小绿植

返回“04 扁平植物 .psd”文件，选择“套索工具”，依次复制小花及蓝绿、草绿、淡黄色的小植物并粘贴至“未标题 -1”文件，通过“自由变换”命令来调整小绿植大小和位置，并多次复制小绿植图层，完成前景小绿植摆放，如图 5-1-22 所示。

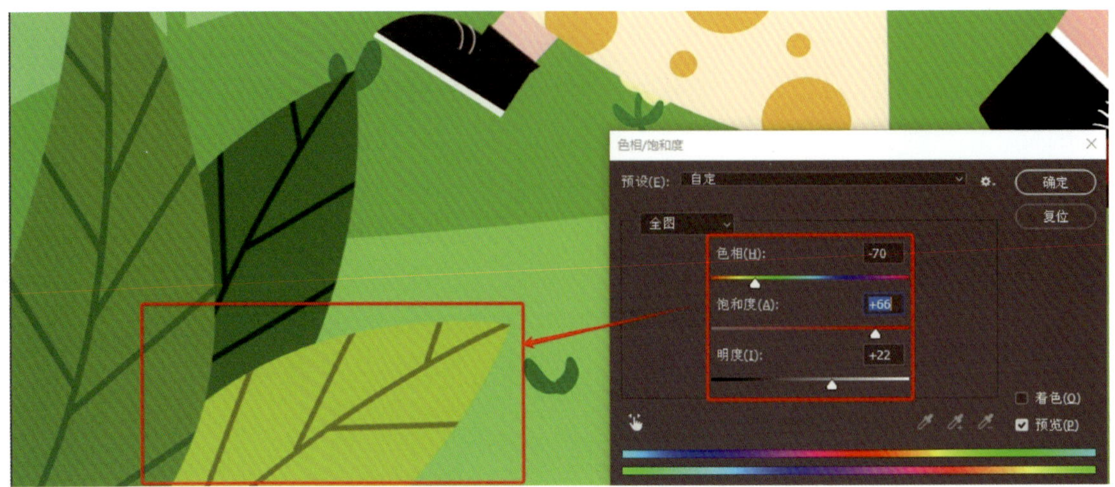

图 5-1-21 增加前景绿叶

图 5-1-22 增加前景小绿植

十一、为草坪添加小花

继续返回“04 扁平植物 .psd”文件，选择“套索工具”，依次复制黄色小花和粉色小花并粘贴至“未标题 -1”文件，多次复制黄色小花和粉色小花图层，并调整小花大小和位置，为草坪添加多朵小花，效果如图 5-1-1 所示。

十二、保存文档

1. 存储文件

按【Ctrl+S】组合键，在弹出的“存储为”对话框中选择文件存储位置，文件名默认，保存类型为“Photoshop（*.PSD，*.PDD，*.PSDT）”，单击“保存”按钮保存该文档。

2. 导出文件

按【Alt+Shift+Ctrl+W】组合键，在弹出的“导出为”对话框中选择文件设置格式为“JPG”，其他数值默认，单击“导出”按钮，在“另存为”对话框中选择文件存储位置，文件名默认，单击“保存”按钮导出该文档。

任务二　传统漫画风格设计——蒙版的应用

任务目标

1. 能创建图层蒙版。
2. 能使用“橡皮擦工具”为图层蒙版遮罩图像。
3. 能使用“钢笔工具”绘制路径为图层蒙版添加选区。

任务描述

本任务通过使用“渐变”命令填充图层来为画面添加渐变背景，使用“图层蒙版”命令为图像添加遮罩作用，并通过“钢笔工具”绘制路径、创建图层蒙版、精确遮罩图像边缘，来完成图 5-2-1 所示的传统漫画风格作品。要完成本任务，学习者除了需要掌握图层蒙版的基本操作技巧之外，还需要学会正确使用“橡皮擦工具”在蒙版中擦除隐藏部分图像，以达到预期的传统漫画风格效果。

图 5-2-1　传统漫画风格——仙山

相关知识

一、图层蒙版

Photoshop 中的图层蒙版用于保护图层内容的区域，使其不受编辑影响。图层蒙版包含黑色、白色和灰色三个要素，其中黑色表示完全透明，白色表示不透明，灰色则表示部分选取、部分保护（半透明）。在图层蒙版的帮助下，可以对图像的特定区域应用效果和滤镜，而不会影响其他区域，如图 5-2-2 所示。

图 5-2-2　图层蒙版

小贴士

Photoshop 图层蒙版是由选区生成的，可以通过画笔或橡皮擦工具进行修改。图层蒙版可使用灰色画笔，绘制半透明的蒙版效果。

二、取消图层和蒙版的链接

在默认情况下，图层链接其图层蒙版，“图层”面板中图层与蒙版缩览图之间显示链接图标。使用“移动工具”移动图层时，蒙版也随着图像一起移动。取消图层与蒙版的链接，可单击图层和蒙版路径缩览图之间的链接图标 ，此时移动图像时蒙版不再与之一起移动，如图 5-2-3 所示。在“图层”面板中的图层和蒙版路径缩览图之间单击后即可重新链接图层与蒙版，出现链接图标。

三、选择并显示图层蒙版

按住【Alt】键并单击图层蒙版缩览图，可以查看图层蒙版。要重新显示图层，可再次按住【Alt】键并单击图层蒙版缩览图，如图 5-2-4 所示。

四、删除、应用、停用或链接图层蒙版

选择包含要删除、应用、停用或链接的图层蒙版的图层，执行“图层”→“图层蒙版”→“删除”/“应用”/“停用”/“链接”命令。当蒙版处于停用状态时，“图层”面板中的蒙版缩览图上会出现一个红色的“×”，并且会显示不带蒙版效果的图层内容，如图 5-2-5 所示。

图 5-2-3　取消图层蒙版链接后移动图像效果

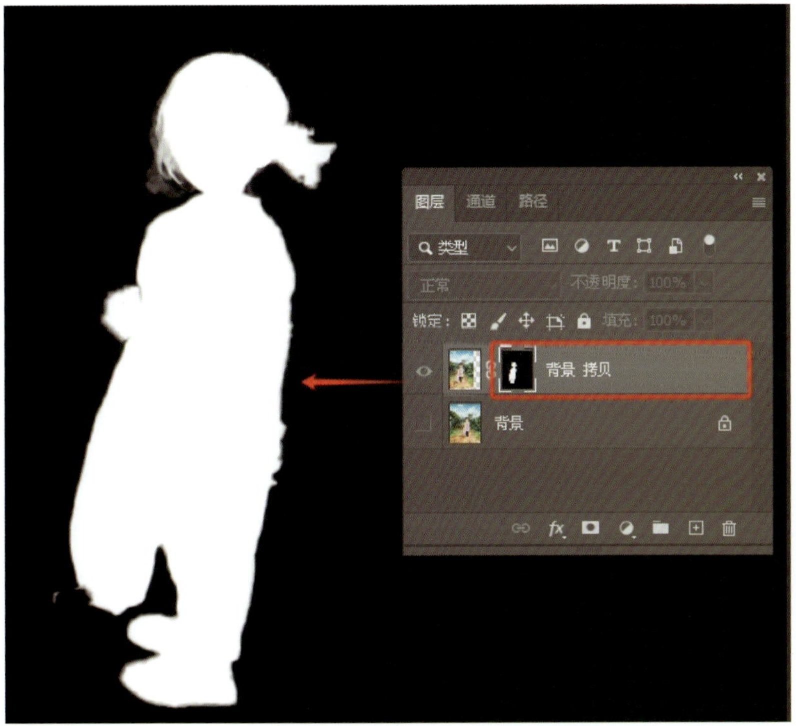

图 5-2-4　选择并显示图层蒙版

图 5-2-5 停用图层蒙版

五、橡皮擦工具组

1. “橡皮擦工具”

“橡皮擦工具” 可以使像素变透明或使像素与图像背景色相匹配。选择“橡皮擦工具”后，在工具属性栏中设置画笔预设、模式、不透明度、流量等相关属性，然后在页面中按住鼠标左键不放并拖动，即可擦除图像。

小贴士

使用“橡皮擦工具”时，若在背景图层上擦除图像，被擦除区域将被背景色填充；若在普通图层上擦除图像，被擦除区域将变为透明，如图 5-2-6 所示。

图 5-2-6 使用“橡皮擦工具”擦除背景图层与普通图层的图像

2. “背景橡皮擦工具”

“背景橡皮擦工具” 可以有选择地将图像中与取样颜色或基准颜色相近的区域擦除成透明效果。该工具比较适合抠取颜色反差较大的图像。

3. “魔术橡皮擦工具”

“魔术橡皮擦工具” 可以擦除一定容差内与鼠标落点临近的颜色，并将作用过的地方变成透明色。

小贴士

“背景橡皮擦工具”和“魔术橡皮擦工具”都可以直接在背景图层上使用。使用后，背景图层将自动转换成普通图层。

橡皮擦工具组擦除效果如图 5-2-7 所示。

图 5-2-7　橡皮擦工具组擦除效果

任务实施

一、新建文档

按【Ctrl+N】组合键，打开“新建文档”对话框，在对话框的右侧“预设详细信息”选项中输入“传统漫画风格设计”，宽度为“1 500”，高度为“900”，单位为“像素”，分辨率为“300”像素/英寸，颜色模式为“RGB 颜色”，其他参数默认，然后单击“创建”按钮，创建一个新图像文件。

二、添加渐变图层

用鼠标左键单击“图层”面板中的“创建新的填充或调整图层”按钮，从弹出的选项卡中选择“渐变”，然后在弹出的“渐变填充”对话框中单击“点按可以编辑渐变”，弹出“渐变编辑器”对话框。单击渐变控制条下方的第一个“色标”滑块后再单击“颜色”按钮，在弹出的“拾色器”对话框中，设置颜色为“R247，G205，B177”，单击“确定”按钮后，在“渐变控制条”中间单击鼠标左键，添加第二个“色标”滑块，设置颜色为“R255，G250，B237”，位置为“50%”。单击右边第三个“色标”滑块，设置颜色为“R247，G205，B177”，三个色标的不透明度均为“100%”，然后单击“确定”按钮，完成设置，如图 5-2-8 所示。

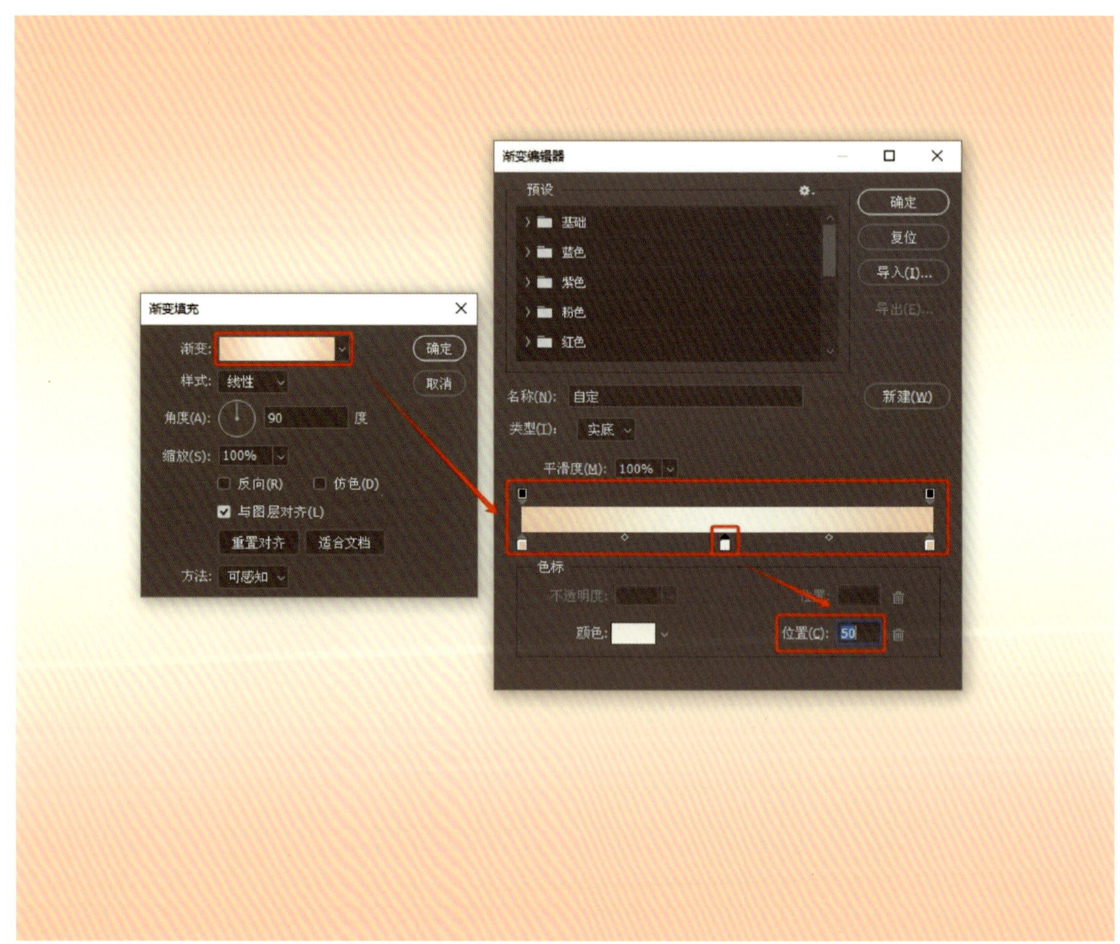

图 5-2-8　填充渐变背景

三、置入清湖

执行“文件”→“置入嵌入对象”命令，选择“素材 / 项目五素材 /05 清湖 .jpg”文件，单击“置入”按钮，置入清湖素材，按【Enter】键完成置入，如图 5-2-9 所示。

四、为清湖添加蒙版效果

1. 添加图层蒙版

在“图层”面板中选择“05 清湖”图层，单击“图层”面板下方的“添加图层蒙版”按钮，如图 5-2-10 所示。

图 5-2-9　置入清湖

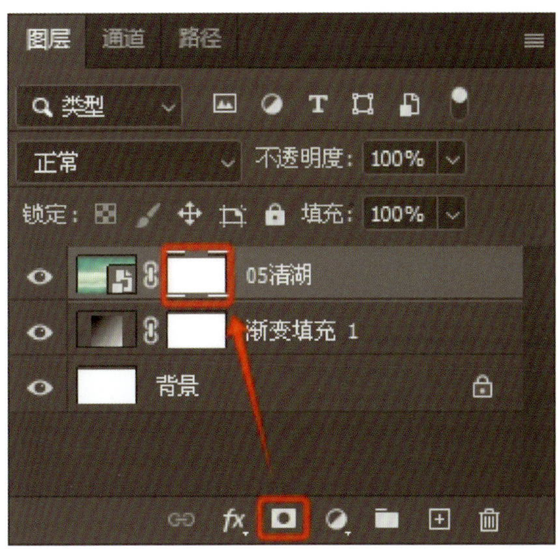

图 5-2-10　添加图层蒙版

2. 设置“橡皮擦工具”

选择“橡皮擦工具”，在工具选项栏上打开“画笔预设”对话框，设置画笔大小为“300”，硬度为“0%”，选择常规画笔中的“柔边圆”，设置不透明度为“60%”，流量为“50%”，如图 5-2-11 所示。

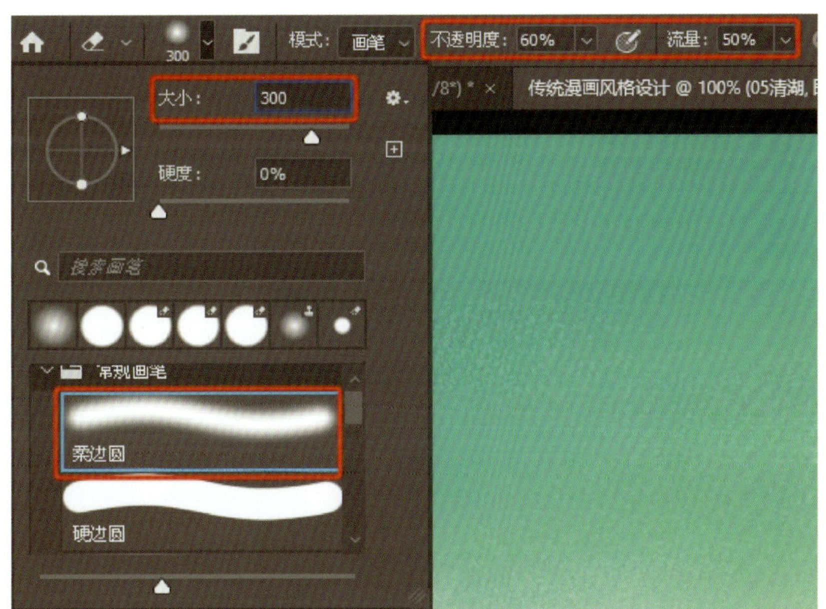

图 5-2-11　设置“橡皮擦工具”

小贴士

在使用“橡皮擦工具”擦除图像时，画笔大小、不透明度和流量可以根据具体情况进行调整，在处于非中文输入法的状态下，按【[】键可以缩小画笔，按【]】键可以放大画笔。

3. 擦除清湖上半部分

在“图层”面板中，用鼠标左键单击“05 清湖”图层的图层蒙版，将前景色设置为“白色”，使用“橡皮擦工具”擦除清湖上半部分图像，如图 5-2-12 所示。

图 5-2-12　擦除清湖上半部分效果

五、置入青山

执行“文件”→“置入嵌入对象”命令，选择“素材 / 项目五素材 /06 青山 .psd”文件，单击“置入”按钮，置入青山素材，将青山放置于页面下方，如图 5-2-13 所示。按【Enter】键完成置入。

图 5-2-13　置入青山

六、为左侧金塔添加图层蒙版效果

1. 置入左侧金塔

执行“文件”→“置入嵌入对象”命令，将“素材 / 项目五素材 /07 金塔 .png”文件置入页面中，并将金塔放置于左侧青山上方，如图 5-2-14 所示。

图 5-2-14　置入左侧金塔

2. 调整金塔不透明度

在“图层”面板中，选择“07 金塔”图层，将不透明度调整为“60%”，如图 5-2-15 所示。

图 5-2-15　调整金塔不透明度

3. 沿着青山边缘绘制闭合路径

选择“钢笔工具”，在工具选项栏中选择工具模式为“路径”，沿着青山被金塔遮挡部分绘制闭合路径，如图 5-2-16 所示。

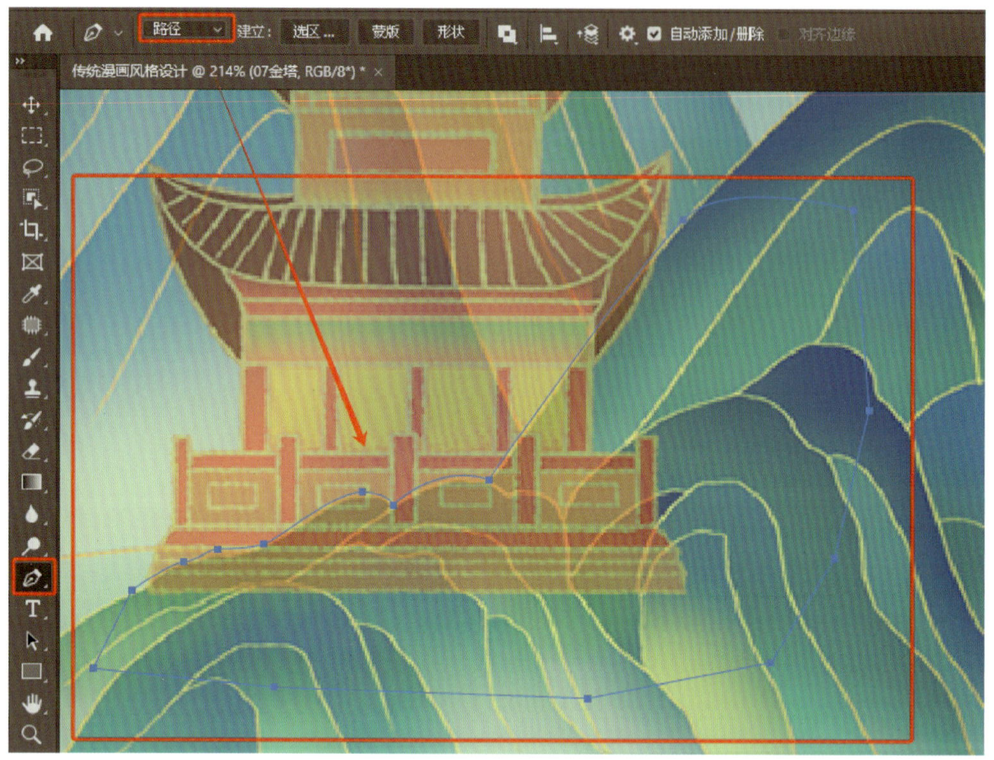

图 5-2-16　沿着青山边缘绘制闭合路径 1

4. 新建前山路径

选择“07 金塔”图层，打开“路径”面板，双击工作路径，将名字改为“前山”，并用鼠标左键单击“路径”面板下方的“添加图层蒙版”按钮，如图 5-2-17 所示。

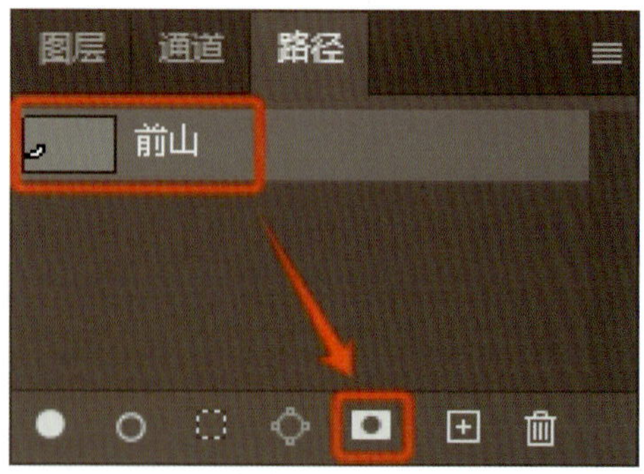

图 5-2-17　新建前山路径

5. 为图层蒙版填充黑色选区

返回“图层”面板，设置前景色为“黑色”，按住【Alt】键，用鼠标左键单击“07 金塔”图层的图层蒙版，进入图层蒙版。按【Ctrl+Enter】组合键将路径转化为选区后，按【Alt+Delete】组合键将选区填充为黑色，如图 5-2-18 所示。

6. 为金塔添加图层蒙版效果

用鼠标左键单击“07 金塔”图层，返回图层模式，将不透明度调整为“100%”，效果如图 5-2-19 所示。

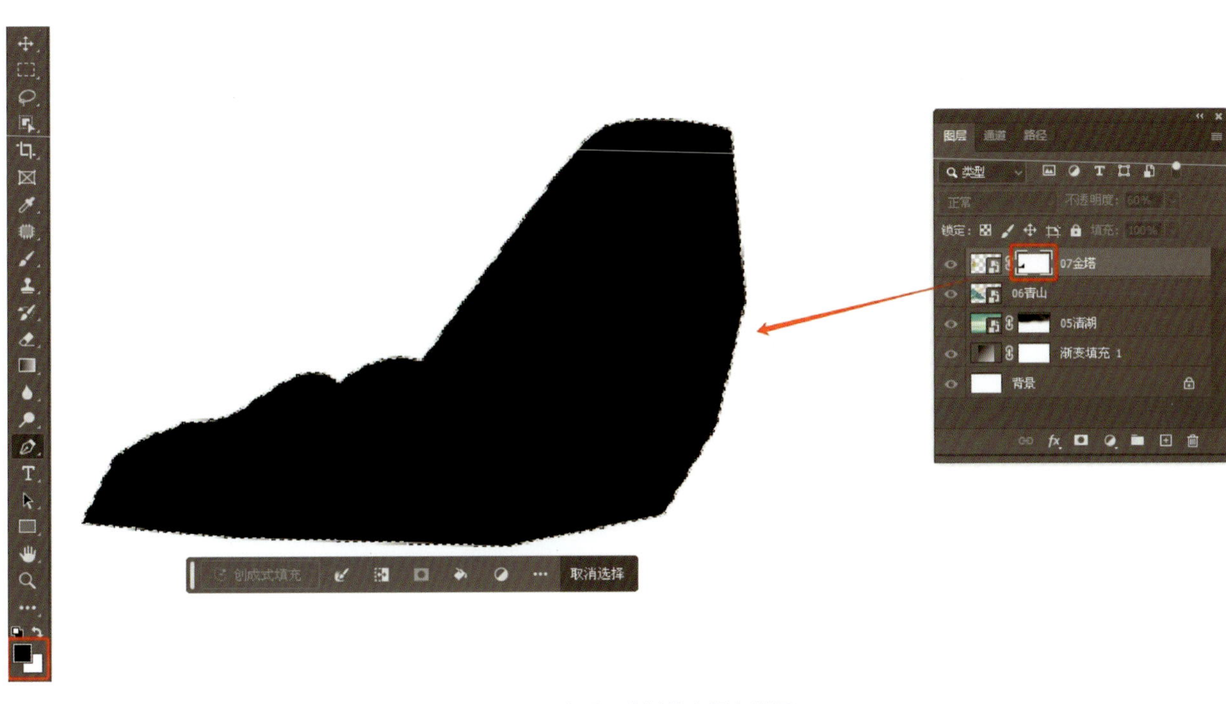

图 5-2-18　为图层蒙版填充黑色选区 1

图 5-2-19　为左侧金塔添加图层蒙版效果

七、为右侧金塔添加图层蒙版效果

1. 置入右侧金塔

执行“文件”→“置入嵌入对象”命令，将“素材 / 项目五素材 /07 金塔 .png”文件置入页面中，将金塔放置于右侧青山上方，如图 5-2-20 所示。

图 5-2-20　置入右侧金塔

2. 沿着青山边缘绘制闭合路径

在“图层”面板上将“07 金塔”图层的不透明度设置为“60%”，使用“钢笔工具”沿着青山被金塔遮挡部分绘制闭合路径。打开“路径”面板，双击工作路径，将名字改为“后山”，并用鼠标左键单击“路径”面板下方的“添加图层蒙版”按钮，如图 5-2-21 所示。

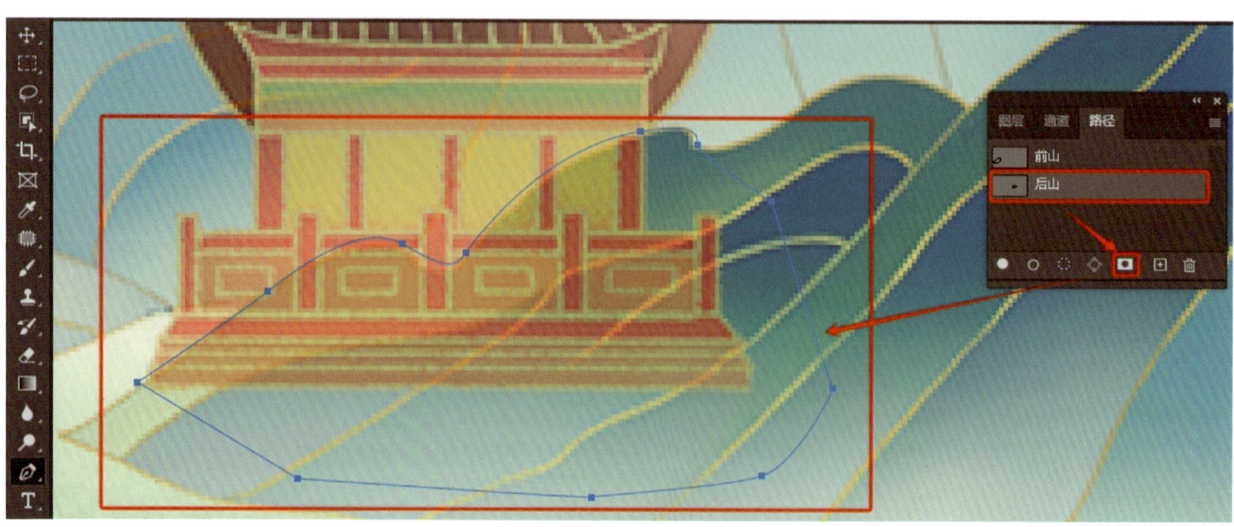

图 5-2-21　沿着青山边缘绘制闭合路径 2

3. 为图层蒙版填充黑色选区

返回“图层”面板，设置前景色为“黑色”，按住【Alt】键，用鼠标左键单击“07 金塔”图层的图层蒙版，进入图层蒙版；然后按【Ctrl+Enter】组合键将路径转化为选区，再按【Alt+Delete】组合键将选区填充为黑色，如图 5-2-22 所示。

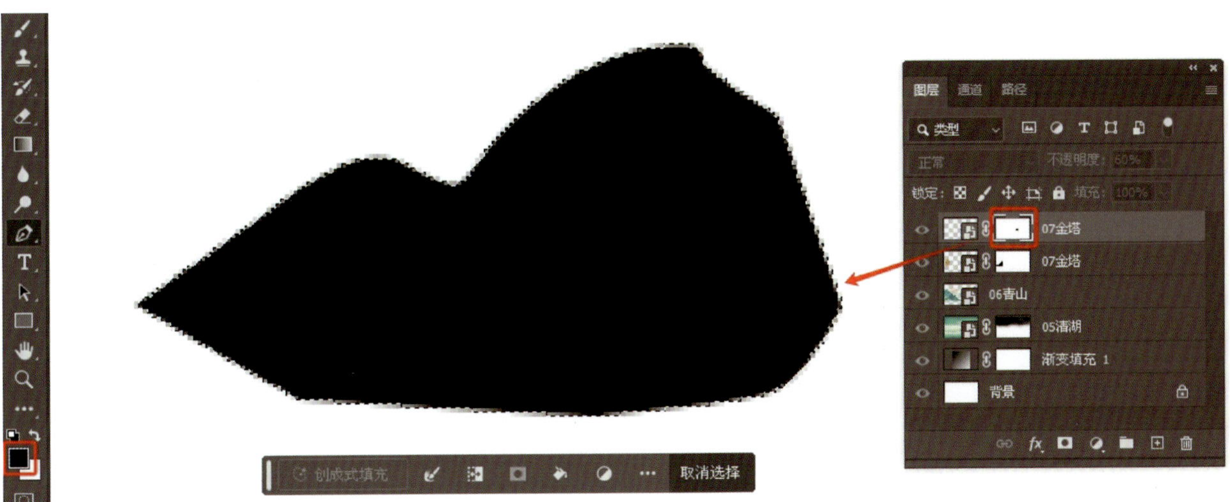

图 5-2-22　为图层蒙版填充黑色选区 2

4. 为金塔添加图层蒙版效果

将“07 金塔”图层的不透明度设置为“100%”，效果如图 5-2-23 所示。

图 5-2-23　为右侧金塔添加图层蒙版效果

八、置入烟雾素材

执行“文件”→“置入嵌入对象”命令，选择“素材 / 项目五素材 /08 烟雾 .png”文件，单击“置入”按钮，置入烟雾素材，将烟雾放置于页面下方，贴合青山边缘，如图 5-2-24 所示。按

【Enter】键完成置入。

图 5-2-24　置入烟雾效果

九、打开“09 仙鹤 .psd”文件

执行“文件”→“打开”命令，打开“素材 / 项目五素材 /09 仙鹤 .psd”文件，如图 5-2-25 所示。

图 5-2-25　打开仙鹤素材

十、为画面添加仙鹤

1. 添加仙鹤 1

选择“套索工具”，按住鼠标左键在页面中套选左上方的仙鹤，建立选区后按【Ctrl+C】组合键复

制仙鹤，返回“传统漫画风格设计”文件，按【Ctrl+V】组合键粘贴仙鹤，按【Ctrl+T】组合键调整仙鹤大小，并在上下文任务栏中将仙鹤水平翻转后放置于页面左上角，如图 5-2-26 所示。

图 5-2-26 添加仙鹤 1

2. 复制两只飞翔中的仙鹤

继续复制两只仙鹤并调整大小与方向，将其放置在太阳周围，效果如图 5-2-27 所示。

图 5-2-27 复制两只飞翔中的仙鹤

3. 完成仙鹤图层编组

依次在“09 仙鹤 .psd”文件中将另两只仙鹤复制至“传统漫画风格设计”文件中，调整大小后将其放置在页面的右下方，然后按【Ctrl】键依次选择五个仙鹤图层，按【Ctrl+G】组合键将仙鹤图层编组，并双击图层组，将其重命名为“仙鹤”，如图 5-2-28 所示。

图 5-2-28　完成仙鹤图层编组

十一、为画面添加祥云

1. 打开祥云素材

执行“文件”→“打开”命令，打开“素材 / 项目五素材 /10 祥云 .psd”文件，如图 5-2-29 所示。

图 5-2-29　打开祥云素材

2. 复制祥云

依次将“10 祥云 .psd”文件中的祥云复制至“传统漫画风格设计”文件中，复制多个并调整至合适大小后置于页面中，效果如图 5-2-30 所示。

3. 沿着青山边缘绘制闭合路径

选择左侧青山上方祥云图层，调整图层不透明度，使用“钢笔工具”沿着青山边缘绘制路径，在“路径”面板中将工作路径命名为“云朵”后，单击“路径”面板下方的“添加图层蒙版”按钮，如图 5-2-31 所示。

图 5-2-30　复制祥云

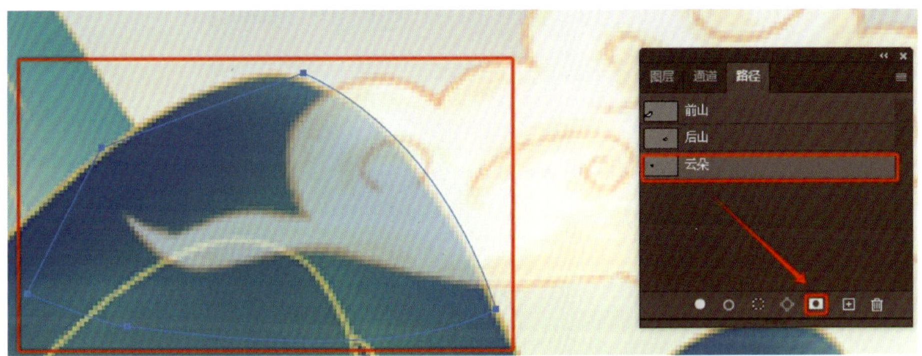

图 5-2-31　沿着青山边缘绘制闭合路径 3

4. 为祥云添加图层蒙版效果

返回“图层”面板，设置前景色为“黑色”，按住【Alt】键，用鼠标左键单击左侧青山上方祥云图层的图层蒙版，进入图层蒙版；按【Ctrl+Enter】组合键将路径转化为选区后，按【Alt+Delete】组合键将选区填允为“黑色”，单击图层缩览图返回图层模式，将不透明度调整为“100%”，效果如图 5-2-32 所示。

图 5-2-32　为祥云添加图层蒙版效果

5. 完成祥云图层编组

按【Ctrl】键依次选择五个祥云图层，按【Ctrl+G】组合键将祥云图层编组，并双击图层组，将其重命名为“祥云”，如图 5-2-33 所示。画面整体效果如图 5-2-1 所示。

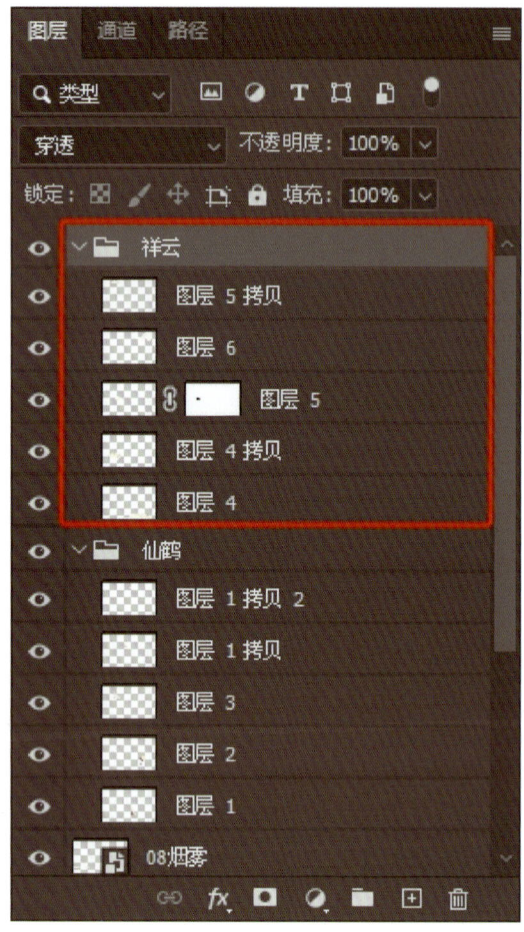

图 5-2-33　完成祥云图层编组

十二、保存文档

1. 存储文件

按【Ctrl+S】组合键，在弹出的“存储为”对话框中选择文件存储位置，文件名默认，保存类型为“Photoshop（*.PSD，*.PDD，*.PSDT）”，单击“保存”按钮保存该文档。

2. 导出文件

按【Alt+Shift+Ctrl+W】组合键，在弹出的“导出为”对话框中选择文件设置格式为“JPG”，其他数值默认，单击“导出”按钮，在“另存为”对话框中选择文件存储位置，文件名默认，单击“保存”按钮导出该文档。

任务三　写实漫画风格设计——Alpha 通道与图层蒙版

任务目标

1. 能使用“对象选择工具”抠取并复制图像。
2. 能使用“羽化选区”命令模糊图像边缘。
3. 能使用 Alpha 通道存储选区。
4. 能使用“内容识别”命令填充对象。
5. 能使用上下文任务栏扩展图像选区。
6. 能使用“通道”面板选取图像色彩范围。
7. 能使用图层建立选区蒙版并修改图像色彩。

任务描述

本任务使用“对象选择工具”抠取并复制海豚，使用 Alpha 通道存储选区，使用“填充”对话框的“内容识别”命令填充背景图层，复制多个海豚并置于合适的位置，使用通道建立色彩选区后，调整图层蒙版参数完成图 5-3-1 所示的写实漫画风格作品。要完成本任务，学习者除了需要掌握通道的基本操作之外，还需要学会调整图层并修改图像局部色彩的方法，以达到预期的写实漫画风格效果。

图 5-3-1　写实漫画风格——海豚

相关知识

一、羽化

羽化可使像素选区的边缘变得模糊，有助于所选区域与周围像素的融合。将图像载入选区后，执行“选择”→“修改”→“羽化”命令，或按【Shift+F6】组合键，在弹出的“羽化选区”对话框中设置羽化半径的数值后单击“确定”按钮即可完成羽化，效果如图 5-3-2 所示。

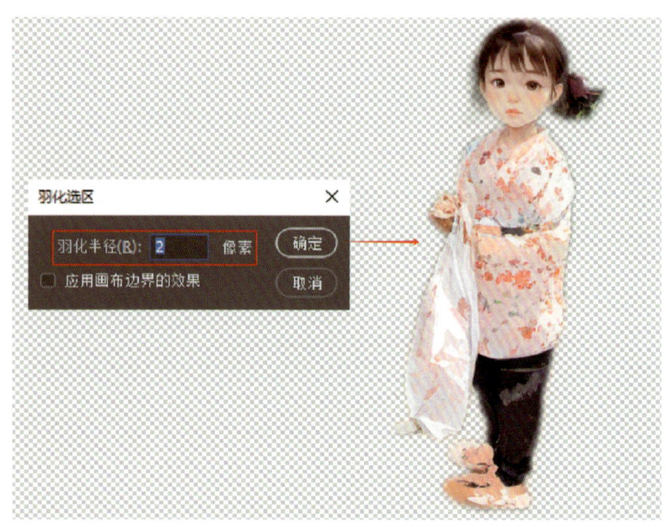

图 5-3-2 羽化图像

二、Alpha 通道

Alpha 通道是“非彩色”通道。Alpha 通道是为保存选择区域而专门设计的通道，在生成一个图像文件时并不是必须产生 Alpha 通道。在 Alpha 通道中，白色代表选区，黑色代表非选区，灰度图像代表有一定羽化效果的选区，如图 5-3-3 所示。

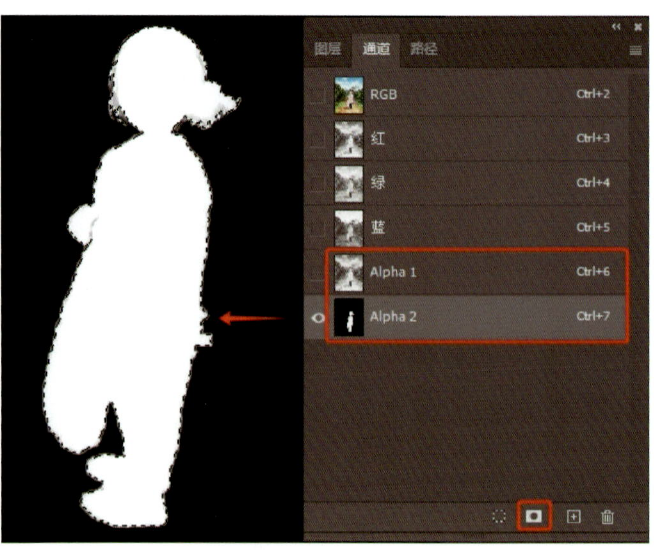

图 5-3-3 Alpha 通道

三、颜色通道

一张图片被建立或者打开以后系统会自动为其创建颜色通道。在 Photoshop 中，编辑图像实际上就是在编辑颜色通道。这些通道把图像分解成一个或多个色彩成分，图像的模式决定了颜色通道的数量，RGB 模式有 R、G、B 三个颜色通道，CMYK 图像有 C、M、Y、K 四个颜色通道，灰度图只有一个颜色通道，它们包含了所有将被打印或显示的颜色。查看单个颜色通道的图像时，图像窗口中显示的是没有颜色的灰度图像，通过编辑灰度图像，可以更好地掌握各个通道原色的亮度变化，如图 5-3-4 所示。

图 5-3-4　显示单个颜色通道的图像

四、内容识别填充

内容识别填充的原理是 Photoshop 软件自动分析周围图像的特点，将图像进行拼接组合后填充在该区域并进行融合，从而达到快速无缝的拼接效果。执行“编辑”→“内容识别填充”命令，或执行“编辑”→“填充”命令，在弹出的“填充”对话框中，将内容选择为“内容识别”即可完成内容识别填充，如图 5-3-5 所示。

任务实施

一、打开 Photoshop 文档

启动 Photoshop 应用程序后，按【Ctrl+O】组合键打开“打开文档”对话框，选择“素材 / 项目五素材 /11 海豚 .jpg”文件，单击“打开”按钮，打开海豚文件，如图 5-3-6 所示。

二、复制背景图层

在“图层”面板中选中背景图层，按【Ctrl+J】组合键复制背景图层并命名为“图层 1”，如图 5-3-7 所示。

图 5-3-5　内容识别填充效果

图 5-3-6　打开海豚文件

图 5-3-7　复制背景图层

三、将右侧海豚载入选区

1. 载入选区

选择“对象选择工具”，用鼠标左键单击右侧海豚，将整个海豚载入选区，如图 5-3-8 所示。

2. 羽化选区

按【Shift+F6】组合键，在弹出的“羽化选区”对话框中设置羽化半径的数值为“0.5”像素，如图 5-3-9 所示。单击“确定”按钮完成设置。

四、载入 Alpha 通道

打开“通道”面板，在“通道”面板下方单击“将选区存储为通道”按钮，将海豚选区存储为 Alpha 通道，如图 5-3-10 所示。

图 5-3-8　将右侧海豚载入选区

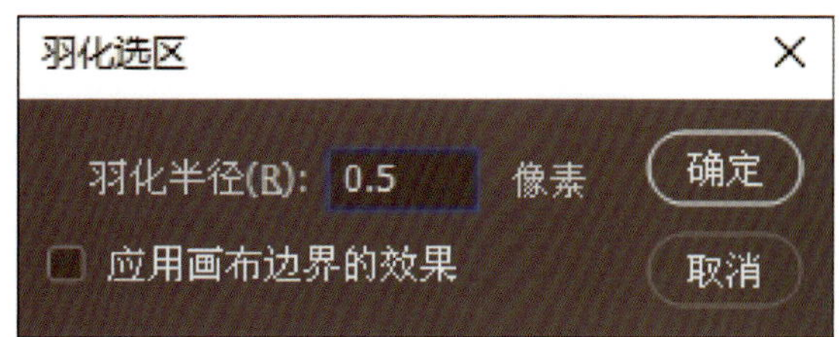

图 5-3-9　羽化选区

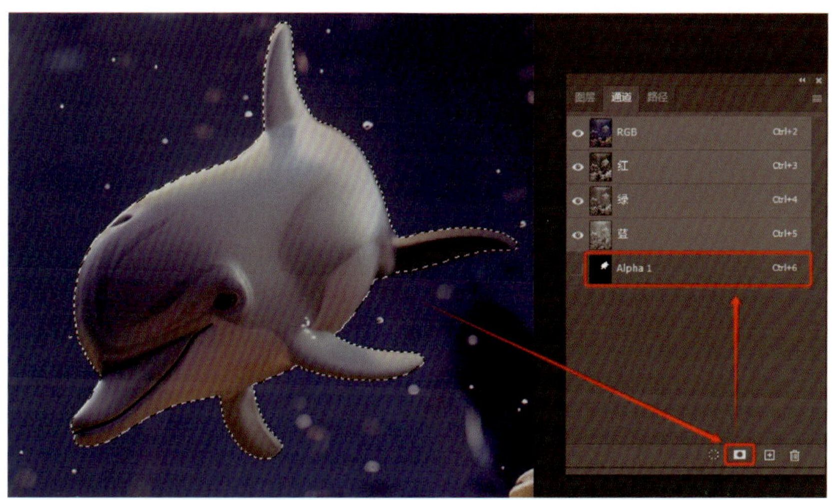

图 5-3-10　载入 Alpha 通道

五、复制海豚

返回“图层”面板中选中“图层 1”，按【Ctrl+J】组合键复制海豚选区为“图层 2”新图层，如图 5-3-11 所示。

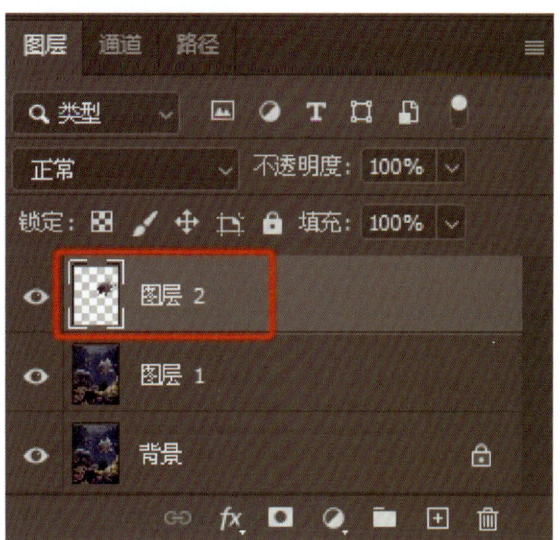

图 5-3-11　复制海豚

六、对“图层 1”进行内容识别填充

1. 载入海豚选区

选择“通道”面板，用鼠标左键单击“Alpha 通道”，再单击“将通道作为选区载入”图标，将海豚重新载入选区，如图 5-3-12 所示。

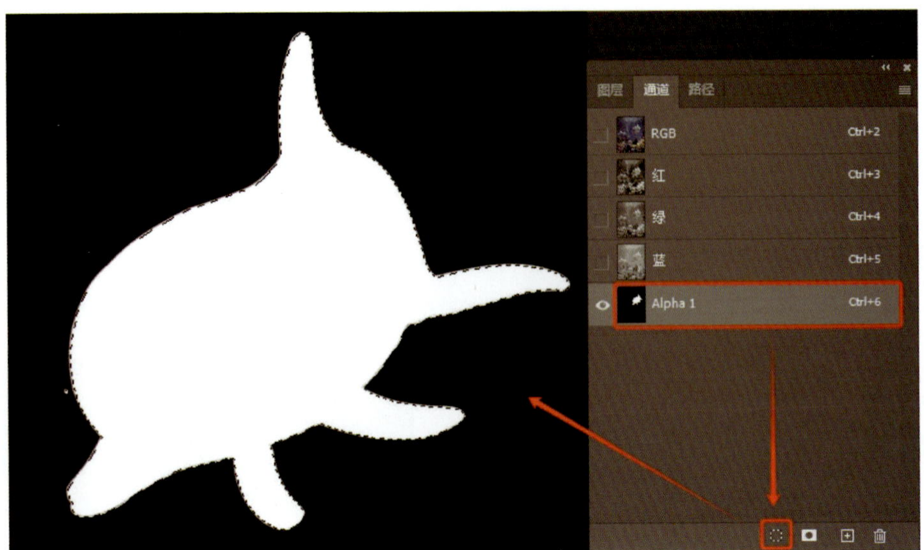

图 5-3-12　载入海豚选区

2. 扩展选区

单击 RGB 通道显示“红”“绿”“蓝”三个通道，返回“图层”面板，在上下文任务栏中单击“修改选区”图标，从弹出的选项卡中选择“扩展选区”，如图 5-3-13 所示。

图 5-3-13　扩展选区

3. 设置扩展量

在“扩展选区”对话框中设置扩展量为“15”像素，如图 5-3-14 所示。

4. 隐藏“图层 2”

扩展海豚选区后，在“图层”面板中隐藏“图层 2”，如图 5-3-15 所示。

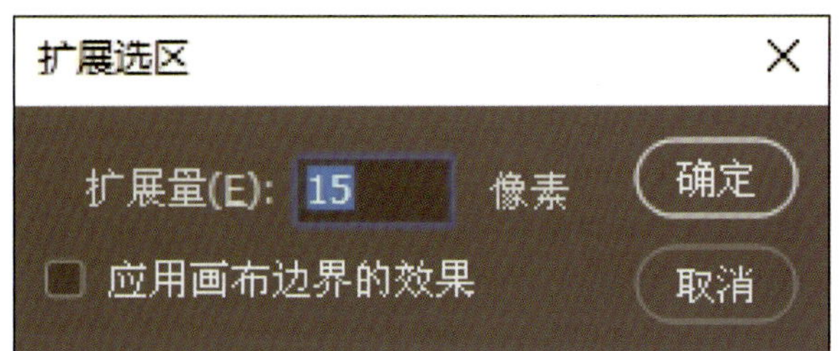

图 5-3-14　设置扩展量

图 5-3-15　扩展海豚并隐藏“图层 2”

5. 内容识别填充

在“图层”面板中选择“图层 1”，执行“编辑”→“填充”命令，在弹出的“填充”对话框中，将内容设置为“内容识别”，单击“确定”按钮完成内容填充，效果如图 5-3-16 所示。按【Ctrl+D】组合键取消选区。

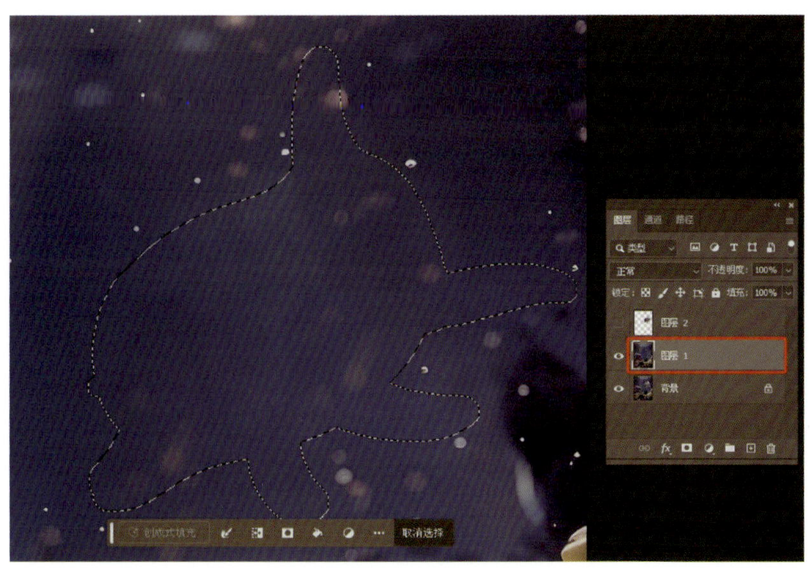

图 5-3-16　内容识别填充

七、复制多个海豚

1. 转换为智能对象

在“图层”面板中显示“图层 2”后，右键单击“图层 2”，在弹出的命令中，选择“转换为智能对象”命令，如图 5-3-17 所示。

2. 放大移动海豚

按【Ctrl+T】组合键，将海豚放大并移动至页面右下方后，按【Enter】键完成放大移动，效果如图 5-3-18 所示。

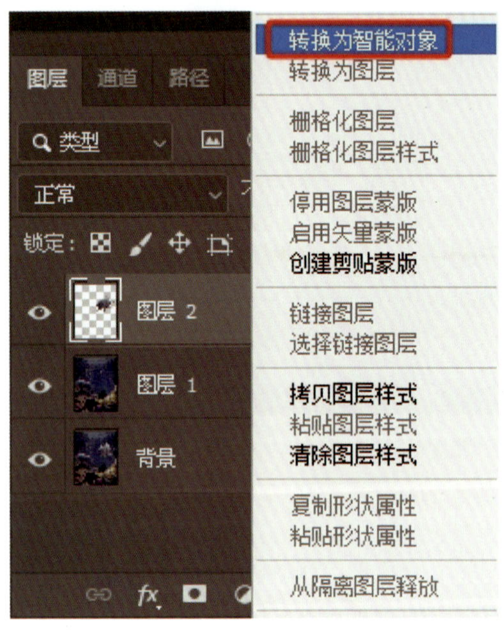

图 5-3-17 转换为智能对象

图 5-3-18 放大移动海豚

3. 复制海豚

选择“图层 2”，按【Ctrl+J】组合键复制图层，得到“图层 2 拷贝”图层，按【Ctrl+T】组合键调整大小，并在上下文任务栏中单击“水平翻转”按钮，将海豚置于左侧海豚上方的位置，按【Enter】键完成海豚的自由变换，效果如图 5-3-19 所示。

4. 复制多个海豚图层

选择“图层 2 拷贝”图层，连续按【Ctrl+J】组合键复制两个海豚图层，然后按【Ctrl+T】组合键调整海豚大小并水平翻转后，将海豚放置在合适的位置，按【Enter】键完成多个海豚的自由变换，如图 5-3-20 所示。

八、盖印可见图层

按【Shift+Ctrl+Alt+E】组合键，将所有图层盖印为“图层 3”，如图 5-3-21 所示。

图 5-3-19　复制海豚

图 5-3-20　复制多个海豚图层

九、载入红色通道选区

1. 将红色通道载入选区

打开“通道”面板，在“通道”面板中选择“红”通道后单击“将通道作为选区载入”按钮，将红色通道载为选区，如图 5-3-22 所示。

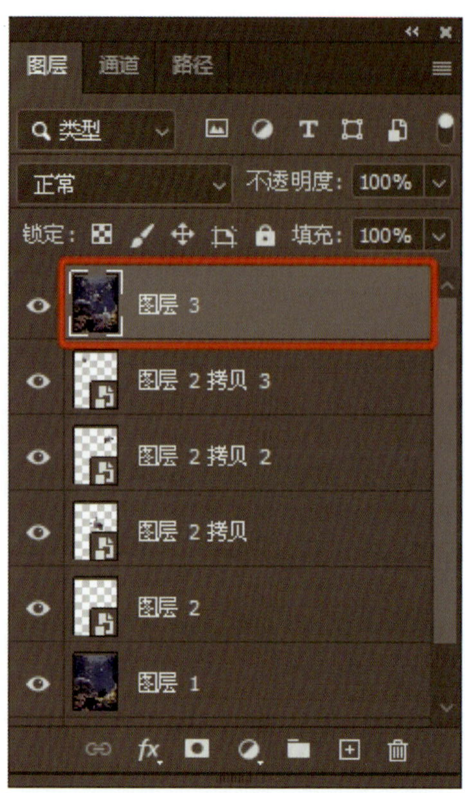

图 5-3-21　盖印可见图层

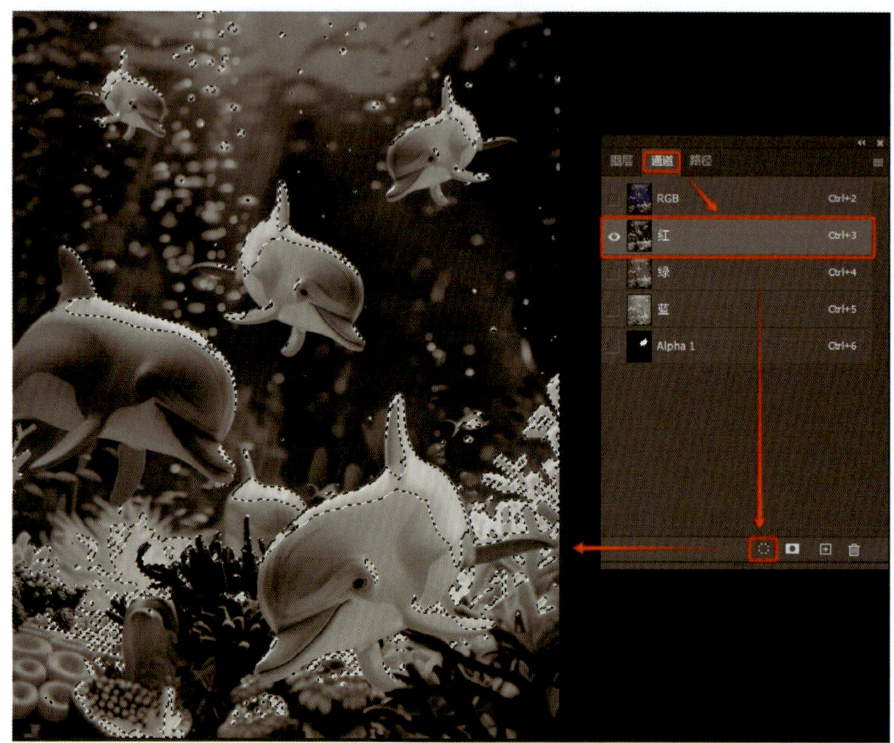

图 5-3-22　将红色通道载入选区

2. 单击 RGB 通道

载入选区后单击 RGB 通道，全选“红”“绿”“蓝”三个通道，如图 5-3-23 所示。

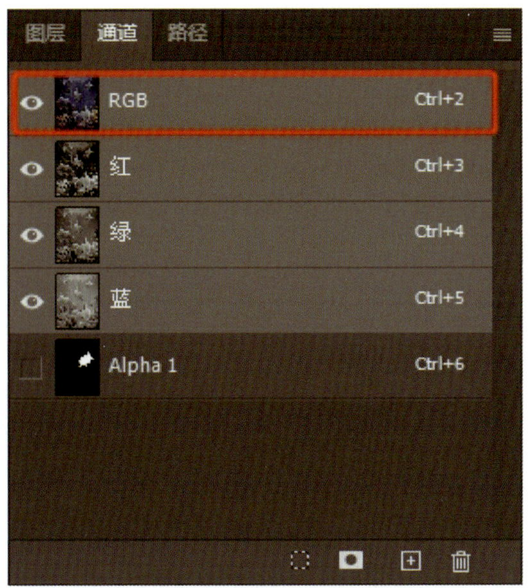

图 5-3-23　单击 RGB 通道

十、调整红色通道选区的色相 / 饱和度

1. 创建色相 / 饱和度调整图层

返回“图层”面板，单击“创建新的填充或调整图层”按钮，选择“色相 / 饱和度”命令，创建具有红色通道选区蒙版的色相 / 饱和度调整图层，如图 5-3-24 所示。

图 5-3-24　创建色相 / 饱和度调整图层

2. 设置色相 / 饱和度数值

在“属性”面板中设置色相数值为“-30”，饱和度数值为“+ 60”，明度数值为“+ 18”，如图 5-3-25 所示。

图 5-3-25　设置色相 / 饱和度数值

十一、调整蓝色通道选区的色相 / 饱和度

1. 将蓝色通道载入选区

打开“通道”面板，在“通道”面板中选择“蓝”通道后单击“将通道作为选区载入”按钮，将蓝色通道载为选区，如图 5-3-26 所示。

2. 调整蓝色通道选区的色相 / 饱和度效果

返回“图层”面板，单击“创建新的填充或调整图层”按钮，选择“色相 / 饱和度”命令，创建具有蓝色通道选区蒙版的色相 / 饱和度调整图层。在“属性”面板中设置色相数值为“+ 12”，饱和度数值为“+ 60”，明度数值为“+ 25”，如图 5-3-27 所示。

十二、调整蓝色通道选区的曲线

打开“通道”面板，在“通道”面板中选择“蓝”通道后单击“将通道作为选区载入”按钮，将蓝色通道载入选区。返回“图层”面板，单击“创建新的填充或调整图层”按钮，选择“曲线”命令，创建具有蓝色通道选区蒙版的曲线图层。在“属性”面板中将直线上的点拉至上方（输入为“80”，输出为“142”），完成图像蓝色区域整体亮度调整，如图 5-3-28 所示。

图 5-3-26　将蓝色通道载入选区

图 5-3-27　调整蓝色通道选区的色相 / 饱和度效果

图 5-3-28　调整蓝色通道选区的曲线效果

十三、保存文档

1. 存储文件

按【Ctrl+S】组合键，在弹出的“存储为”对话框中选择文件存储位置，文件名修改为“写实漫画风格设计”，保存类型为“Photoshop（*.PSD，*.PDD，*.PSDT）”，单击“保存”按钮保存该文档。

2. 导出文件

按【Alt+Shift+Ctrl+W】组合键，在弹出的“导出为”对话框中选择文件设置格式为“JPG”，其他数值默认，单击“导出”按钮，在“另存为”对话框中选择文件存储位置，文件名默认，单击“保存”按钮导出该文档。

项目六

动漫特效设计——滤镜的应用

本项目通过角色特效设计、场景特效设计和道具特效设计的任务实例，介绍了 Photoshop 中的风格化滤镜组与图层混合模式、模糊画廊与光影效果、模糊滤镜的应用，重点讲解了滤镜的基础使用方法。

任务一　角色特效设计——风格化滤镜与图层混合模式

任务目标

1. 能使用风格化滤镜组编辑图像。
2. 能将普通图层转换为智能滤镜图层。
3. 能使用高斯模糊滤镜编辑图像。
4. 能使用图层混合模式编辑图像。

任务描述

本任务通过应用风格化滤镜组、高斯模糊滤镜等和图层混合模式来制作图 6-1-1 所示的角色特效。要完成本任务，学习者除了需要学习使用滤镜来实现图像的特殊效果外，还需要掌握在图层中使用图层混合模式编辑图像的方法。

图 6-1-1　角色特效设计——发光鹿

相关知识

一、风格化滤镜组

风格化滤镜组主要是通过移动、置换或拼贴图像的像素并提高图像像素的对比度来产生特殊效果。

风格化滤镜组能够添加多个滤镜，制作出多种滤镜混合的效果。

执行“滤镜”→“风格化”命令，在子菜单中可以看到九种滤镜命令，如图 6-1-2 所示。

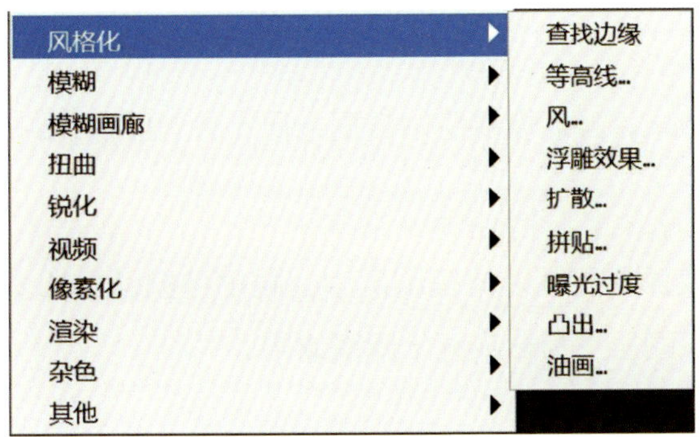

图 6-1-2　风格化滤镜组

1. 查找边缘滤镜

查找边缘滤镜可以查找图像中主色块颜色变化的区域，并将查找到的边缘轮廓描边，使图像轮廓看起来如同用线稿描边。

2. 等高线滤镜

等高线滤镜可以沿图像的亮部区域和暗部区域的边界绘制颜色比较浅的线条，使图像产生等高线的效果。

3. 风滤镜

风滤镜可以将图像的边缘像素进行位移，在其对话框中可以设置风吹效果样式以及风吹方向，使图像产生风吹细砂的效果。

4. 浮雕效果滤镜

浮雕效果滤镜可以降低周围的颜色值，勾画出图像中颜色差异较大的边界，并使其凸起或凹陷，使图像产生浮雕的效果。

5. 扩散滤镜

扩散滤镜可以使像素在一定区域内发生混乱，使图像产生像透过磨砂玻璃观察一样的模糊柔化效果。

6. 拼贴滤镜

拼贴滤镜可以根据对话框中设定的值将图像分成小块，使整幅图像看起来像瓷砖拼贴。

7. 曝光过度滤镜

曝光过度滤镜可以混合负片和正片图像，使图片看起来像在显影过程中将摄影照片短暂曝光的效果。

8. 凸出滤镜

凸出滤镜可以将图像解构成数量不等，但大小相同并有机叠放的凸出的立体方块。

9. 油画滤镜

油画滤镜可以使图像产生类似油画的笔触效果。

二、智能滤镜

智能滤镜既能生成滤镜效果，又能恢复原始数据，且不会对图像的原始数据造成损坏。

1. 添加智能滤镜

将“滤镜”菜单中的滤镜添加到智能滤镜图层中，程序会自动添加一个智能滤镜效果蒙版，并且每添加一个滤镜就会自动在该图层下方形成一个滤镜效果。

2. 遮盖智能滤镜

智能滤镜所包含的蒙版与图层蒙版完全相同，编辑蒙版可以有选择性地遮盖智能滤镜，让滤镜只对图像的一部分产生影响。单击智能滤镜的蒙版将其选中，可以用黑色绘制遮盖某处滤镜效果，用白色绘制显示某处滤镜效果。

3. 重新排列智能滤镜

当一个图层包含多个智能滤镜时，在智能滤镜列表中上下拖动滤镜可以重新排列顺序，Photoshop 会按照由下而上的顺序重新应用滤镜，从而使图像效果发生新的改变。

4. 显示与隐藏智能滤镜

如果要隐藏某个智能滤镜，可以单击滤镜左侧的眼睛图标；如果要隐藏应用于智能对象图层的所有智能滤镜，则单击智能滤镜左侧的眼睛图标，或执行“图层”→“智能滤镜”→“停用智能滤镜”命令。如果要重新显示智能滤镜，可在滤镜左侧的眼睛图标处再次单击。

5. 删除智能滤镜

如果要删除单个智能滤镜，可将其拖动到“图层”面板中的“删除图层”按钮上；如果要删除应用于智能对象的所有智能滤镜，可以选择该智能对象图层，然后执行“图层”→“智能滤镜”→“清除智能滤镜”命令。

小贴士

双击智能滤镜名称右侧的图标，可以在弹出的对话框中重新修改智能滤镜的不透明度和混合模式。

任务实施

一、打开文档

按【Ctrl+O】组合键，弹出“打开”对话框，在对话框中选择“素材 / 项目六素材 /01 鹿 .jpg”，然后单击“打开”按钮，打开图像文件，如图 6-1-3 所示。

图 6-1-3　选择打开的文件

二、制作夜景效果

用鼠标右键单击“图层”面板下方的“创建新的填充或调整图层”按钮，在弹出的选项卡中选择“颜色查找”，然后在“属性”面板的“3DLUT 文件”中选择“NightFromDay.CUBE”选项，如图 6-1-4 所示，将画面制作成夜景的效果，如图 6-1-5 所示。

图 6-1-4　在“属性”面板中选择“NightFromDay.CUBE”选项

图 6-1-5　制作成夜景的效果

三、创建选区

1. 创建鹿身选区

单击“颜色查找 1”图层的“切换图层可见性”图标，隐藏该图层；接着单击并选中“背景”图层，按【Ctrl+J】组合键复制图层，将“背景”图层复制为“背景 拷贝”图层，如图 6-1-6 所示。执行“选择”→“主体”命令，将鹿选中变为选区，如图 6-1-7 所示。

图 6-1-6　将“背景”图层复制为“背景 拷贝”图层

图 6-1-7　将鹿选中变为选区

选择“套索工具”，在工具属性栏上设置“从选区减去”，如图 6-1-8 所示；然后按住鼠标右键并沿着鹿角周边拖拽，将鹿角部分从选区减去，保留鹿身选区，如图 6-1-9 所示。

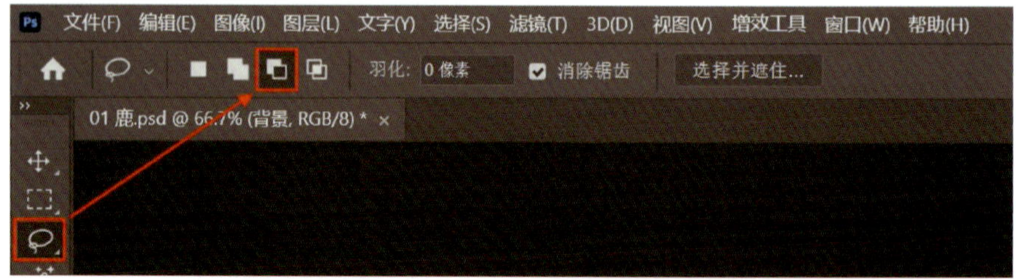

图 6-1-8　设置“套索工具”属性为“从选区减去”

图 6-1-9　创建鹿身选区

执行“选择”→“修改”→“羽化”命令，在弹出的对话框中输入羽化半径为“2”像素，如图 6-1-10 所示。

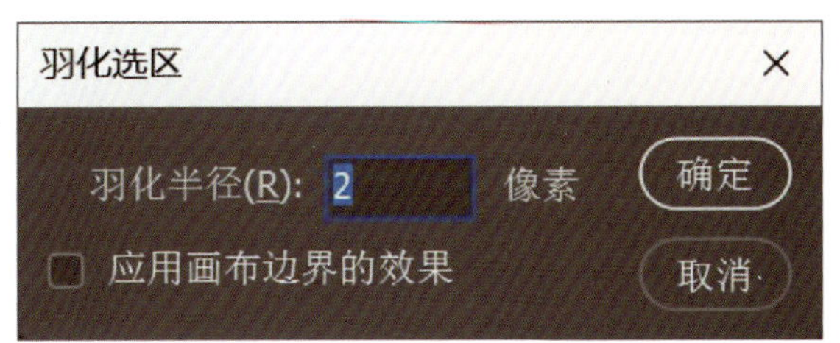

图 6-1-10　设置羽化选区参数

在“图层”面板下方单击“图层蒙版”图标，将鹿角及背景色以蒙版方式隐藏，然后将“背景 拷贝”图层重命名为“鹿身”图层，如图 6-1-11 所示。单击“背景”图层左边的“切换图层可见性”图标，隐藏该图层，效果如图 6-1-12 所示。

图 6-1-11　为图层创建蒙版并命名为“鹿身”

图 6-1-12　将鹿角及背景应用图层蒙版的效果

2. 创建鹿角选区

单击选中“背景”图层，按【Ctrl+J】组合键复制图层，将“背景”图层复制为“背景 拷贝”图层。显示该图层并拖动到“鹿身”图层上方，如图 6-1-13 所示。

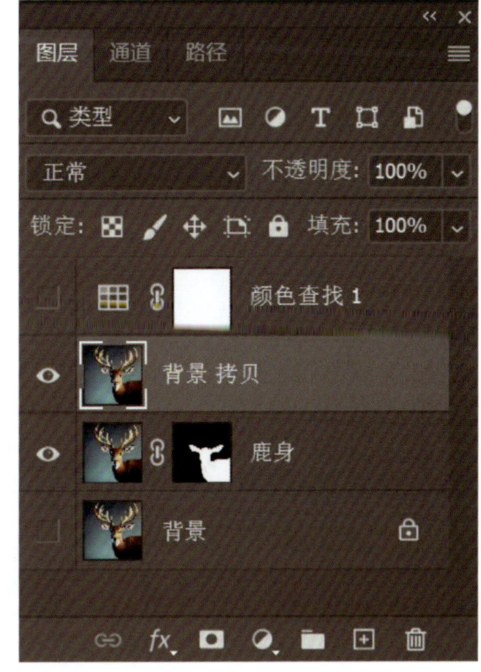

图 6-1-13　复制“背景”图层为“背景 拷贝”图层

单击上下文任务栏中的“选择主体”按钮 选择主体 ，将鹿选中变为选区。选择“套索工具”，在工具属性栏上设置“从选区减去”，然后按住鼠标右键并拖拽鼠标，将鹿身部分从选区减去，保留鹿角，如图 6-1-14 所示。

选择“魔棒工具”，在工具属性栏上设置“从选区减去”，容差为“50”，将鹿角选区内含有背景色的部分从选区减去，如图 6-1-15 和图 6-1-16 所示。

执行“选择”→“修改”→“羽化”命令，在弹出的对话框中输入羽化半径“2”像素。单击“图层”面板下方的“图层蒙版”图标，将鹿身及背景色隐藏，然后将“背景 拷贝”图层命名为“鹿角”图层，如图 6-1-17 所示。

单击“鹿身”图层左边的“切换图层可见性”图标，隐藏该图层，效果如图 6-1-18 所示。

图 6–1–14　创建鹿角选区

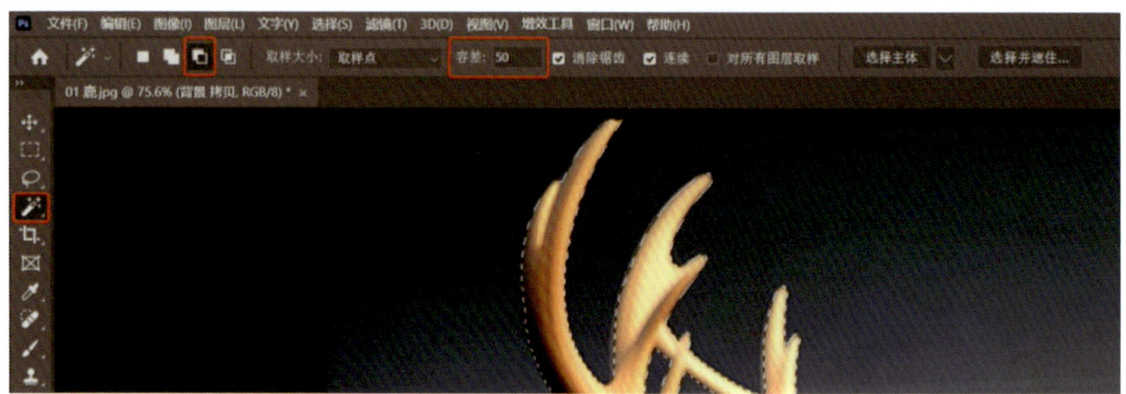

图 6–1–15　设置“魔棒工具”属性及参数

图 6–1–16　将鹿角选区内含有背景色的部分从选区减去

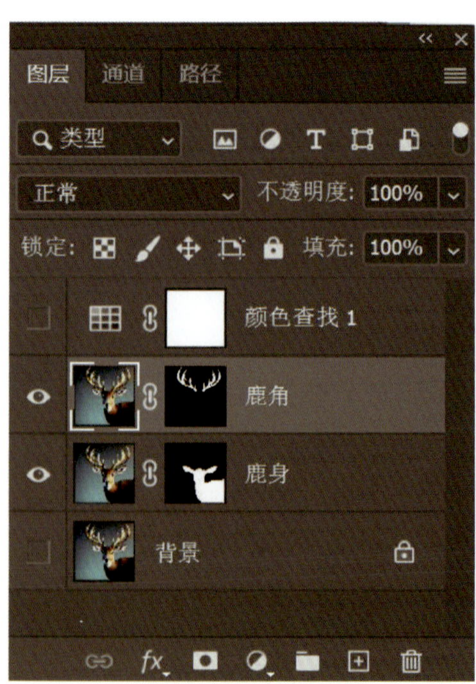

图 6–1–17　为图层创建蒙版并命名为“鹿角”

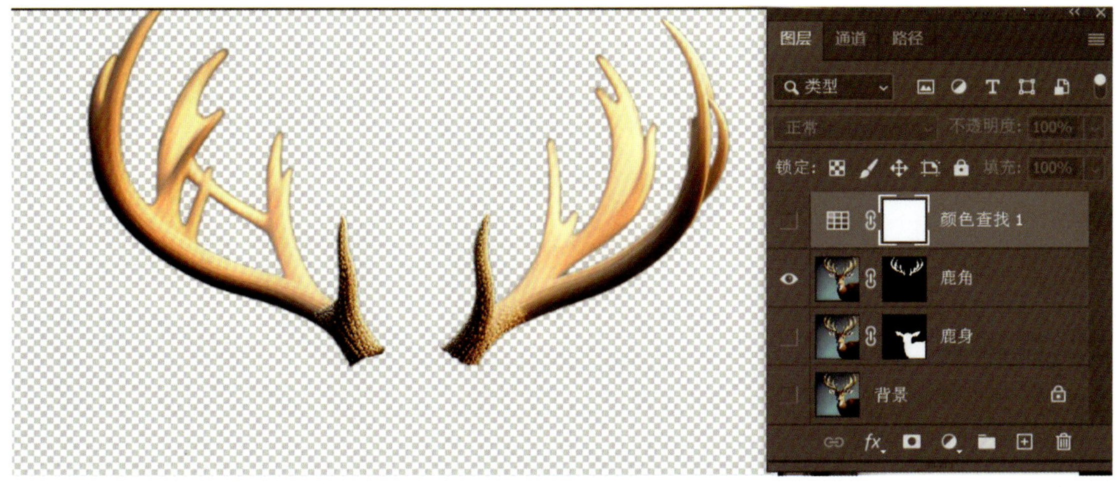

图 6-1-18　将鹿身及背景应用图层蒙版的效果

四、制作发光效果

1. 制作鹿角发光效果

在图层最上方创建“组 1”，并把“鹿角”图层拖到“组 1”当中。分别单击“颜色查找 1”、“背景”图层左边的“切换图层可见性”图标，显示图层，如图 6-1-19 所示。

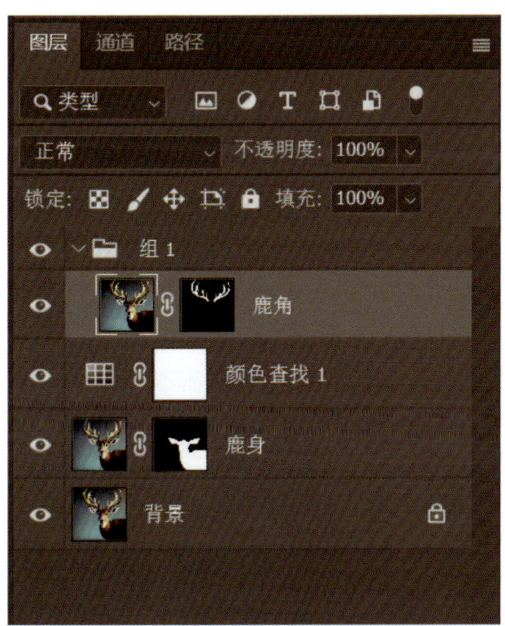

图 6-1-19　在图层最上方创建图层组

按【Ctrl+J】组合键将“鹿角”图层复制为“鹿角 拷贝”图层，将图层混合模式设置为“滤色”，如图 6-1-20 所示。再次按【Ctrl+J】组合键复制“鹿角 拷贝”图层为“鹿角 拷贝 2”，然后执行“滤镜”→“转换为智能滤镜”命令，将“鹿角 拷贝 2”图层转换为智能对象图层，如图 6-1-21 所示。

图 6-1-20　设置图层混合模式

图 6-1-21　将普通图层转换为智能对象图层

执行“滤镜”→“模糊”→“高斯模糊”命令，在弹出的对话框中设置高斯模糊半径为“70.0”像素，如图 6-1-22 所示。

复制“鹿角 拷贝 2”图层为“鹿角 拷贝 3”图层，双击“高斯模糊”效果图层，在弹出的对话框中设置高斯模糊半径为“20.0”像素，如图 6-1-23 所示。

在“组 1”图层上方新建“图层 1”，按【Alt+Ctrl+G】组合键创建剪贴蒙版。设置前景色为“橙色（R255，G147，B96）”，按【Alt+Delete】组合键填充前景色，将图层混合模式设置为“滤色”、不透明度设置为“40%”，如图 6-1-24 所示。

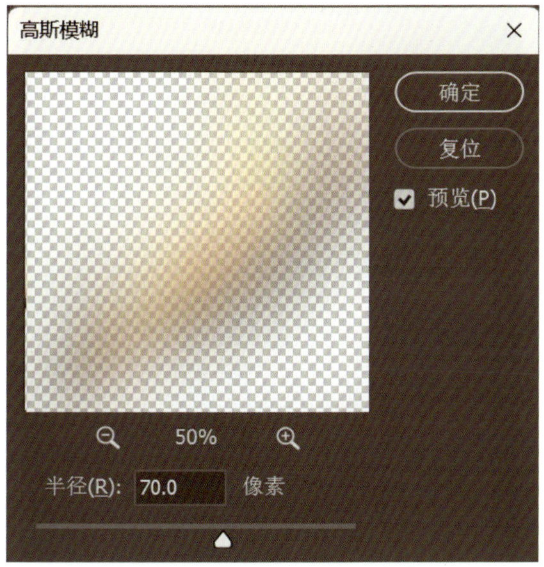

图 6-1-22　设置高斯模糊滤镜参数

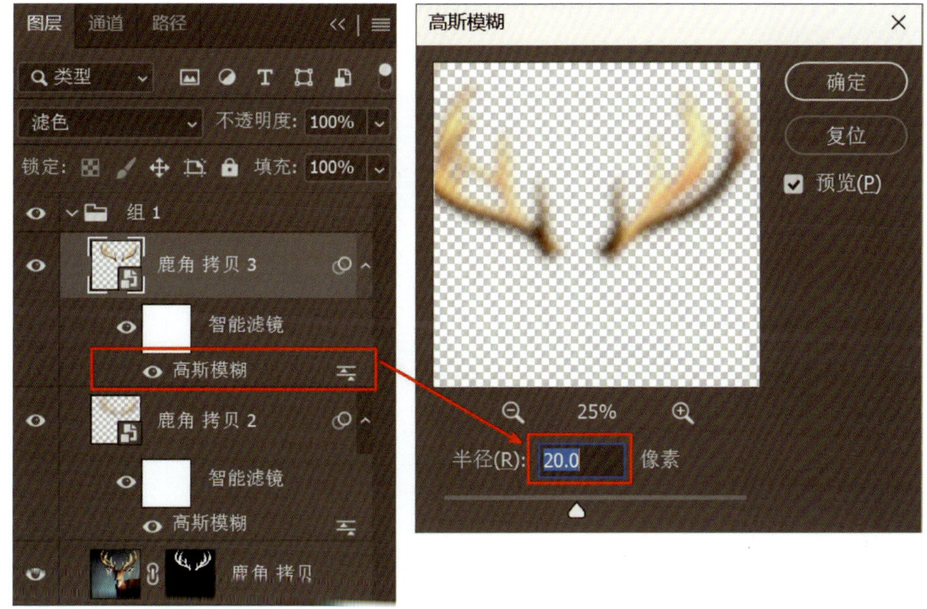

图 6-1-23　复制图层并设置高斯模糊滤镜参数

2. 制作鹿身受光效果

按住【Ctrl】键的同时单击“鹿身”图层的蒙版缩览图，建立鹿身选区。选中“颜色查找 1”图层，将前景色设置为“黑色”。选择“画笔工具”，在工具属性栏上设置合适的画笔大小及不透明度参数，然后在鹿身上涂抹，将鹿身选区受光面提亮，效果如图 6-1-25 所示。按【Ctrl+D】组合键取消选区。

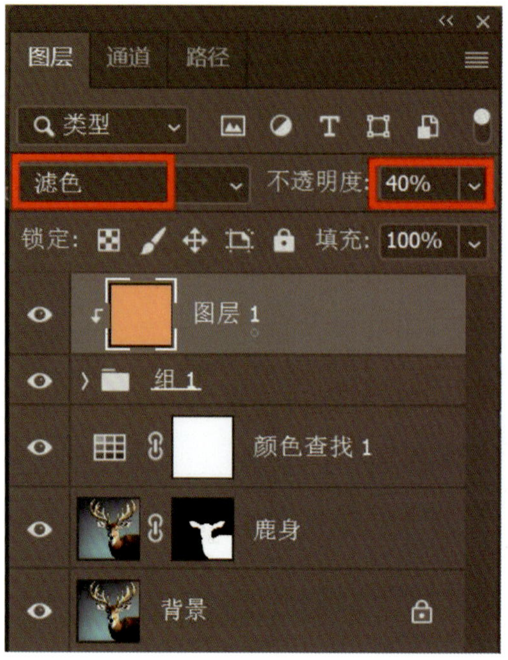

图 6-1-24　设置图层混合模式及参数

图 6-1-25　将鹿身选区受光面提亮的效果

选中“鹿身”图层，单击“创建新的填充或调整图层”图标，在弹出的选项卡中选择“曲线”，此时会弹出“属性”面板。单击该面板上的曲线增加一个控制点激活其属性，然后设置参数，输入为“145”、输出为“122”，将画面适当调暗一些，如图 6-1-26 所示。

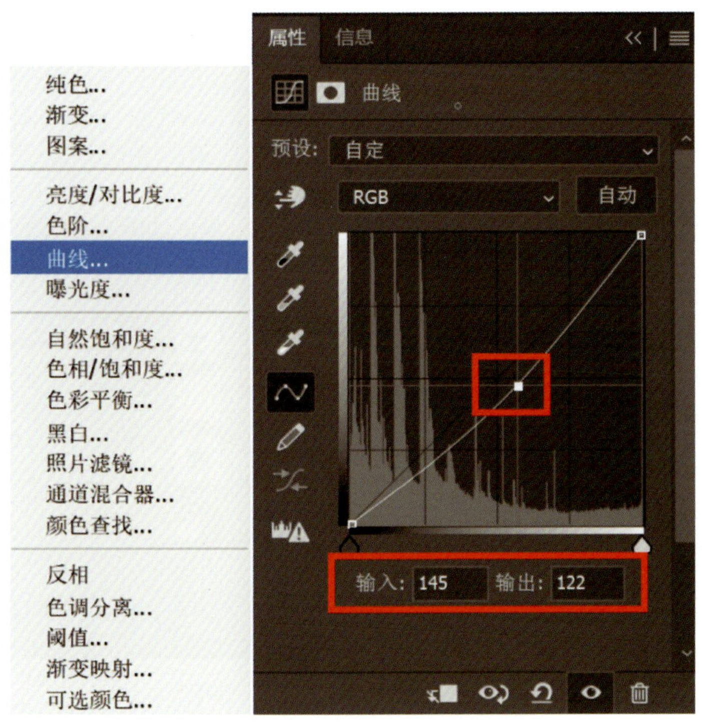

图 6-1-26　在“属性”面板上设置参数

选择“渐变工具”，在工具属性栏上设置“前景色到背景色渐变”“径向渐变”，在鹿头上单击并向右下角拖拽鼠标进行径向渐变，如图 6-1-27 所示。

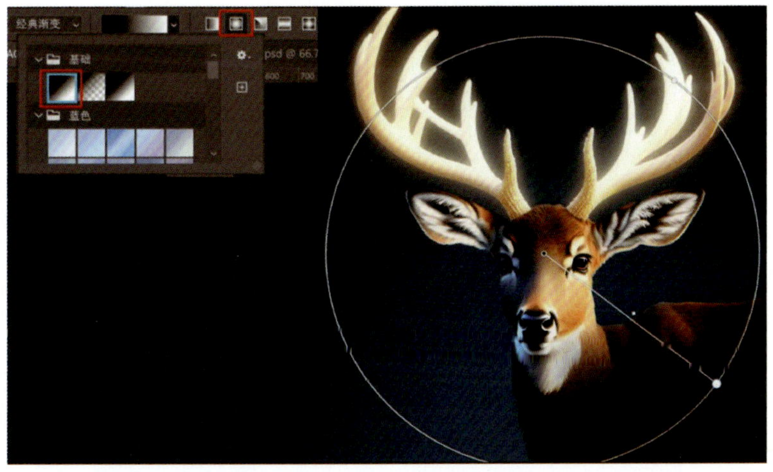
图 6-1-27　执行径向渐变的效果

3. 调整颜色

单击“图层”面板下方的“创建新的填充或调整图层”图标，选择“色彩平衡”，在色调中选择“阴影”，将青色—红色设置为“-10”、洋红—绿色设置为“0”、黄色—蓝色设置为“+ 15”，如图 6-1-28 所示。

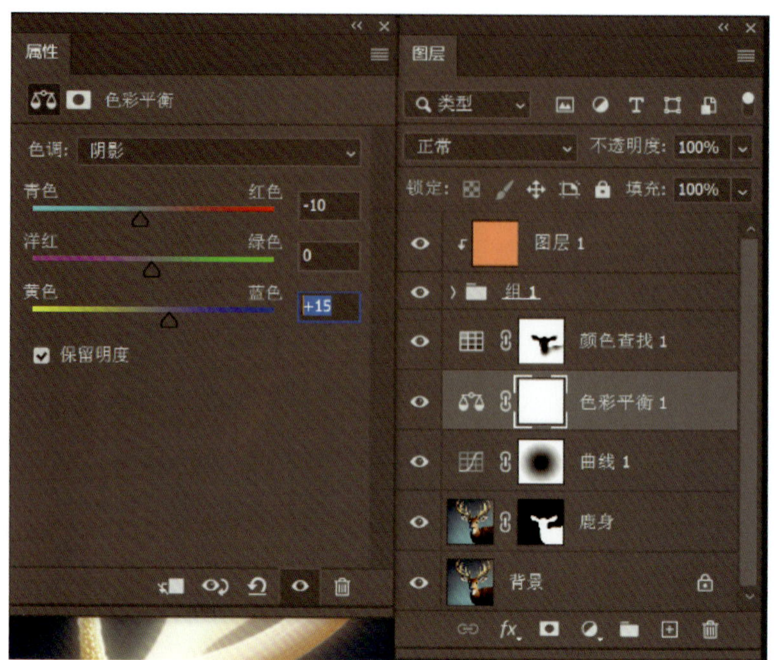

图 6-1-28　在“属性”面板上设置“阴影”参数

选中“图层 1”图层，单击“创建新的填充或调整图层”图标，选择“色彩平衡”，在色调中选择“高光”，将数值设置为“+ 15”“0”“-10”，如图 6-1-29 所示。

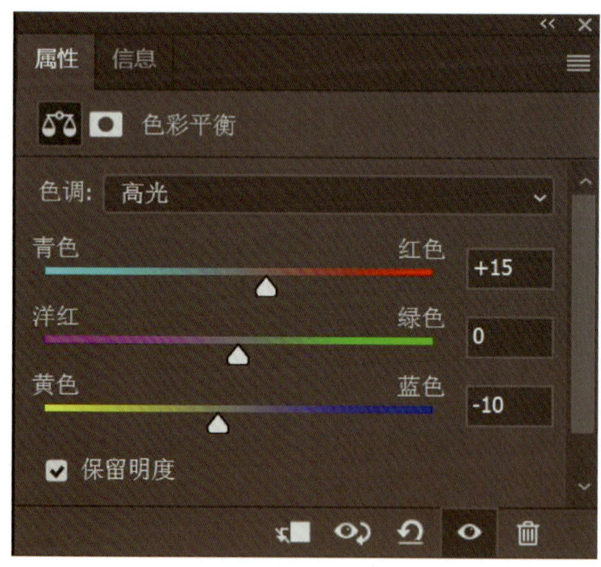

图 6-1-29　在“属性”面板上设置“高光”参数

五、制作背景效果

将前景色设为“乳白色（R251，G237，B211）”、背景色设为“深蓝色（R0，G51，B88）”，选中“背景”图层，按【Ctrl+Delete】组合键填充背景色。执行“滤镜”→“风格化”→“拼贴”命令，在弹出的“拼贴”对话框中设置拼贴数为“25”，最大位移为“7”%，填充空白区域用“前景颜色”，如图 6-1-30 所示，单击“确定”按钮完成设置，效果如图 6-1-31 所示。

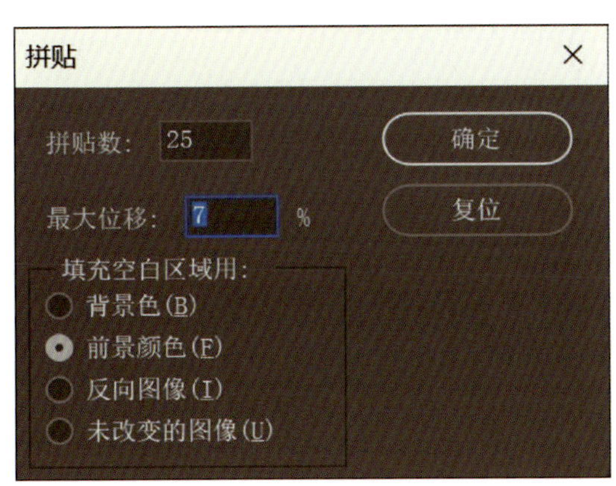

图 6-1-30　设置拼贴滤镜参数

图 6-1-31　应用拼贴滤镜的效果

执行“滤镜”→“风格化”→“浮雕效果”命令，在弹出的对话框中设置角度为“135”度、高度为“13”像素、数量为“160”%，如图 6-1-32 所示。单击“确定”按钮完成设置，最终效果如图 6-1-1 所示。

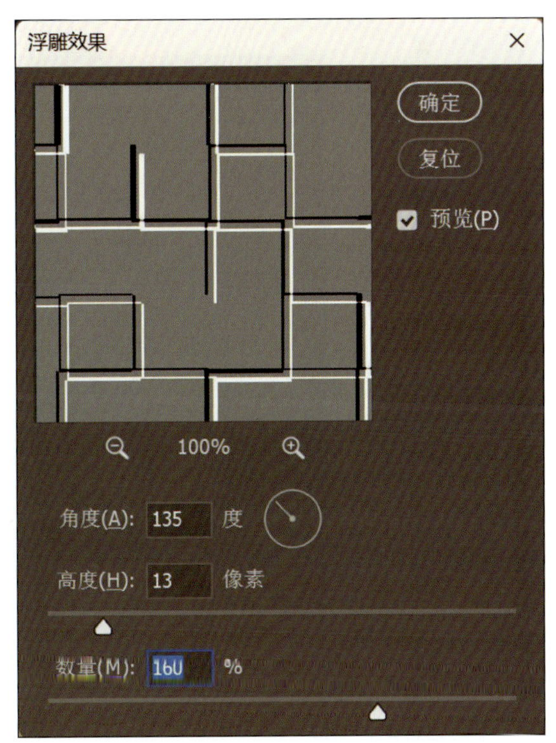

图 6-1-32　设置浮雕效果滤镜参数

六、保存文档

1. 存储文件

执行“文件”→“存储为”命令，在弹出的“存储为”对话框中选择文件存储位置，文件名默认，保存类型为“Photoshop (*.PSD，*.PDD，*.PSDT)”，单击“保存”按钮保存该文档。

2. 导出文件

执行“文件”→“导出”→“导出为”命令，在弹出的“导出为”对话框中选择文件设置格式为“JPG”，其他数值默认，单击“导出”按钮，弹出“另存为”对话框，在“另存为”对话框中选择文件存储位置，文件名默认，单击“保存”按钮导出该文档。

任务二　场景特效设计——模糊画廊与光影效果

任务目标

1. 能使用模糊画廊滤镜组编辑图像。
2. 能使用渲染滤镜组编辑图像。
3. 能使用杂色滤镜组编辑图像。

任务描述

本任务通过应用模糊画廊、渲染、杂色滤镜组和高斯模糊滤镜以及图层混合模式来制作图 6-2-1 所示的下雪场景特效。要完成本任务，学习者除了需要学习如何使用滤镜来实现图像的特殊效果之外，还需要掌握在图层中运用图层混合模式进行图像编辑的方法。

图 6-2-1　场景特效设计——木屋雪景

相关知识

一、模糊画廊滤镜组

模糊画廊滤镜组主要用于为数码照片制作特殊的滤镜效果。执行“滤镜”→“模糊画廊”命令，在子菜单中可以看到五种特殊模糊滤镜，如图 6-2-2 所示。

1. 场景模糊滤镜

场景模糊滤镜可以通过编辑模糊图钉，为整个画面增加整体模糊效果。插入多个图钉，设定每个图钉的模糊数值，可以创建场景空间中不同区域不同程度的模糊效果，从而形成模糊渐变。

图 6-2-2 模糊画廊滤镜组

2. 光圈模糊滤镜

光圈模糊滤镜可以模仿相机镜头来对图像进行对焦，焦点周围的图像会随着调整数值的大小形成相应的模糊程度，模糊效果从焦点向四周递增，形成散景虚化效果，并可以调节焦点的大小及形状。

3. 移轴模糊滤镜

移轴模糊滤镜可以模拟移轴摄影镜头拍摄的图像，使画面呈现上下或左右边缘虚化、中间部分真实的效果。

4. 路径模糊滤镜

路径模糊滤镜可以制作沿一条或多条路径运动的模糊效果，并可以控制形状和模糊数值，能制作出多角度、多层次的模糊效果。

5. 旋转模糊滤镜

旋转模糊滤镜可以在一个或更多点旋转和模糊图像，并可以设置中心点、形状和模糊数值，为对象增加逼真的旋转模糊效果。

二、渲染滤镜组

渲染滤镜组是比较特殊的滤镜，其特点是自身可以产生图像。执行“滤镜”→“渲染”命令，在子菜单中可以看到多种滤镜，如图 6-2-3 所示。

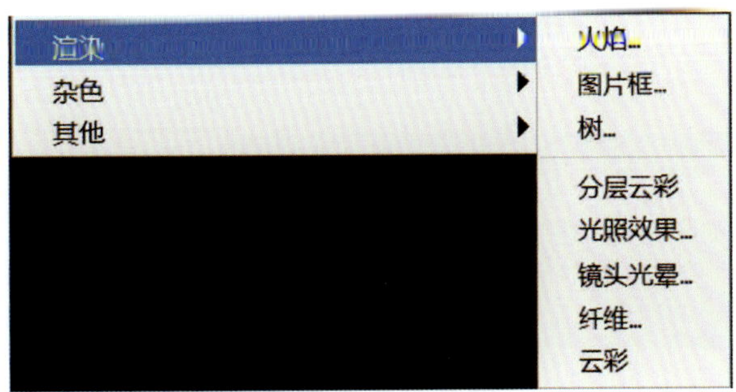

图 6-2-3 渲染滤镜组

1. 火焰滤镜

火焰滤镜可以在图像中添加沿路径排列的火焰效果。

2. 图片框滤镜

图片框滤镜可以在图像四周添加不同样式的周边花纹相框。

3. 树滤镜

树滤镜可以生成不同类型的树。

4. 分层云彩滤镜

分层云彩滤镜可以根据前景色和背景色随机生成云彩效果的图案，生成的图案按差值模式和现有的像素混合。

5. 光照效果滤镜

光照效果滤镜可以给画面添加不同的灯光效果。

6. 镜头光晕滤镜

镜头光晕滤镜可以用来增强日光、灯光或炫光的效果。

7. 纤维滤镜

纤维滤镜可以根据前景色和背景色制作类似纤维效果的图案。

8. 云彩滤镜

云彩滤镜可以根据前景色和背景色随机生成云彩、薄雾效果的图案，生成的图案完全覆盖整个图像。

需要注意的是，火焰滤镜是基于路径的滤镜，在执行该滤镜前，需要先绘制路径。

三、杂色滤镜组

杂色滤镜组可以添加或移去图像中的杂色，执行“滤镜”→“杂色”命令，在子菜单中可以看到五种滤镜，如图 6-2-4 所示。

图 6-2-4　杂色滤镜组

1. 减少杂色滤镜

减少杂色滤镜在尽可能保留边缘的同时去除杂色。

2. 蒙尘与划痕滤镜

蒙尘与划痕滤镜可以将与周围像素有很大差别的污渍、斑点和划痕等图像缺陷融入周围图像中，达到除尘和去除划痕的效果。

3. 去斑滤镜

去斑滤镜可以通过模糊来移去反差较大的杂色斑点，同时尽可能地保留细节。

4. 添加杂色滤镜

添加杂色滤镜可以向图像中添加细小的随机颗粒状像素，以达到添加杂点纹理的效果。添加杂色滤镜用于添加画面中的杂点，而另外四种滤镜都用于降噪，也就是去除画面中的杂点。

5. 中间值滤镜

中间值滤镜通过将像素替换成反差大的像素与其周围像素的中间值，来混合选区中像素的亮度，以达到减少杂色的目的。

任务实施

一、打开文档

按【Ctrl+O】组合键，弹出“打开”对话框，在对话框中选择“素材 / 项目六素材 /02 木屋 .jpg”，然后单击“打开”按钮，打开图像文件，如图 6-2-5 所示。

图 6-2-5　选择打开的文件

二、制作光效

1. 复制“背景”图层并拖到“光效”图层组中

创建“组 1”，将该图层组重命名为“光效”，然后将图层混合模式设置为“穿透”，单击并选中

“背景”图层，按【Ctrl+J】组合键将背景图层复制为“背景 拷贝”图层，并将“背景 拷贝”图层拖到“光效”图层组中，如图 6-2-6 所示。

图 6-2-6　复制“背景”图层并拖到“光效”图层组中

2. 设置图层混合模式

执行“滤镜”→“转换为智能滤镜”命令，将“背景 拷贝”图层转换为智能对象图层，将图层混合模式设置为“柔光”，如图 6-2-7 所示。

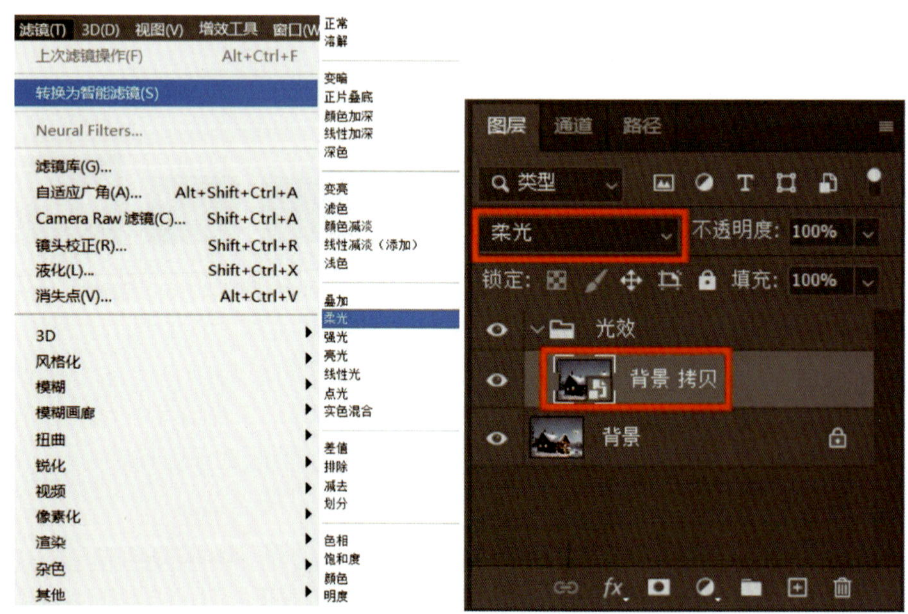

图 6-2-7　设置图层混合模式为“柔光”

3. 设置“镜头光晕”对话框参数

执行“滤镜”→“渲染”→“镜头光晕”命令，在弹出的“镜头光晕”对话框中设置亮度为“110”%，勾选“105 毫米聚焦”选项，然后将光标对准右上角大路灯的位置，预览效果后单击“确

定”按钮，如图 6-2-8 所示。

图 6-2-8 设置“镜头光晕”对话框参数

4. 再次应用“镜头光晕”

再次执行“滤镜”→“渲染”→“镜头光晕”命令，在弹出的“镜头光晕”对话框中设置亮度为“45”%，勾选“105 毫米聚焦”选项，然后将光标对准右下角小路灯的位置，预览效果后单击“确定”按钮，如图 6-2-9 所示。

图 6-2-9 再次应用“镜头光晕”并设置参数

5. 设置“光圈模糊”命令参数

执行“滤镜”→“模糊画廊”→“光圈模糊”命令，将模糊中心的图钉移动到如图 6-2-10 所示屋顶的位置，在“模糊工具”面板上设置模糊为“25 像素”，单击“确定”按钮，如图 6-2-10 所示。

图 6-2-10　设置“光圈模糊”命令参数

6. 设置“中间调”“阴影”参数

单击“图层”面板下方的“创建新的填充或调整图层”按钮，在弹出的选项卡中选择“色彩平衡”，在“属性”面板中设置色调为“中间调”，将颜色数值分别设置为“+ 5”“0”“+ 9”；然后在色调中选择“阴影”，将颜色数值分别设置为“-5”“0”“+ 15”，如图 6-2-11 所示。

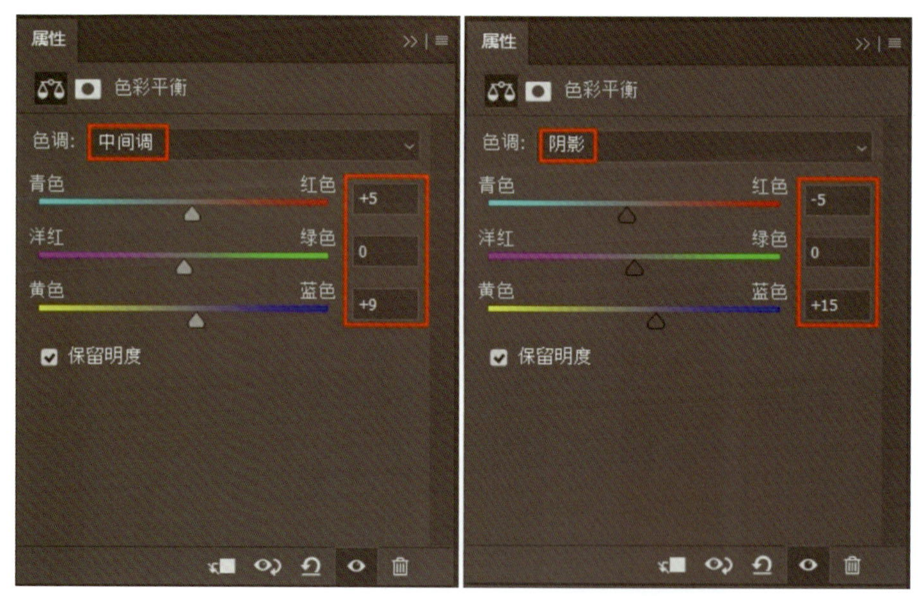

图 6-2-11　在“属性”面板上设置“中间调”“阴影”参数

7. 设置“曲线”参数

再次单击“创建新的填充或调整图层”图标，在弹出的选项卡中选择“曲线”，此时会弹出“属性”面板，单击该面板上的曲线增加两个控制点激活其属性，此时面板上的曲线共有四个控制点，然后分别设置其参数，第一个控制点输入为“0”、输出为“15”，第二个控制点输入为“74”、输出为“42”，第三个控制点输入为“189”、输出为“164”，第四个控制点输入为“255”、输出为“255”，如图 6-2-12 所示，将整体画面调暗一些。

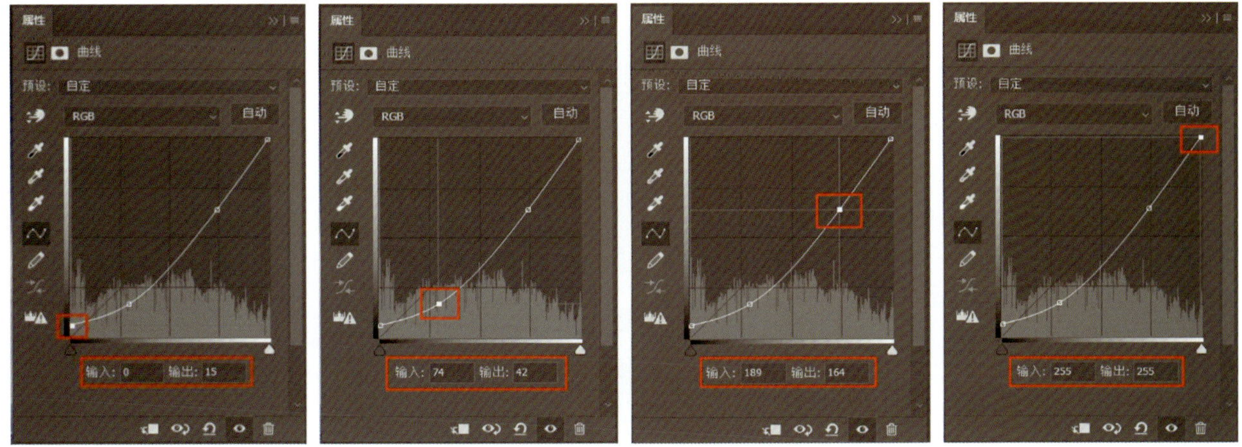

图 6–2–12　在“属性”面板设置“曲线”参数

8. 选中高亮部分

单击“光效”图层组的“切换图层可见性”图标，隐藏该组图层；接着单击并选中“背景”图层，按【Ctrl+Alt+2】组合键选中图层中的高亮部分，如图 6–2–13 所示。

图 6–2–13　选中图层中的高亮部分

9. 设置图层混合模式

按【Ctrl+J】组合键将选中的高亮部分复制为“图层 1”图层，将图层混合模式设置为“线性减淡（添加）”，然后将“图层 1”图层重命名为“高亮部分”图层，将该图层拖动到“光效”图层组内的“曲线 1”图层上方，单击“光效”图层组的“切换图层可见性”图标，显示该组图层，如图 6–2–14 所示。

图 6-2-14　设置图层混合模式

10. 创建剪贴蒙版

在“高亮部分”图层上方新建“图层 1”，按【Alt+Ctrl+G】组合键创建剪贴蒙版。设置前景色为“淡黄色（R252，G248，B184）”，按【Alt+Delete】组合键填充前景色，将图层不透明度设置为“80%”，如图 6-2-15 所示。

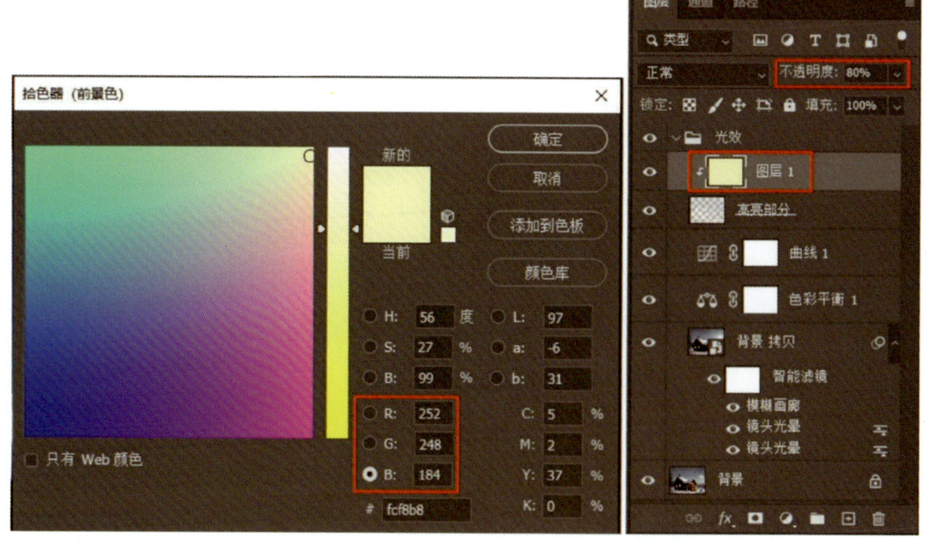

图 6-2-15　创建剪贴蒙版及设置不透明度

三、绘制路灯灯架

1. 绘制路灯路径

选中“光效”图层组，在“图层”面板下方单击“图层蒙版”图标，然后单击“光效”图层

组的“切换图层可见性”图标，隐藏该组图层。选择“钢笔工具”，在工具箱中单击“默认前景色和背景色”图标，设置前景色为“白色”、背景色为“黑色”，在页面中绘制路灯灯架的外轮廓，如图 6-2-16 所示。

2. 存储路径

打开“路径”面板，双击上一步绘制的工作路径，弹出“存储路径”对话框，输入“路灯灯架外轮廓”，单击“确定”按钮，如图 6-2-17 所示。

图 6-2-16　用“钢笔工具”绘制路灯路径

图 6-2-17　存储路径

3. 绘制“含背景色部分”路径

单击“路径”面板中的“创建新路径”图标，创建“路径 1”。选择“钢笔工具”，在页面中绘制路灯灯架轮廓中含有背景色的部分，将“路径 1”重命名为“含背景色部分”，如图 6-2-18 所示。

4. 为光效图层组创建蒙版

在“路径”面板中选中“路灯灯架外轮廓”路径，单击“路径”面板中的“将路径作为选区载入”图标，建立路灯灯架选区，回到“图层”面板，单击“光效”图层组的“切换图层可见性”图标，显示该组图层。选中光效图层组的图层蒙版，按【Ctrl+Delete】组合键填充背景色为“黑色”，遮蔽路灯灯架光效，再按【Ctrl+D】组合键取消选区，如图 6-2-19 所示。

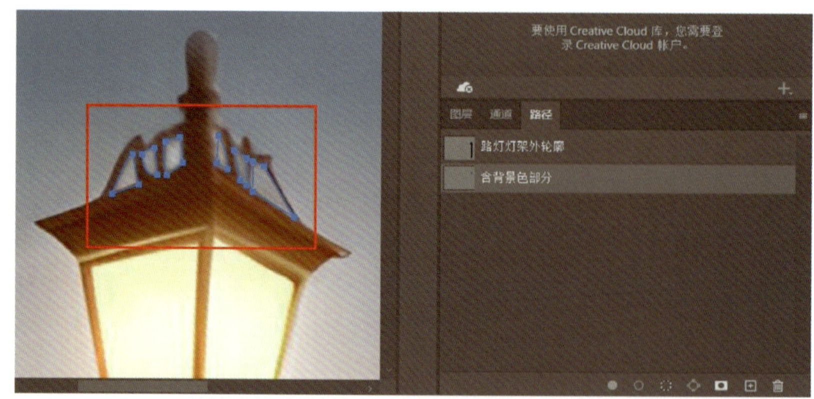

图 6-2-18　绘制“含背景色部分”路径

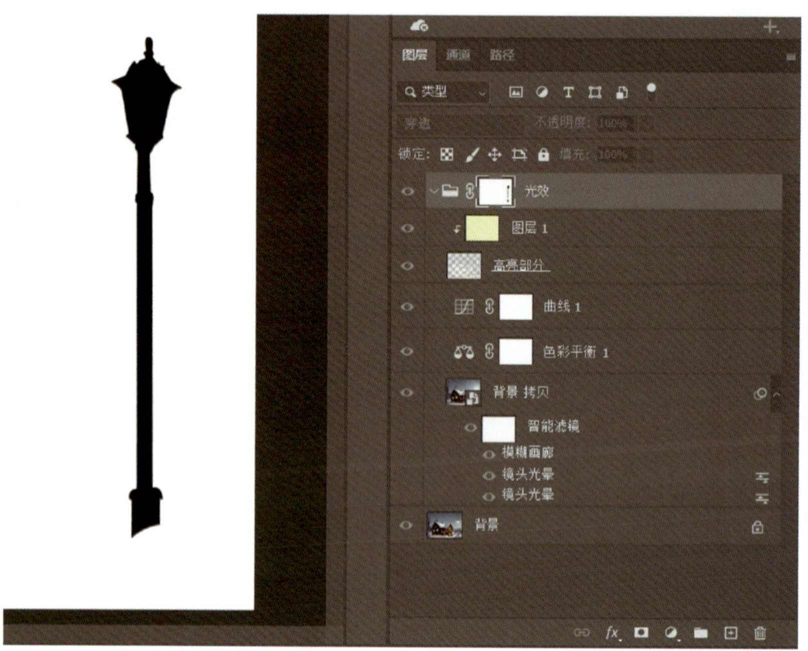

图 6-2-19　为光效图层组创建蒙版并填充黑色

5. 载入选区并填充白色

打开“路径”面板，选中“含背景色部分”路径，单击“路径”面板中的“将路径作为选区载入”图标，创建路灯灯架轮廓中含有背景色部分的选区，回到“图层”面板，选中光效图层的图层蒙版，按【Alt+Delete】组合键填充前景色为“白色”，显示路灯灯架轮廓中含有背景色部分的光效效果，按【Ctrl+D】组合键取消选区完成操作，如图 6-2-20 所示。

四、置入雪人素材

1. 选择置入素材

执行“文件”→“置入嵌入对象”命令，将“素材 / 项目六素材 /03 雪人 .psd”文件置入页面中，如图 6-2-21 所示。

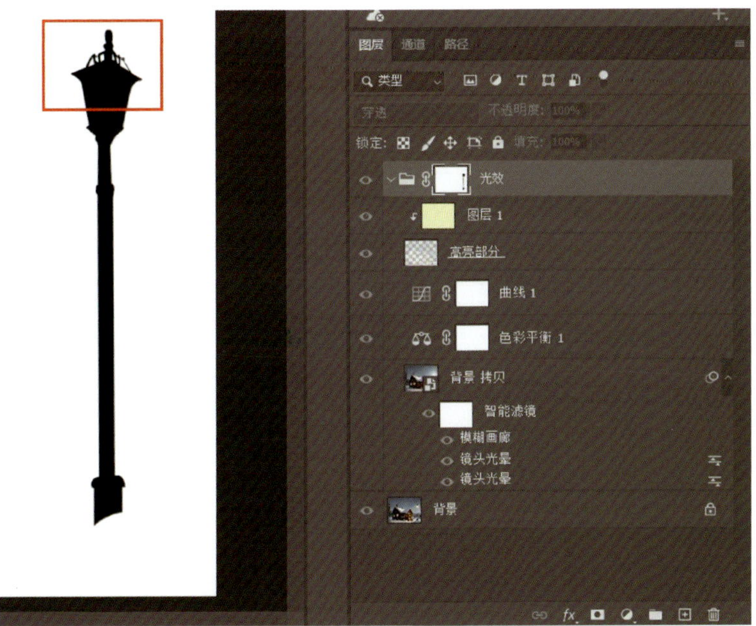

图 6-2-20　载入选区并填充白色

图 6-2-21　选择置入素材

2. 置入素材

用鼠标左键按住其中一个角点并拖动缩小雪人，置于合适的位置。单击上下文任务栏的“完成”按钮完成置入，如图 6-2-22 所示。

五、制作光晕

1. 新建“图层 2”

在图层最上方新建“图层 2”，然后将“图层 2”重命名为“光晕”。在工具箱中设置前景色为“黑色（R0，G0，B0）”，按【Alt+Delete】组合键填充前景色为“黑色”，将图层混合模式设置为“滤色”。

图 6-2-22　置入的素材

2. 设置“镜头光晕”命令参数

执行“滤镜”→“渲染”→“镜头光晕”命令，在弹出的对话框中设置亮度为“120”%，勾选“50-300 毫米变焦”选项，然后将光标对准右上角大路灯的位置，预览效果后单击“确定”按钮，如图 6-2-23 所示。

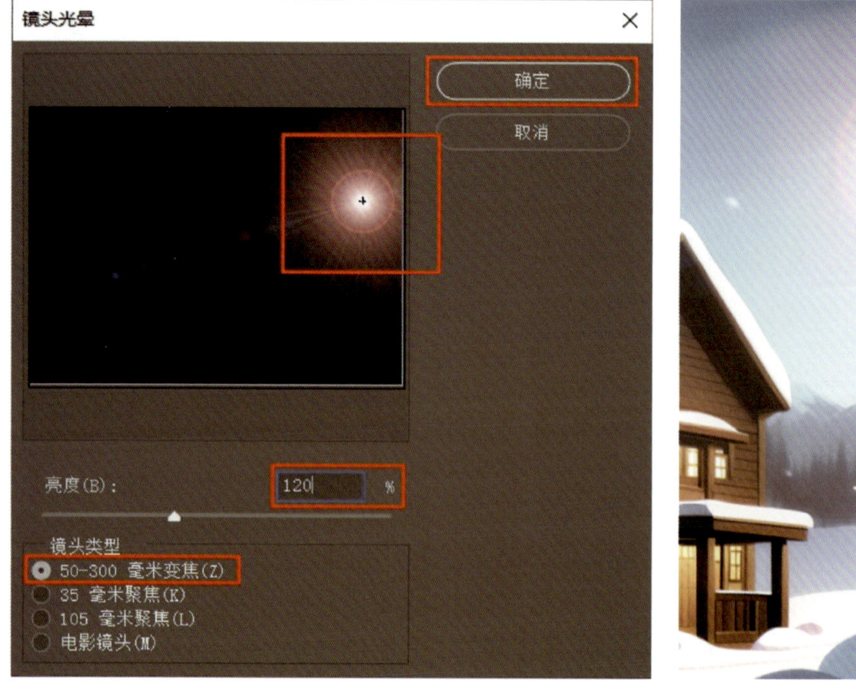

图 6-2-23　设置“镜头光晕”命令参数

3. 在图层蒙版上涂抹黑色

在“图层”面板下方单击“图层蒙版”图标，选择“画笔工具”，设置前景色为“黑色（R0，G0，B0）”，然后使用“画笔工具”在图层蒙版上涂抹，将光晕周围的光线遮蔽，如图 6-2-24 所示。

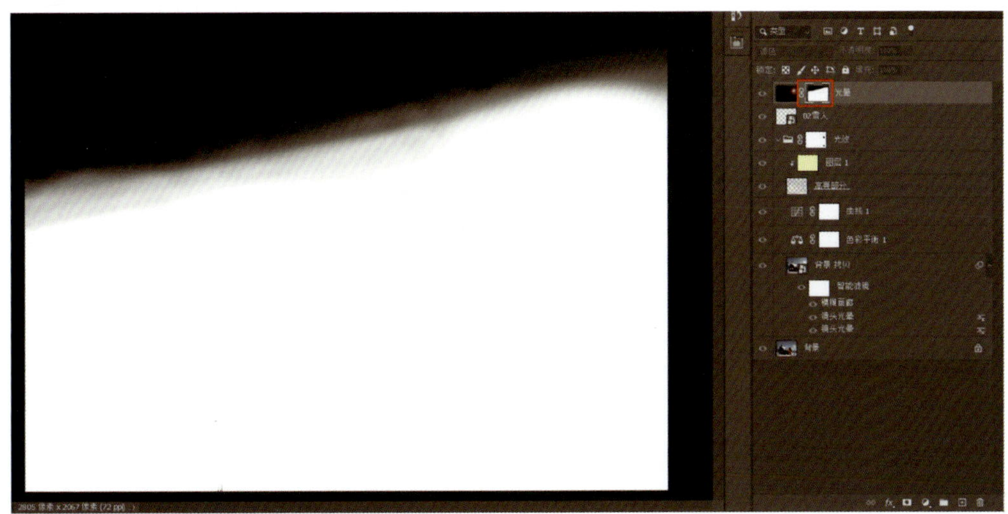

图 6-2-24　在图层蒙版上涂抹黑色

六、制作飘雪

1. 新建“图层 2”

在图层最上方创建“组 1”，将该图层组重命名为“飘雪”。在组内新建“图层 2”，按【Alt+Delete】组合键填充前景色为“黑色”，如图 6-2-25 所示。

图 6-2-25　新建“图层 2”并填充黑色

2. 设置“添加杂色”命令参数

执行“滤镜”→“杂色”→“添加杂色”命令，在弹出的对话框中设置数量为“55”%，点选“高斯分布”选项，勾选“单色”选项，预览效果后单击“确定”按钮，如图 6-2-26 所示。

3. 设置“动感模糊”命令参数

执行“滤镜”→“模糊”→“动感模糊”命令，在弹出的对话框中设置角度为“65”度、距离为“3”像素，预览效果后单击“确定”按钮，如图 6-2-27 所示。

图 6-2-26　设置“添加杂色”命令参数

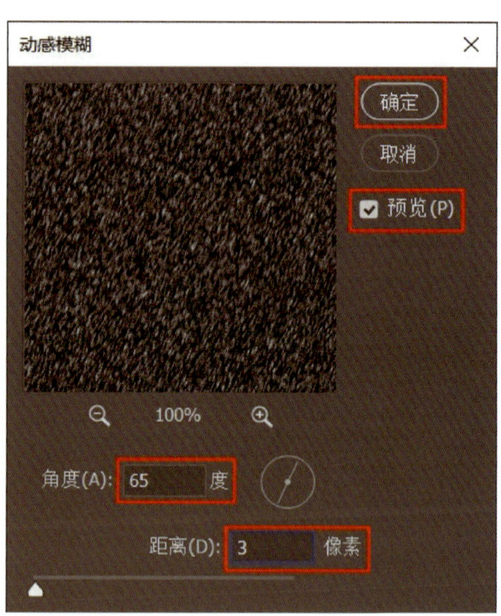

图 6-2-27　设置“动感模糊”命令参数

4. 选取一小块矩形放大至整个页面

选择“矩形选框工具”，框选“图层 2”一小块区域，按【Ctrl+T】组合键调出定界框，将其放大至整个画布，按【Enter】键完成变换，如图 6-2-28 所示。

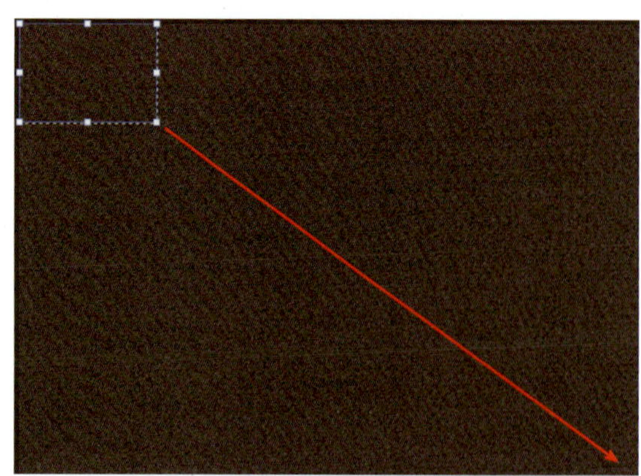

图 6-2-28　选取一小块矩形放大至整个页面

5. 将“图层 2”图层转换为智能对象图层

执行“滤镜”→“转换为智能滤镜”命令，将“图层 2”图层转换为智能对象图层，如图 6-2-29 所示。

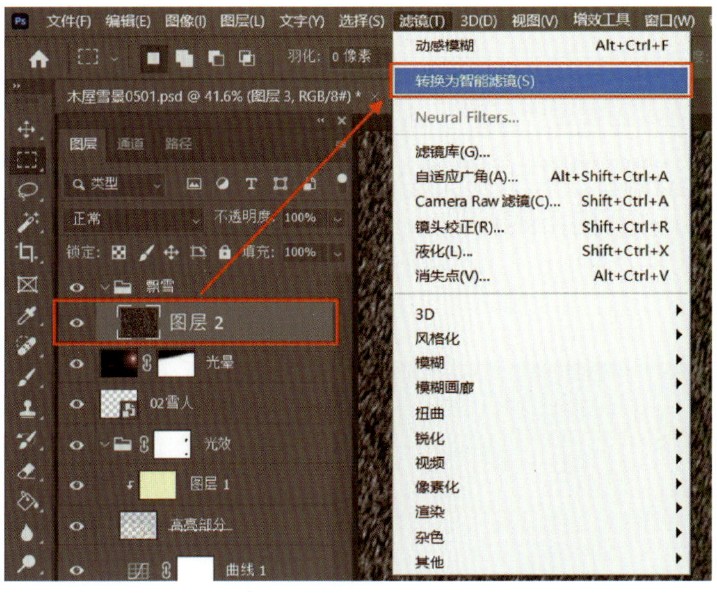

图 6-2-29　将“图层 2”图层转换为智能对象图层

6. 执行“高斯模糊”命令

将图层 2 的图层混合模式设置为“柔光”，执行“滤镜”→“模糊”→“高斯模糊”命令，如图 6-2-30 所示。

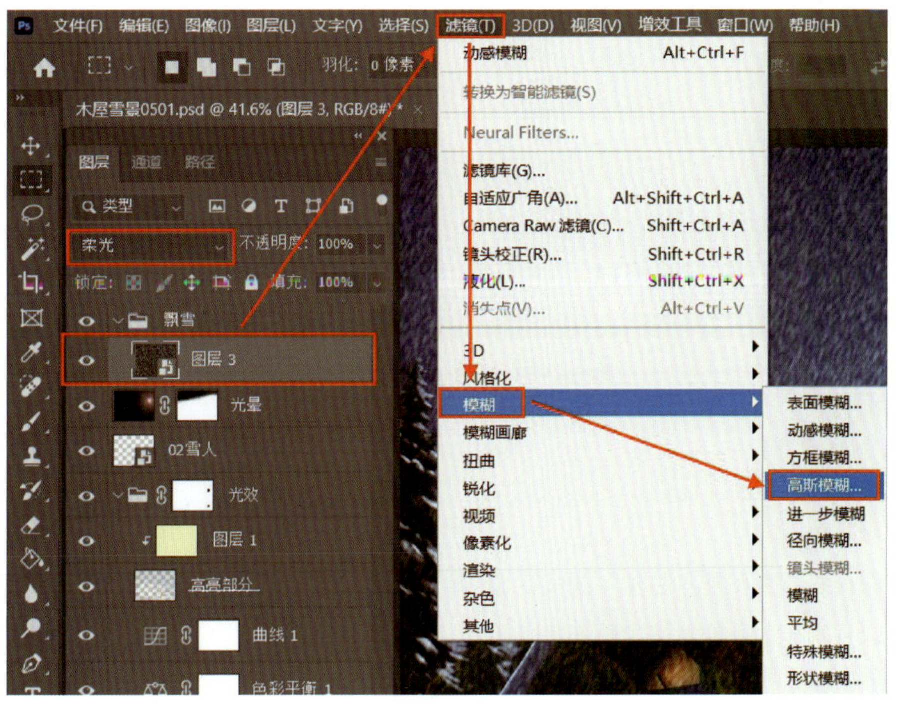

图 6-2-30　执行“高斯模糊”命令

7. 设置“高斯模糊”命令参数

在弹出的对话框中设置高斯模糊半径为“2.5”像素，预览后单击“确定”按钮，如图 6-2-31 所示。

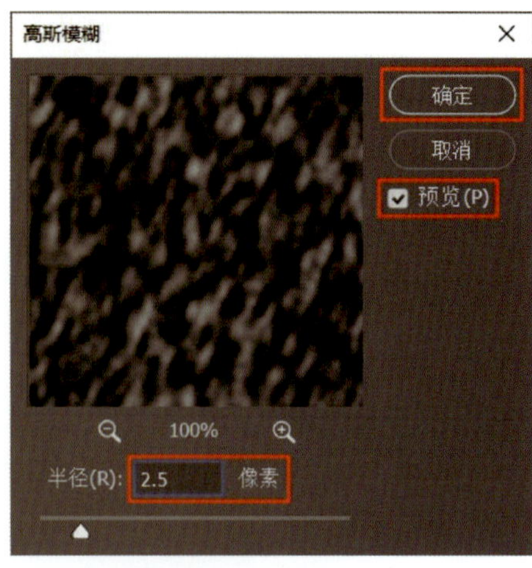

图 6-2-31　设置“高斯模糊”命令参数

8. 设置“色阶”命令参数

选中“图层 2”图层，单击“创建新的填充或调整图层”图标，在弹出的选项卡中选择“色阶”，此时会弹出“属性”面板，在该面板上设置调整中间调输入色阶数值为“0.65”，按【Alt+Ctrl+G】组合键创建剪贴蒙版，如图 6-2-32 所示。

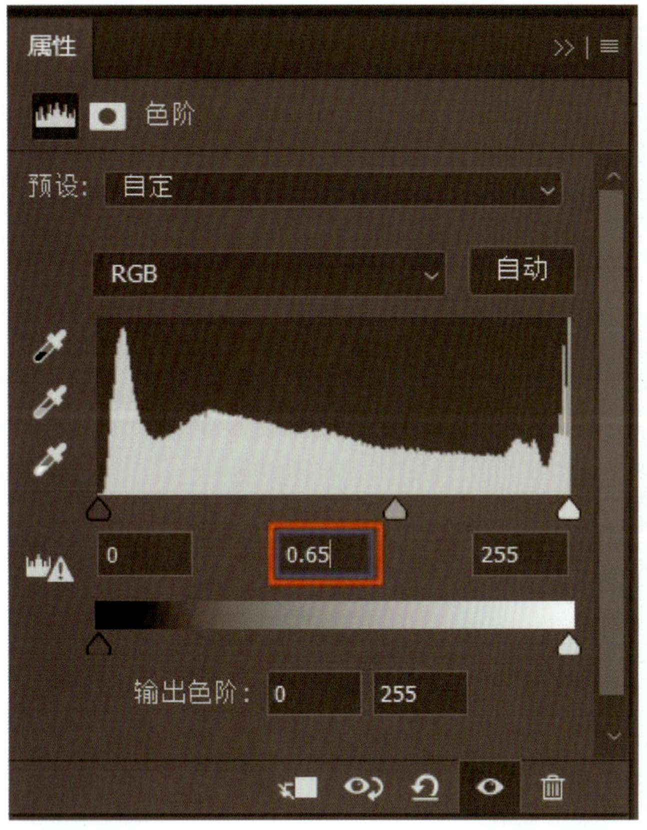

图 6-2-32　设置“色阶”命令参数

七、置入雪花素材

1. 置入雪花 1 素材

执行“文件”→“置入嵌入对象”命令，选择“项目六素材 /04 雪花 1.psd”文件，单击“置入”按钮，置入雪花 1，调整图像为整个画布的大小，单击上下文任务栏的“完成”按钮完成置入，然后将图层混合模式设置为“滤色”，效果如图 6-2-33 所示。

图 6-2-33　置入雪花 1 素材效果

2. 置入雪花 2 素材

执行“文件”→“置入嵌入对象”命令，将“项目六素材 /05 雪花 2.psd”文件置入页面中，将图像调整为整个画布的大小，单击上下文任务栏的“完成”按钮完成置入，然后将图层混合模式设置为“滤色”，效果如图 6-2-34 所示。

图 6-2-34　置入雪花 2 素材并调整图层混合模式

八、保存文档

1. 存储文件

执行“文件”→“存储为”命令，在弹出的“存储为”对话框中选择文件存储位置，文件名为“02 木屋雪景”，保存类型为“Photoshop（*.PSD，*.PDD，*.PSDT）”，单击“保存”按钮保存该文档。

2. 导出文件

执行“文件”→“导出”→“导出为”命令，在弹出的“导出为”对话框中选择文件设置格式为“JPG”，其他数值默认，单击“导出”按钮，弹出“另存为”对话框，在“另存为”对话框中选择文件存储位置，文件名默认，单击“保存”按钮导出该文档。

任务三　道具特效设计——模糊滤镜与图像修饰

任务目标

1. 能使用模糊滤镜组编辑图像。
2. 能使用扭曲滤镜组编辑图像。

任务描述

本任务通过应用模糊、扭曲等滤镜组和图层混合模式来制作图 6-3-1 所示的火焰翅膀道具特效。要完成本任务，学习者除了需要学习如何使用滤镜来实现图像的特殊效果之外，还需要掌握在图层中运用图层蒙版和图层样式进行图像编辑的方法。

图 6-3-1　道具特效设计——火焰翅膀

相关知识

一、模糊滤镜组

模糊滤镜组主要通过减少相邻像素的对比度和柔化图像来产生模糊效果。模糊滤镜组中的滤镜可以去除图像的杂色，或者制作特殊效果。

执行“滤镜”→“模糊”菜单命令，在子菜单中可以看到十一种滤镜命令，如图 6-3-2 所示。

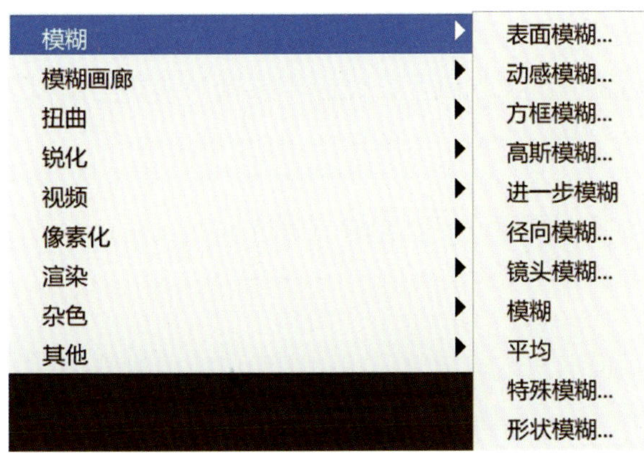

图 6-3-2　模糊滤镜组

1. 表面模糊滤镜

表面模糊滤镜可以在模糊图像的同时保留边缘，消除图像多余的杂色和颗粒，使画面噪点降低，从而制作出特殊效果。

2. 动感模糊滤镜

动感模糊滤镜可以沿指定的方向，以指定的模糊数值进行模糊，从而制作出类似于用较长的曝光时间给运动的对象拍照的残影效果。

3. 方框模糊滤镜

方框模糊滤镜可以以邻近像素的平均颜色值为基准来模糊图像，从而制作出类似于方框状的特殊模糊效果。

4. 高斯模糊滤镜

高斯模糊滤镜可以在图像中添加低频细节，从而制作出一种朦胧的模糊效果。

5. 进一步模糊滤镜

进一步模糊滤镜可以对图像进行轻微模糊处理，消除图像中有显著颜色变化区域的杂色，效果是模糊滤镜效果的 3 ~ 4 倍。

6. 径向模糊滤镜

径向模糊滤镜可以模拟缩放或者旋转相机时所产生的模糊运动效果。

7. 镜头模糊滤镜

镜头模糊滤镜可以模拟拍摄时背景虚化的景深效果，从而使焦点内的图像清晰，而另一些区域的图像模糊。

8. 模糊滤镜

模糊滤镜可以使图像变得柔和，消除图像中有显著颜色变化区域的杂色。

9. 平均滤镜

平均滤镜可以查找图像或选区的平均颜色，然后用该颜色填充图像或选区，从而产生模糊效果。

10. 特殊模糊滤镜

特殊模糊滤镜可以通过半径、阈值、品质和模式等选项的设置，对图像进行精细的模糊。

11. 形状模糊滤镜

形状模糊滤镜可以根据预设形状或自定义形状对图像进行模糊处理，从而制作不同的模糊效果。

二、扭曲滤镜组

扭曲滤镜组主要是按照某种几何方式将图像进行几何扭曲，从而让图像产生三维或扭曲变形效果。执行“滤镜”→“扭曲”命令，在子菜单中可以看到九种滤镜命令，如图 6-3-3 所示。

图 6-3-3　扭曲滤镜组

1. 波浪滤镜

波浪滤镜可以使图像产生类似波浪起伏的效果，比波纹滤镜的效果更强烈。

2. 波纹滤镜

波纹滤镜可以使图像产生类似于微风吹过水面所引起的水波涟漪效果，比波浪滤镜的效果更柔和。

3. 极坐标滤镜

极坐标滤镜可以使图像的坐标类型在平面坐标和极坐标之间切换，使图像产生强烈的变形效果。

4. 挤压滤镜

挤压滤镜可以使图像的中心凸起或凹下，从而产生向外或向内挤压的效果。

5. 切变滤镜

切变滤镜可以通过控制指定的点，来调整曲线框中的曲线，从而让图像弯曲。

6. 球面化滤镜

球面化滤镜可以使图像形成凸出或凹陷的球面，使图像产生扭曲或伸展的效果。

7. 水波滤镜

水波滤镜可以使图像形成同心圆波纹，从而产生类似小石子落入平静的水面形成的涟漪效果。

8. 旋转扭曲滤镜

旋转扭曲滤镜可以使图像产生旋涡状的扭曲效果，越靠近旋转中心，扭曲越强烈。

9. 置换滤镜

置换滤镜可以使用一张 PSD 格式的图片作为置换图（有时也称为位移图），使当前操作的图像根据置换图进行扭曲，从而产生弯曲、碎裂的效果。

任务实施

一、打开文档

1. 选择打开的文件

按【Ctrl+O】组合键，弹出“打开”对话框，在对话框中选择“素材 / 项目六素材 /06 翅膀 .jpg”，然后单击“打开”按钮，打开图像文件，如图 6-3-4 所示。

图 6–3–4　选择打开的文件

2. 设置画布宽度

执行“图像”→“画布大小”命令，将画布宽度调整为“900 毫米”。

二、制作翅膀效果

1. 将翅膀选中变为选区

执行“选择”→“主体”命令或单击上下文任务栏上的“选择主体”图标，将翅膀选中变为选区，如图 6-3-5 所示。

图 6-3-5　将翅膀选中变为选区

2. 设置“魔棒工具”属性及参数

选择“魔棒工具”，在工具属性栏上设置“从选区减去”■，容差为“70”，在黑色背景上单击，将翅膀选区内含有背景色的部分从选区减去，如图 6-3-6 所示。

图 6-3-6　设置“魔棒工具”属性及参数

3. 复制翅膀选区为“图层 1”

按【Ctrl+J】组合键复制翅膀选区为“图层 1”，然后将“背景”图层填充黑色，如图 6-3-7 所示。

图 6-3-7　复制翅膀选区为“图层 1”

4. 调整图层为“黑白”效果

选中“图层 1”，单击“图层”面板下方的“创建新的填充或调整图层”图标，在弹出的选项卡中选择“黑白”命令，将画面制作成黑白效果，如图 6-3-8 所示。

图 6-3-8　调整图层为“黑白”效果

5. 在“属性”面板上设置参数

再次单击“图层”面板下方的“创建新的填充或调整图层”图标，在弹出的选项卡中选择“曲线”，此时会弹出“属性”面板。单击该面板上的曲线增加一个控制点激活其属性，然后设置参数，输入为“147”、输出为“100”，加深翅膀对比度以增加层次感，如图 6-3-9 所示。

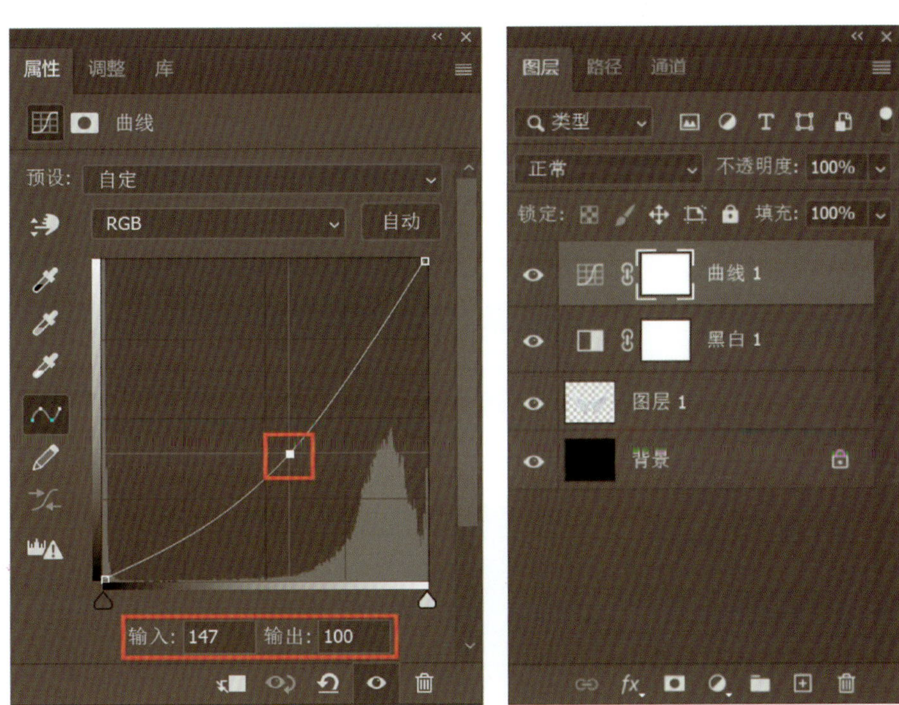

图 6-3-9　在“属性”面板设置参数

6. 选择“反相”

继续单击“图层”面板下方的“创建新的填充或调整图层”图标，在弹出的选项卡中选择“反相”，效果如图 6-3-10 所示。

图 6-3-10　选择“反相”的效果

7. 选择图层

按住【Shift】键的同时依次单击“反相 1”图层、“图层 1”图层，将两图层之间的所有图层选中，如图 6-3-11 所示。接着单击“图层”面板右上角的“扩展”图标，在弹出的选项卡中选择“转换为智能对象”，所选图层自动合并变为“反相 1”图层，如图 6-3-12 所示。

图 6-3-11　选择图层

图 6-3-12　将图层转换为智能对象图层

8. 创建翅膀选区

按住【Ctrl】键的同时单击“反相 1”图层的缩览图，创建翅膀选区；单击“背景”图层左边的“切换图层可见性”图标，隐藏背景图层，如图 6-3-13 所示。

9. 为翅膀选区填充前景色

新建“图层 1”，将前景色设置为“橘黄色（R255，G216，B0）”，按【Alt+Delete】组合键在翅膀选区填充前景色，设置图层的混合模式为“线性光”，按【Ctrl+D】组合键取消选区，如图 6-3-14 所示。

图 6-3-13　创建翅膀选区

图 6-3-14　为翅膀选区填充前景色

10. 设置“外发光”图层样式参数

双击“图层 1”，打开“图层样式”对话框，选中“外发光”图层样式，设置发光颜色为“红色（R255，G0，B0）”，混合模式改为“滤色”，不透明度为“70”%，大小为“25”像素，如图 6-3-15 所示，单击“确定”按钮完成设置，效果如图 6-3-16 所示。

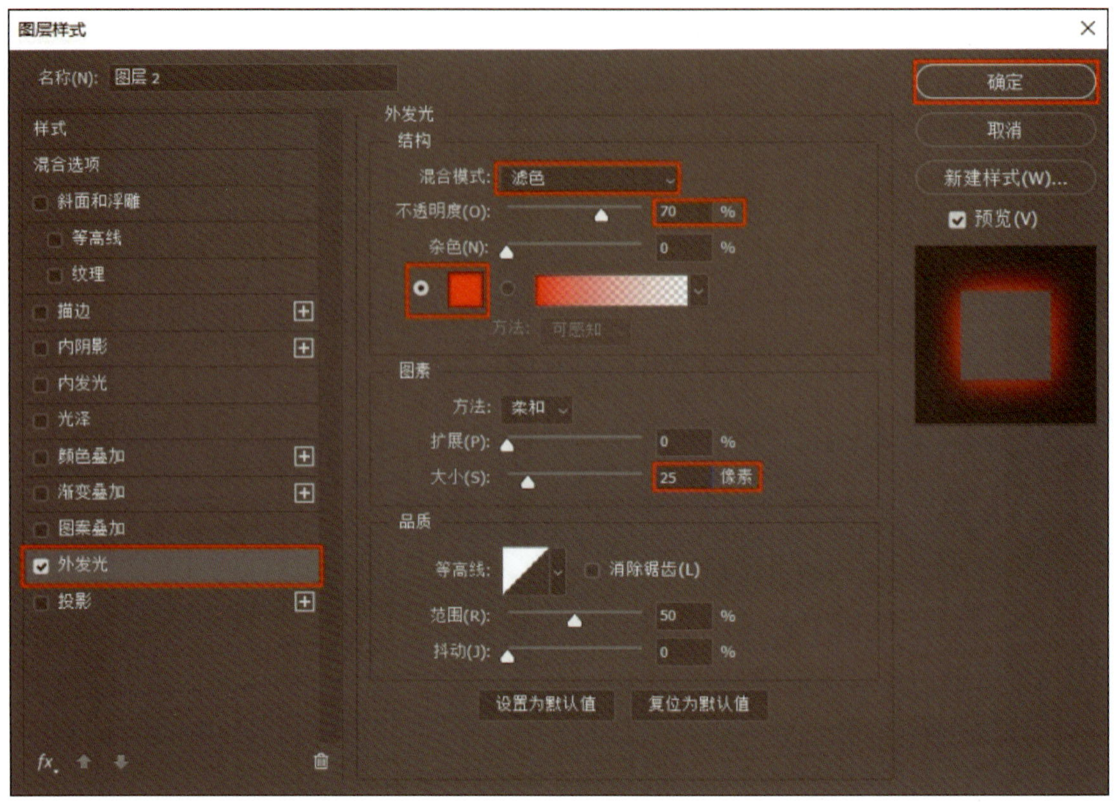

图 6-3-15　设置“外发光”图层样式参数

图 6-3-16　应用“外发光”图层样式效果

11. 设置“亮度 / 对比度”命令参数

单击“图层”面板下方的“创建新的填充或调整图层”按钮，在弹出的选项卡中选择“亮度 / 对比度”命令，然后在“属性”面板中设置亮度为“-35”，对比度为“100”，如图 6-3-17 所示。

12. 为翅膀填充红色

新建“图层 2”，然后按住【Ctrl】键的同时单击“反相 1”图层缩览图，创建翅膀形状的选区；将前景色设置为“红色（R255，G0，B0）”，按【Alt+Delete】组合键为该选区填充前景色红色；按

【Ctrl+D】组合键取消选区；然后将图层填充改为“0%”，如图 6-3-18 所示。

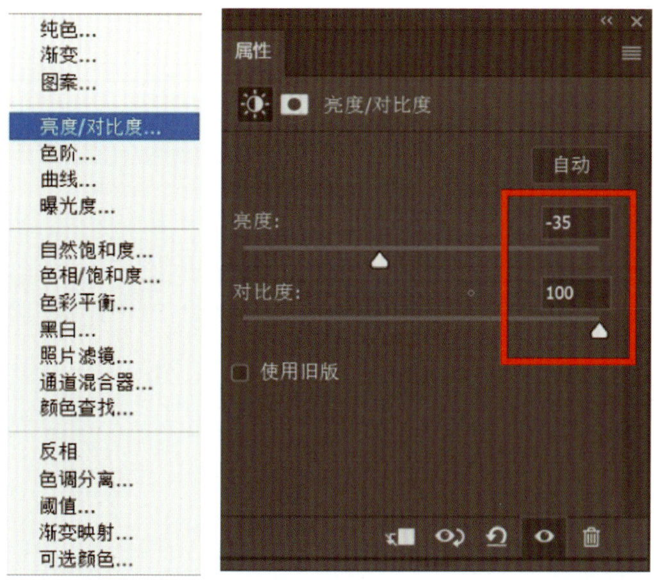

图 6–3–17　在“属性”面板上设置“亮度 / 对比度”命令参数

图 6–3–18　为翅膀填充红色并将图层填充改为“0%”

13. 设置发光参数

双击“图层 2”，打开“图层样式”面板，选中“外发光”图层样式，设置发光颜色为“红色（R255，G0，B0）”，混合模式为“正常”，不透明度为“50”%，大小为“100”像素，如图 6-3-19 所示。再选中“内发光”图层样式，设置发光颜色为“红色（R255，G0，B0）”，混合模式为“柔光”，不透明度为“70”%，大小为“30”像素，如图 6-3-20 所示。单击“确定”按钮，效果如图 6-3-21 所示。

14. 图层编组

除“背景”图层外，将所有图层选中，按【Ctrl+G】组合键进行编组，并将该组命名为“翅膀效果”图层组。

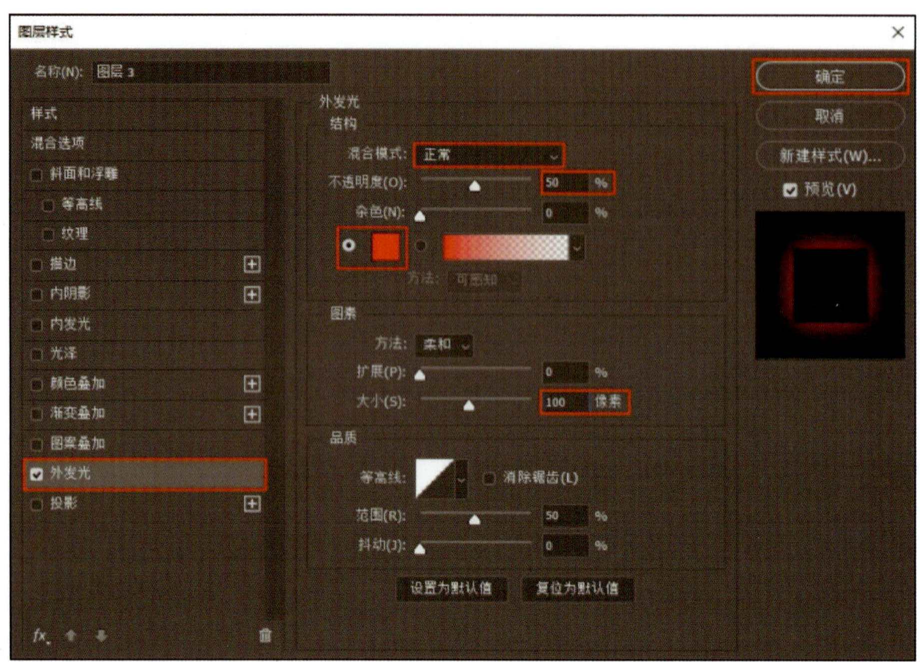

图 6-3-19　在“图层样式”面板上设置“外发光”图层样式参数

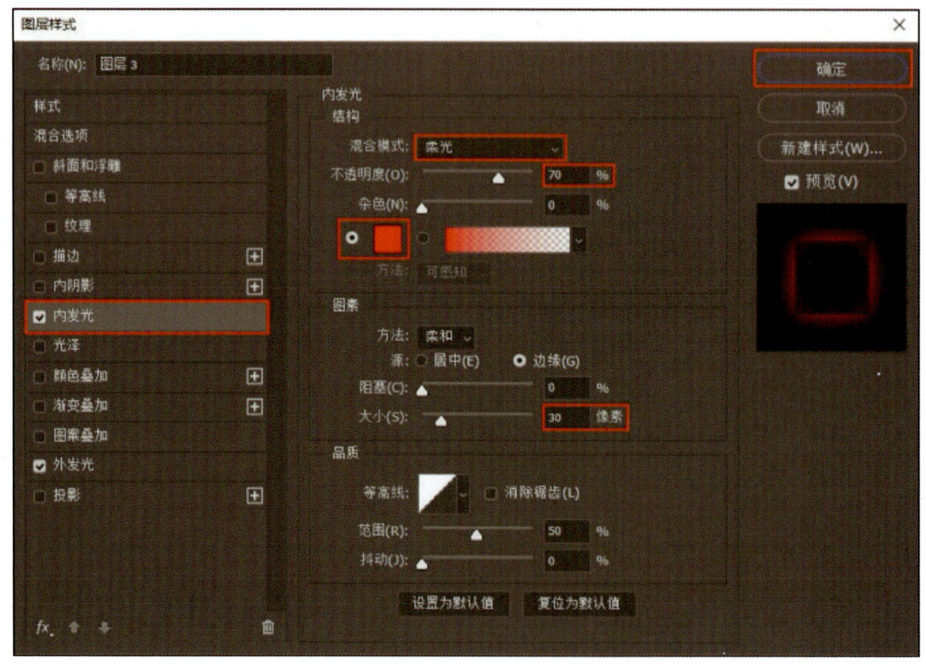

图 6-3-20　在“图层样式”面板上设置“内发光”图层样式参数

图 6-3-21　应用图层样式效果

三、制作火焰效果

1. 绘制路径

显示背景图层，新建图层 3，选择“钢笔工具”，沿着翅膀上方的位置绘制一条路径，如图 6-3-22 所示。

图 6-3-22　绘制路径

2. 设置火焰滤镜参数

执行“滤镜”→“渲染”→“火焰”命令，弹出“火焰”对话框，设置火焰类型为“3. 一个方向多个火焰”，长度为“560”，宽度为“180”，角度为“0”，时间间隔为“80”，品质为“中”，勾选“为火焰使用自定颜色”选项，如图 6-3-23 所示。单击“确定”按钮完成设置，效果如图 6-3-24 所示。

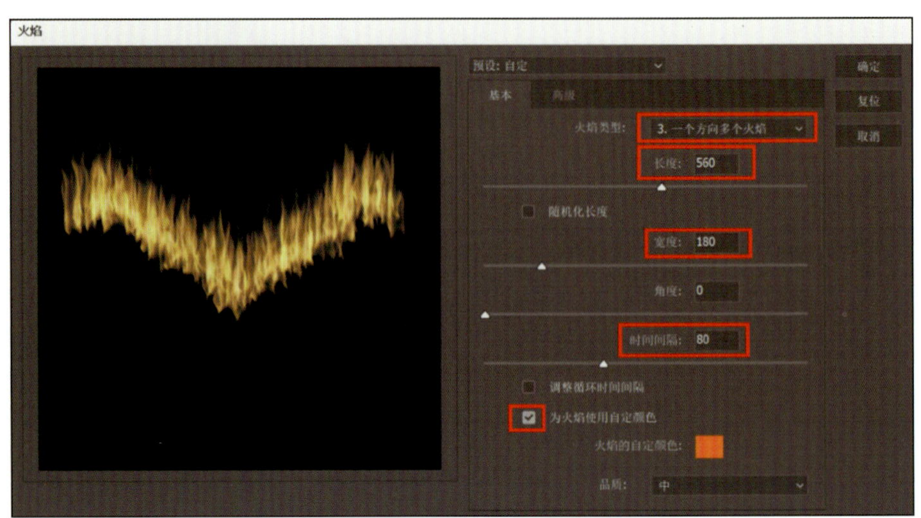

图 6-3-23　设置火焰滤镜参数

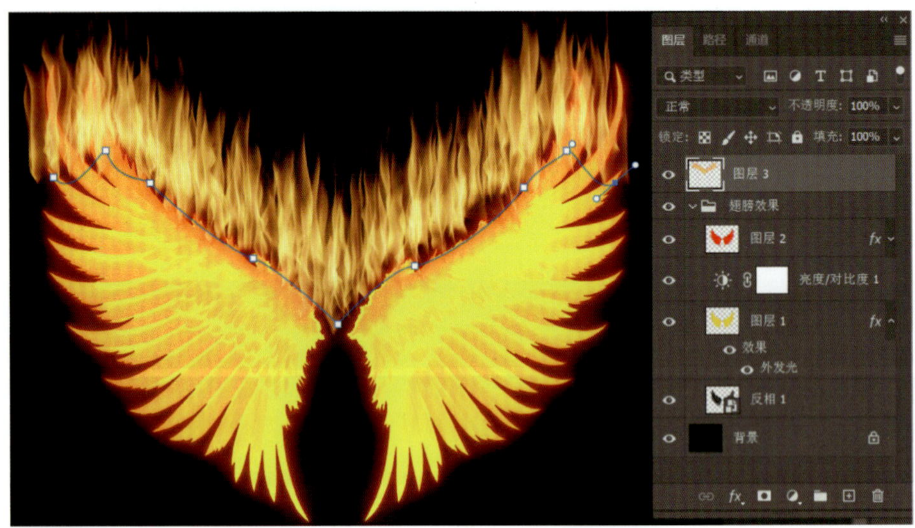

图 6-3-24　应用火焰滤镜效果

3. 设置波浪滤镜参数

在“路径”面板的空白处单击鼠标，退出路径编辑。然后执行“滤镜”→“扭曲”→“波浪”命令，弹出“波浪”对话框，设置波长最小为“20”、最大为“200”，波幅最小为“5”、最大为“20”，如图 6-3-25 所示。单击“确定”按钮完成设置，效果如图 6-3-26 所示。

4. 设置动感模糊滤镜参数

为了使火焰效果更加柔和，执行“滤镜”→“模糊”→“动感模糊”命令，弹出“动感模糊”对话框，设置角度为“80”度，距离为“15”像素，如图 6-3-27 所示。单击“确定”按钮完成设置。

5. 设置“画笔工具”参数

选中“图层 3”图层，单击“图层”面板下方的“图层蒙版”图标，设置前景色为“黑色”、背景色为“白色”，选择“画笔工具”，选择“柔边圆”画笔，在工具属性栏上设置画笔大小为“150 像素”、

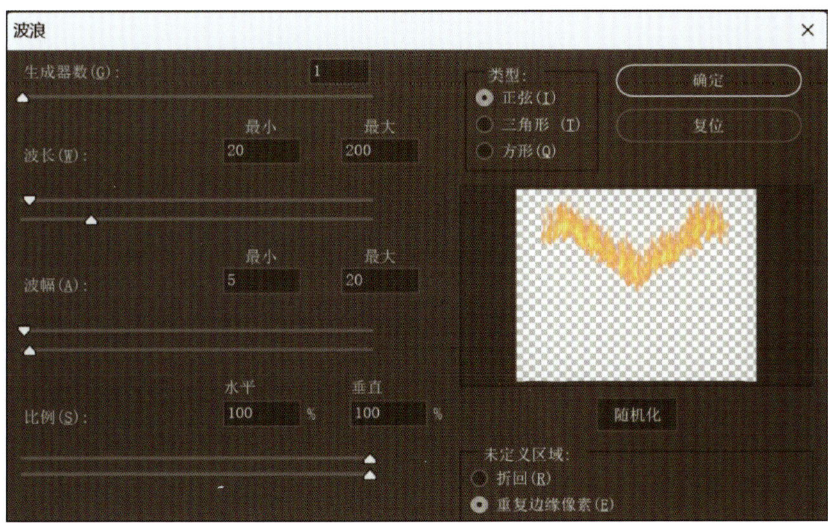

图 6-3-25　设置波浪滤镜参数

图 6-3-26　应用波浪滤镜效果

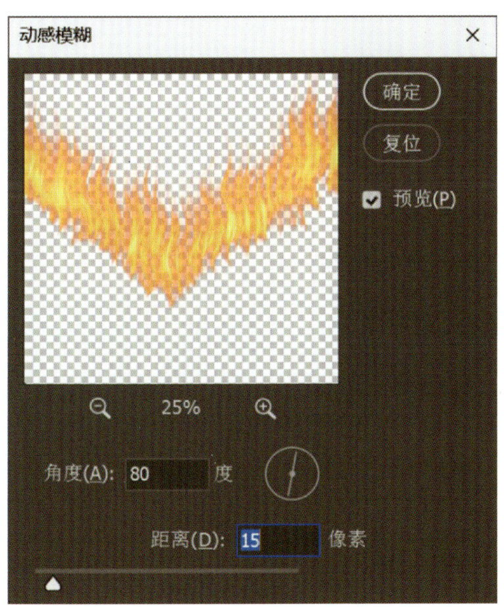

图 6-3-27　设置动感模糊滤镜参数

硬度为“0%”、不透明度为“100%”、流量为“100%”，如图 6-3-28 所示。然后在图层蒙版上涂抹，将覆盖在翅膀上多余的火焰去除，如图 6-3-29 所示。

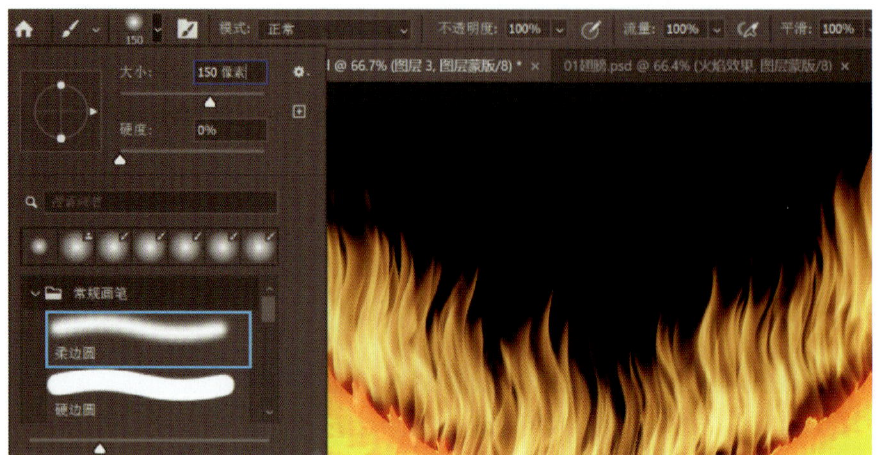

图 6-3-28　设置“画笔工具”参数

图 6-3-29　应用图层蒙版效果

小贴士

应用图层蒙版编辑图像时，可根据实际操作需要随时调整画笔大小及不透明度参数，必要时可按【X】键切换前景色和背景色，恢复去除的效果。

四、制作背景效果

1. 置入火焰星素材

执行“文件”→“置入嵌入对象”命令，将“素材 / 项目六素材 /07 火焰星 .jpg”文件置入页面中，并将图像调整到整个页面的大小。

2. 选择极坐标选项

执行“滤镜”→“扭曲”→“极坐标”命令，弹出“极坐标”对话框，选择“平面坐标到极坐标”选项，如图 6-3-30 所示。单击“确定”按钮完成设置。

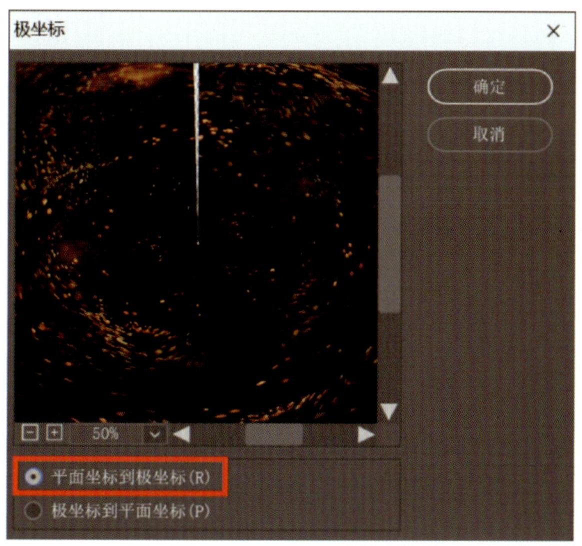

图 6-3-30　选择“平面坐标到极坐标”选项

3. 创建图层蒙版

选中“07 火焰星”图层，设置图层混合模式为“变亮”，单击“图层”面板下方的“图层蒙版”图标，创建图层蒙版，设置前景色为“黑色”、背景色为“白色”，选择“画笔工具”，在工具属性栏上选择“柔边圆”画笔，设置合适的画笔大小、硬度为“0%”、不透明度为“100%”、流量为“100%”，在图层蒙版上涂抹，将翅膀上方多余的火焰星去除，如图 6-3-31 所示，整体效果如图 6-3-1 所示。

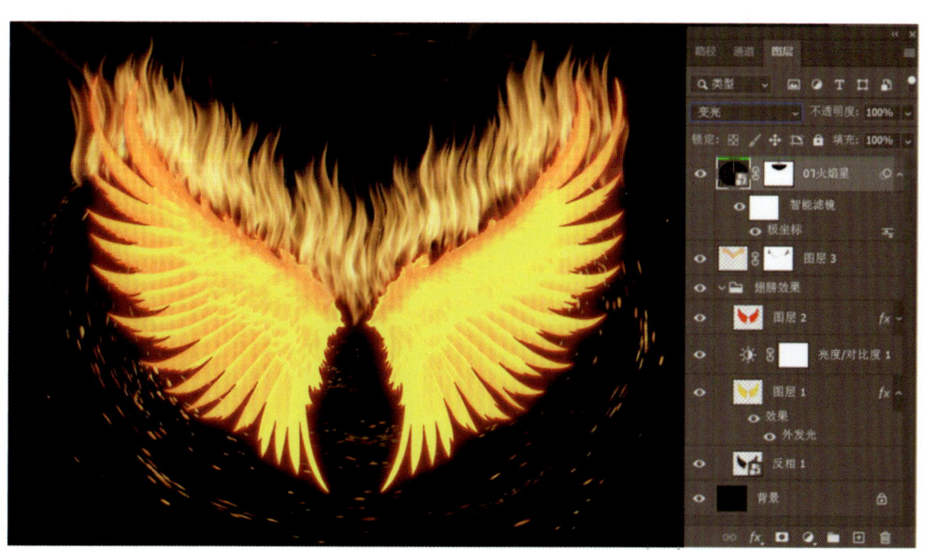

图 6-3-31　在图层蒙版上涂抹，将翅膀上方多余的火焰星去除

五、保存文档

1. 存储文件

执行“文件”→“存储为”命令，在弹出的“存储为”对话框中选择文件存储位置，文件名为“03火焰翅膀”，保存类型为“Photoshop（*.PSD，*.PDD，*.PSDT）”，单击“保存”按钮保存该文档。

2. 导出文件

执行“文件”→“导出”→“导出为”命令，在弹出的“导出为”对话框中选择文件设置格式为“JPG”，其他数值默认，单击“导出”按钮，弹出“另存为”对话框，在“另存为”对话框中选择文件存储位置，文件名默认，单击“保存”按钮导出该文档。

项目七

动画设计——视频与动画

动画通过连续播放一系列图像，让视觉产生连续变化的感觉。动画设计利用了人类的“视觉暂留”特性，即在一幅图像尚未完全消失前播放下一幅图像，从而产生一种流畅的视觉变化效果。在Photoshop中，动画设计是指通过逐帧制作或使用对象拍摄的方法，使多个图像按照一定的规律快速、连续播放，形成运动的画面。

本项目通过人物动态表情设计、动物动态设计和文字动态设计的任务实例，详细介绍了Photoshop中的时间轴和帧动画功能，重点讲解了时间轴的操作方法以及不同类型动态作品的制作过程，旨在帮助学习者在动画设计制作过程中掌握不同动画动态设计的实现技巧。

任务一　人物动态表情设计——时间轴与帧动画

任务目标

1. 能创建帧动画。
2. 能设置时间轴和调整面板属性。
3. 能将帧动画文件导出为合适的格式。

任务描述

本任务通过在“时间轴”面板上设置帧动画，来完成图7-1-1所示的人物动态表情作品。要完成本任务，学习者除了需要掌握时间轴的基本操作技巧之外，还需要学会通过调整图层的显示顺序，来达到预期的动态表情设计效果。

图7-1-1　人物动态表情设计——惊讶的小女孩

相关知识

一、帧动画的原理

帧动画（Frame By Frame）是一种常见的动画形式，其原理是在“连续的关键帧”中分解动画动作，也就是在时间轴的每帧上逐帧绘制不同的内容，使其连续播放而形成动画。

二、创建帧动画

帧动画通过播放一帧一帧的画面来形成动画，适用于制作比较简单的循环动画效果。执行“窗口”→“时间轴”命令，打开“时间轴”面板。单击创建模式右侧的图标，在弹出的选项列表中有两个选项，即“创建视频时间轴”和“创建帧动画”，如图7-1-2所示。

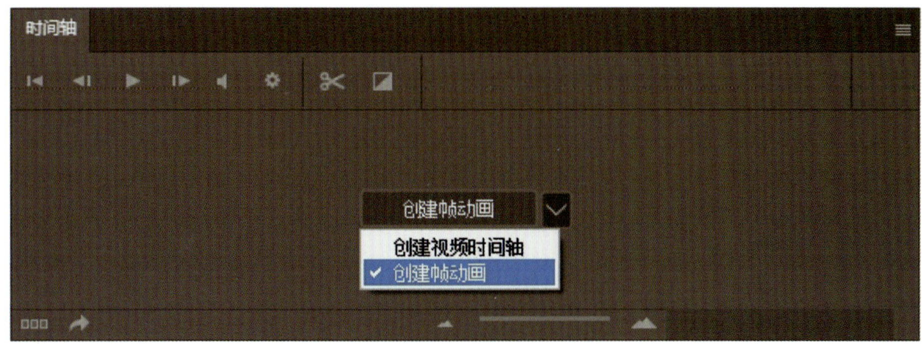

图 7-1-2　创建帧动画

在“创建帧动画”模式下，“时间轴”面板中显示动画中每个帧的缩览图；“时间轴”面板底部的各项分别用于浏览各个帧、设置循环选项、添加和删除帧以及预览动画等，如图 7-1-3 所示。

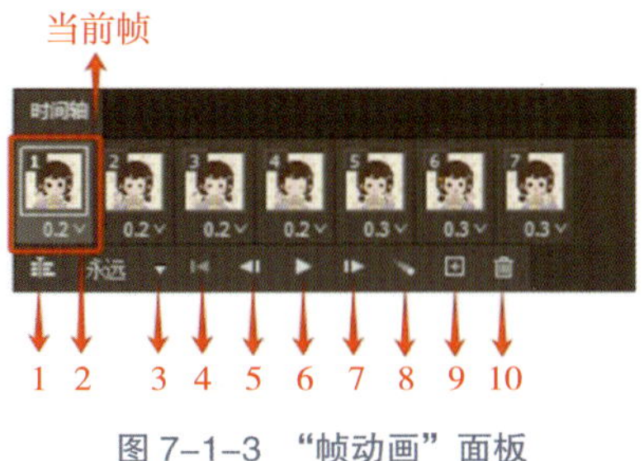

图 7-1-3　“帧动画”面板

1. “转换为视频时间轴”图标

“转换为视频时间轴”图标将“帧动画”模式的“时间轴”面板切换为“视频时间轴”模式的“时间轴”面板。

2. “选择帧延迟时间”图标

“选择帧延迟时间”图标 0.2 设置帧在回放过程中的持续时间。

3. “选择循环选项”图标

“选择循环选项”图标 永远 设置动画作为 GIF 文件导出时的播放次数。

4. “选择第一帧”图标

单击“选择第一帧”图标，可以选择序列中的第一帧作为当前帧。

5. “选择上一帧”图标

单击“选择上一帧”图标，可以选择当前帧的前一帧。

6. “播放动画”图标

单击“播放动画”图标，可以在文档窗口中播放动画。如果要停止播放，再次单击该图标即可。

7. “选择下一帧”图标

单击“选择下一帧”图标，可以选择当前帧的下一帧。

8. “过渡动画帧”图标

“过渡动画帧”图标可以在两个现有帧之间添加一系列帧，通过插入的方法使帧之间的图层属性均匀。单击该图标，在弹出的“过渡”窗口中可以对过渡的方式、过渡的帧数等选项进行设置。设置完成后在“时间轴”面板中会添加过渡帧。接着单击“播放”按钮，即可查看过渡的效果。

9. “复制所选帧”图标

“复制所选帧”图标通过复制“时间轴”面板中的选定帧，向动画中添加帧。

10. “删除所选帧”图标

“删除所选帧”图标可以将所选择的帧删除。

任务实施

一、新建文档

按【Ctrl+N】组合键，在新建对话框设置一个名为“人物动态表情设计”的文件，宽度为“800”，高度为“800”，单位为“像素”，分辨率为“96”像素/英寸，颜色模式为“RGB颜色”，其他参数默认，然后单击“创建”按钮，创建一个新图像文件。

二、填充背景色

设置背景色为“浅黄色（R253，G238，B225）”，按【Ctrl+Delete】组合键填充背景色，如图7-1-4所示。

三、置入底纹

执行“文件”→“置入嵌入对象”命令，选择“素材/项目七素材/01底纹.png”文件，单击“置入”按钮，置入底纹，按【Enter】键完成置入，如图7-1-5所示。

图7-1-4 填充背景色

图7-1-5 置入底纹

四、置入人物

1. 置入身体

执行“文件”→“置入嵌入对象”命令，选择“素材 / 项目七素材 /02 身体 .png”文件，单击“置入”按钮，置入身体，将其放置在页面正下方，按【Enter】键完成置入，如图 7-1-6 所示。

2. 置入头部

执行“文件”→“置入嵌入对象”命令，将“素材 / 项目七素材 /03 头部 .png”文件置入页面中，并将其放置于身体上方，按【Enter】键完成置入，如图 7-1-7 所示。

图 7-1-6　置入身体

图 7-1-7　置入头部

3. 置入眼睛

执行“文件”→“置入嵌入对象”命令，将“素材 / 项目七素材 /04 眼睛 1.png”文件置入页面中，并将其放置于合适的位置，如图 7-1-8 所示。

图 7-1-8　置入眼睛

4. 置入左手

执行“文件”→“置入嵌入对象”命令，将“素材 / 项目七素材 /06 左手 .png”文件置入页面中，并将其放置于合适的位置，如图 7-1-9 所示。

五、绘制嘴巴

在工具箱中设置前景色为“深褐色（R60，G40，B15）”，选择“钢笔工具”，在工具属性栏中将工具模式设置为“形状”，填充为“无颜色”，描边为“深褐色”，形状描边宽度为“4 像素”，形状描边选项中的端点设置为“圆角”。然后在鼻子下方绘制一条曲线，按【Enter】键完成嘴巴绘制，效果如图 7-1-10 所示。

图 7-1-9　置入左手

图 7-1-10　绘制嘴巴 1

六、制作多个“帧”图层组

1. 编组图层

在“图层”面板中选择嘴巴（形状 1）、左手、眼睛、头部四个图层，按【Ctrl+G】组合键将其编组，并命名为“帧”，如图 7-1-11 所示。

2. 复制“帧”图层组

在“图层”面板中，选择“帧”图层组，按【Ctrl+J】组合键复制“帧”图层组，得到“帧 拷贝”图层组，然后隐藏“帧”图层组，如图 7-1-12 所示。

3. 调整“帧 拷贝”图层组

（1）在“帧 拷贝”图层组中选中“04 眼睛 1”图层，按【Ctrl+T】组合键进入自由变换，在工具属性栏上设置垂直缩放比例为“70.00%”，将眼睛压扁一些，如图 7-1-13 所示。

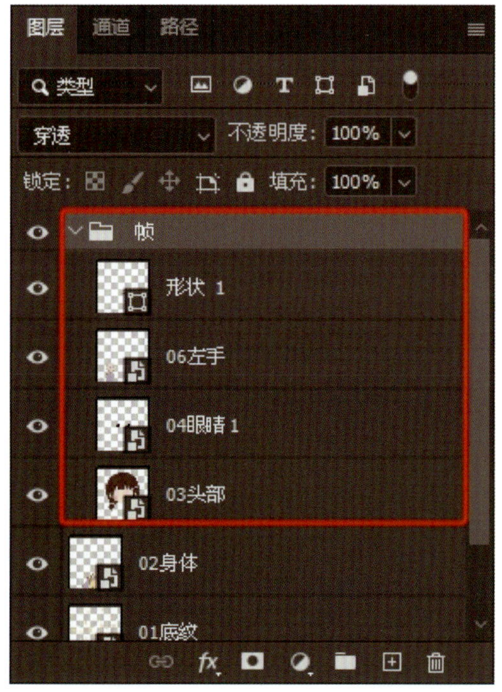

图 7-1-11　编组图层

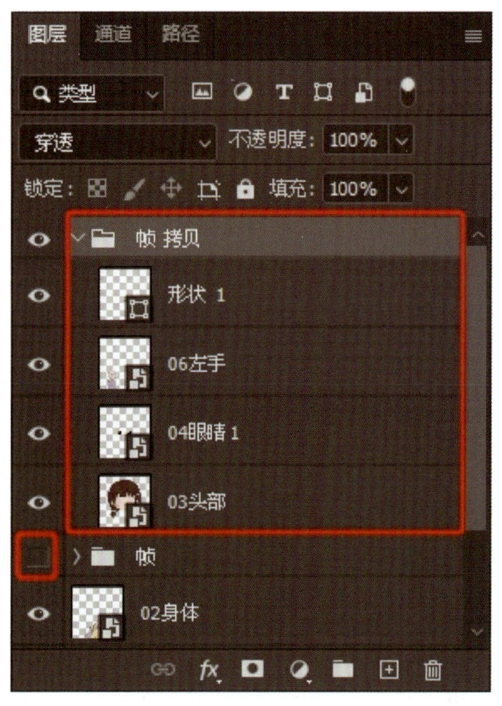

图 7-1-12　复制“帧”图层组

（2）选择“06 左手”图层，按【Ctrl+T】组合键，将其旋转并向左移动至合适位置，如图 7-1-14 所示。

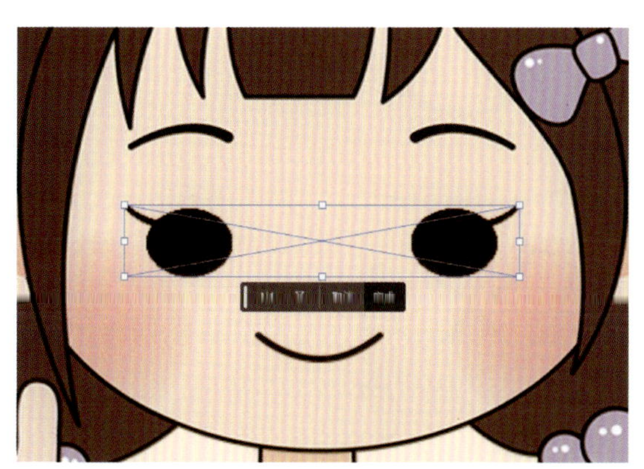

图 7-1-13　调整眼睛大小 1

图 7-1-14　调整左手角度 1

4. 复制“帧 拷贝”图层组

在“图层”面板中，选择“帧 拷贝”图层组，按【Ctrl+J】组合键复制“帧 拷贝”图层组，得到“帧 拷贝 2”图层组，隐藏“帧 拷贝”图层组，如图 7-1-15 所示。

5. 调整“帧 拷贝 2”图层组

（1）在“帧 拷贝 2”图层组中选中“04 眼睛 1”图层，按【Ctrl+T】组合键，在工具属性栏上设置垂直缩放比例为“50.00%”，再次将眼睛压扁一些，如图 7-1-16 所示。

图 7-1-15 复制“帧 拷贝”图层组

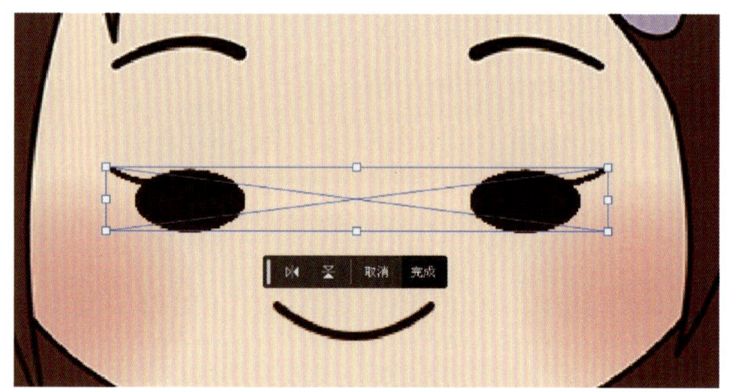

图 7-1-16 调整眼睛大小 2

（2）选择“06 左手”图层，按【Ctrl+T】组合键，将其旋转并向右移动至合适位置，如图 7-1-17 所示。

图 7-1-17 调整左手角度 2

6. 复制“帧 拷贝 2”图层组并调整“帧 图层 3”图层组

（1）选择“帧 拷贝 2”图层组，按【Ctrl+J】组合键复制“帧 拷贝 2”图层组，得到“帧 拷贝 3”图层组，隐藏“帧 拷贝 2”图层组。将“04 眼睛 1”图层转换为栅格化图层。选择“椭圆选框工具”，在工具属性栏上设置工具预设为“添加到选区”，然后框选眼睛上半部分，按【Delete】键，将眼睛的上半部分删除，效果如图 7-1-18 所示，完成后按【Ctrl+D】组合键取消选区。

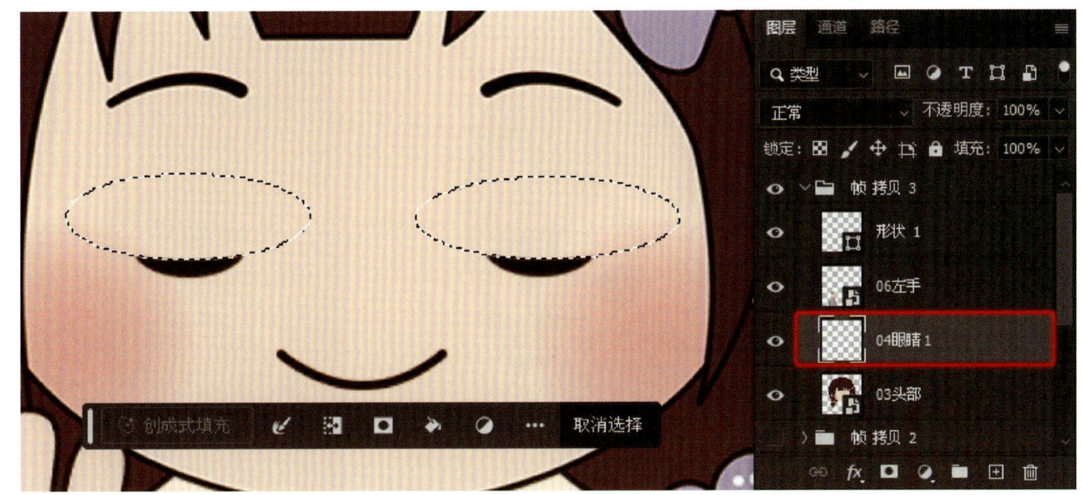

图 7-1-18　调整眼睛大小 3

（2）选择“06 左手”图层，按【Ctrl+T】组合键，将其旋转并向左移动至合适位置，如图 7-1-19 所示。

图 7-1-19　调整左手角度 3

7. 复制“帧 拷贝 3”图层组并调整“帧 图层 4”图层组

（1）选择“帧 拷贝 3”图层组，按【Ctrl+J】组合键复制“帧 拷贝 3”图层组，得到“帧 拷贝 4”图层组，隐藏“帧 拷贝 3”图层组。

（2）依次执行“文件”→“置入嵌入对象”命令，分别将“素材 / 项目七素材 /05 眼睛 2.png”和“素材 / 项目七素材 /07 右手 .png”文件置入页面中，并将其放置于合适的位置，然后将“05 眼睛 2”图层和“07 右手”图层拖至“帧 拷贝 4”图层组，并删除“04 眼睛 1”图层和“06 左手”图层，如图 7-1-20 所示。

图 7-1-20　置入眼睛 2 和右手图层

（3）选择“03 头部”图层，按【Ctrl+T】组合键，在工具属性栏上设置旋转角度为“5”度，将头部向右旋转，如图 7-1-21 所示。按【Enter】键完成操作。

图 7-1-21　旋转头部

（4）在工具箱中设置前景色为“粉红色（R243，G177，B163）”，选择“椭圆工具”，在工具属性栏中设置工具模式为“形状”、填充为“粉红色”、描边为“深褐色（R60，G40，B15）”、形状描边宽度为“4 像素”，在鼻子下方绘制椭圆，完成嘴巴绘制，并删除原来的嘴巴图层（“形状 1”图层），如图 7-1-22 所示。

（5）选择“横排文字工具”，在工具属性栏中设置字体类型为“黑体”、大小为“48 点”、颜色为“橙色（R255，G162，B38）”，在脸颊左方单击鼠标左键，输入中文“哇”，如图 7-1-23 所示。

图 7-1-22　绘制嘴巴 2

图 7-1-23　输入中文“哇”

8. 复制“帧 拷贝 4”图层组并调整“帧 拷贝 5”图层组

（1）选择“帧 拷贝 4”图层组，按【Ctrl+J】组合键复制“帧 拷贝 4”图层组，得到“帧 拷贝 5”图层组，隐藏“帧 拷贝 4”图层组。

（2）选择“05 眼睛 2”图层，按【Ctrl+T】组合键，选择上方自由变换锚点将其拉长；然后选择“椭圆 1”图层，按【Ctrl+T】组合键，选择角点并按住【Shift+Alt】组合键将其以中点为起点等比例放大；选择“07 右手”图层，按【Ctrl+T】组合键，将其向右旋转；选择“哇”文字图层，将其大小改为“72 点”，并使用“选择工具”将其向左上方移动，效果如图 7-1-24 所示。

图 7-1-24　调整“帧 拷贝 5”图层组

9. 复制“帧 拷贝 5”图层组并调整“帧 拷贝 6”图层组

（1）选择“帧 拷贝 5”图层组，按【Ctrl+J】组合键复制“帧 拷贝 5”图层组，得到“帧 拷贝 6”图层组，隐藏“帧 拷贝 5”图层组。

（2）选择“05 眼睛 2”图层，按【Ctrl+T】组合键，选择上方自由变换锚点将其拉长；选择“椭圆 1”图层，按【Ctrl+T】组合键，选择角点并按住【Shift+Alt】组合键将其以中心点为起点等比例放大；选择“07 右手”图层，按【Ctrl+T】组合键，将其向左旋转；选择“哇”文字图层，将其大小设置为“100 点”，并使用“选择工具”将其向左上方移动，效果如图 7-1-25 所示。

图 7-1-25　调整“帧 拷贝 6”图层组

七、制作帧动画

1. 显示“帧”图层

隐藏“帧 拷贝 6”图层组，选中并显示“帧”图层组，如图 7-1-26 所示。

图 7-1-26　显示“帧”图层组

2. 创建帧动画

执行“窗口”→“时间轴”命令，打开“时间轴”面板。单击创建模式右侧的图标，在弹出的选项卡中选择“创建帧动画”选项，单击鼠标左键创建帧动画，如图 7-1-27 所示。

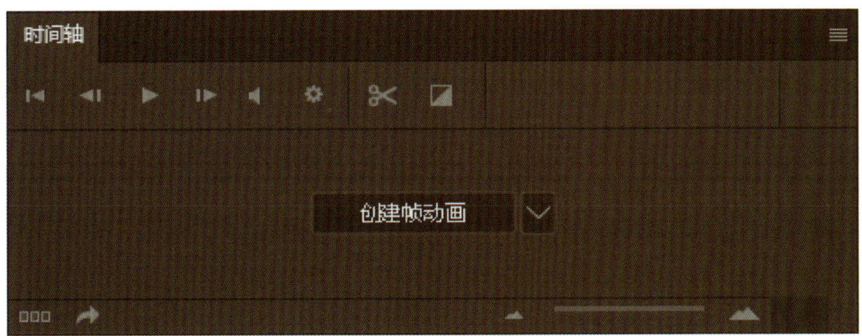

图 7-1-27　创建帧动画

3. 设置帧延迟时间

单击“选择帧延迟时间”倒三角图标，在弹出的选项卡中选择“0.2”，设置帧延迟时间为 0.2 秒，如图 7-1-28 所示。

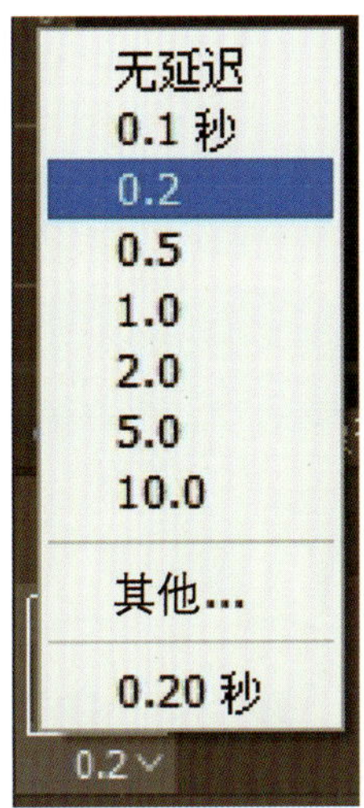

图 7-1-28　设置帧延迟时间

4. 显示“帧 拷贝”图层

单击“复制所选帧”图标，得到第二帧。隐藏“帧”图层组，选中并显示“帧 拷贝”图层组，如图 7-1-29 所示。

5. 显示“帧 拷贝 2”图层组

单击“复制所选帧”图标，得到第三帧。隐藏“帧 拷贝”图层组，选中并显示“帧 拷贝 2”图层组，如图 7-1-30 所示。

图 7-1-29　显示“帧 拷贝”图层组

图 7-1-30　显示“帧 拷贝 2”图层组

6. 制作帧动画

使用上述步骤中同样的方法继续依次复制帧，隐藏下一个图层，显示上一个图层，得到七个帧，如图 7-1-31 所示。

图 7-1-31　制作帧动画

7. 预览帧动画效果

单击“播放动画”按钮，预览帧动画效果。

八、保存文档

1. 存储文件

按【Ctrl+S】组合键，在弹出的“存储为”对话框中选择文件存储位置，文件名默认，保存类型为“Photoshop（*.PSD，*.PDD，*.PSDT）”，单击“保存”按钮保存该文档。

2. 导出文件

执行“文件”→“导出”→“存储为 Web 所用格式（旧版）”命令，在弹出的“存储为 Web 所用格式（100%）”对话框中，设置预设为“GIF 128 仿色”、格式为“GIF”，其他参数默认，然后单击“存储”按钮，如图 7-1-32 所示。在弹出的“将优化结果存储为”对话框中选择合适的存储位置，然后单击“保存”按钮，完成导出操作。

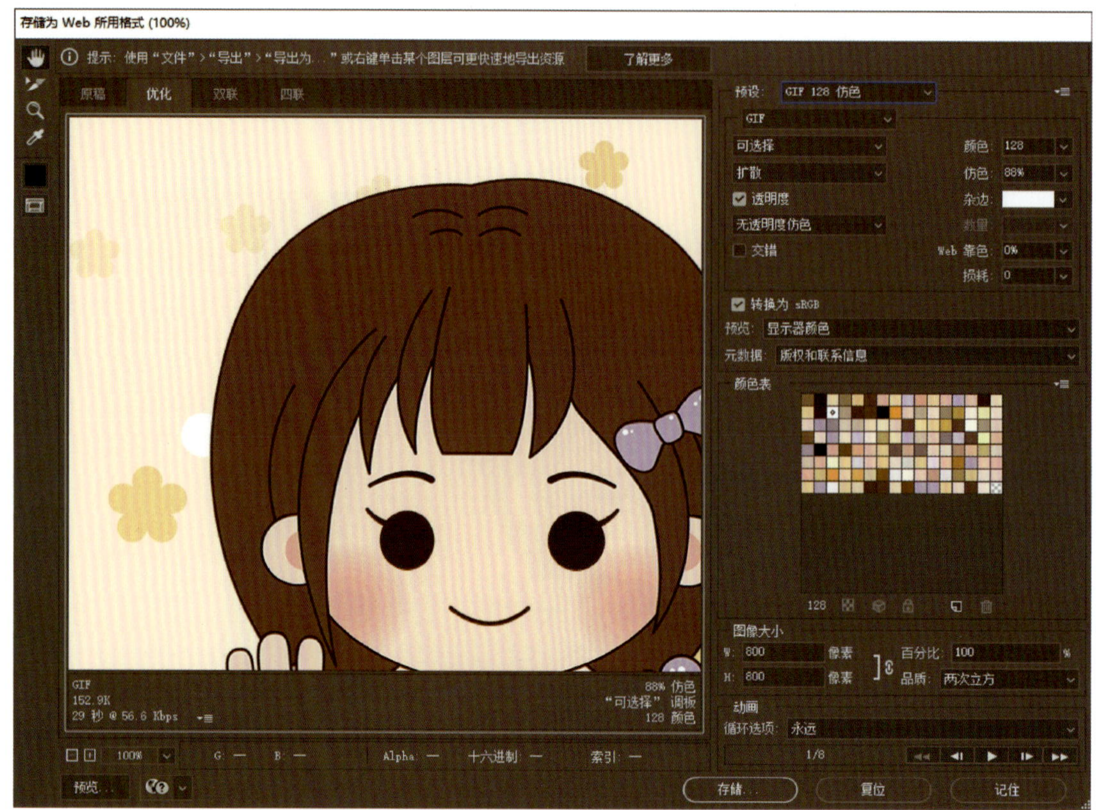

图 7-1-32　导出为 GIF 格式

任务二　动物动态设计——视频编辑

任务目标

1. 能设置安全色。
2. 能使用视频轨道。
3. 能保存 GIF 格式动态图片。

任务描述

本任务通过“视频时间轴”面板和“图层”面板，来完成图 7-2-1 所示的动物动态设计作品。要完成本任务，学习者除了需要掌握视频编辑动画的方法之外，还需要掌握关键帧的设置方法。

相关知识

一、Web 安全色

Web 安全色是指网页上的色彩在不同的显示设备和操作系统上表现基本一致，256 色里有 40 种颜色在 Macintosh 和 Windows 里显示的效果不一样，使用 216 Web 安全色是为了尽量让用户看到色彩相同的网页。

图 7-2-1　动物动态设计——跳跃的小狗

1. 将非安全色转为安全色

在“拾色器（前景色）”或“拾色器（背景色）”对话框中选择颜色时，当所选颜色右侧出现“警告”图标，说明当前选择的颜色不是 Web 安全色。单击“警告”图标，即可将当前颜色替换为与其最接近的 Web 安全色，如图 7-2-2 所示。

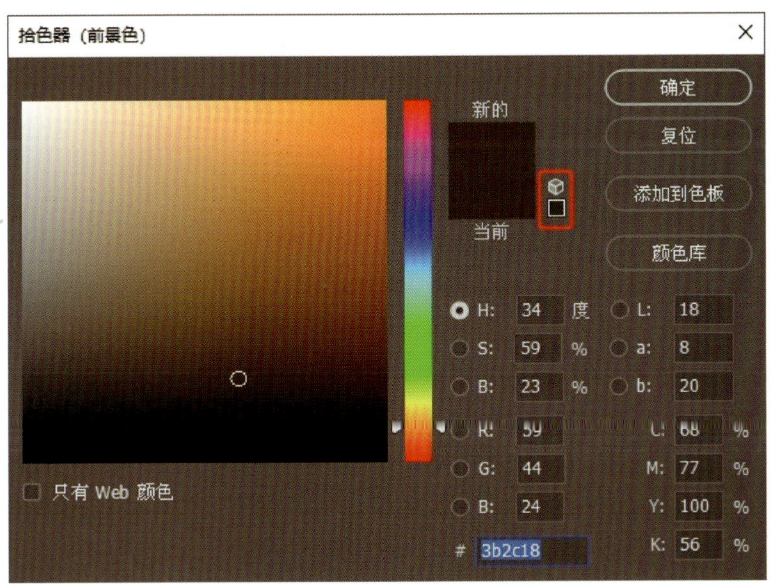

图 7-2-2　将非安全色转为安全色

2. 使用 Web 安全色

在工具箱中单击“设置前景色”或“设置背景色”图标，打开“拾色器（前景色）”或“拾色器（背景色）”对话框，选择颜色时，勾选对话框左下角的“只有 Web 颜色”选项，拾色器色域中的颜色将明显减少，此时可供选择的颜色皆为 Web 安全色，如图 7-2-3 所示。

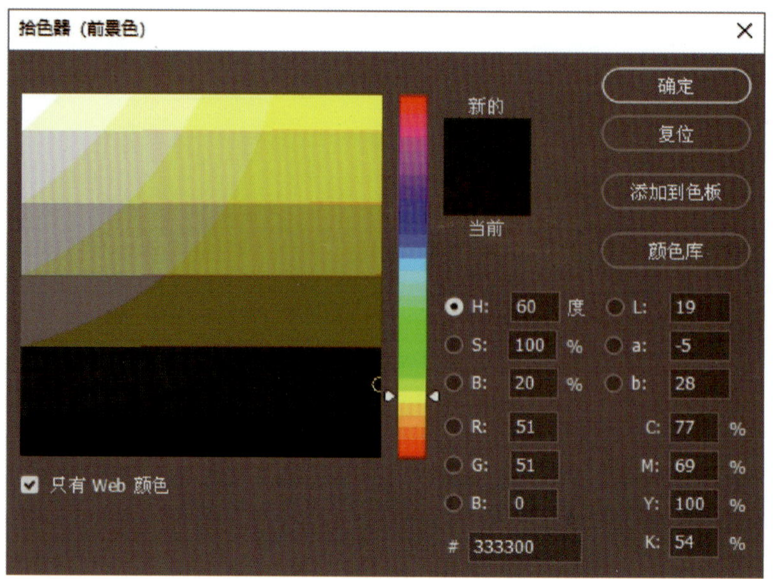

图 7-2-3　使用 Web 安全色

二、视频“时间轴”面板

执行“窗口”→“时间轴”命令，打开“时间轴”面板。单击创建模式右侧的图标，在弹出的选项列表中选择“创建视频时间轴”选项，单击“创建视频时间轴”，打开“视频时间轴”模式的“时间轴”面板。在该面板中，除“背景”图层外，其余各个图层都会作为一个“视频轨道”，可以对每个视频轨道进行调整、切分、设置动画等操作，如图 7-2-4 所示。

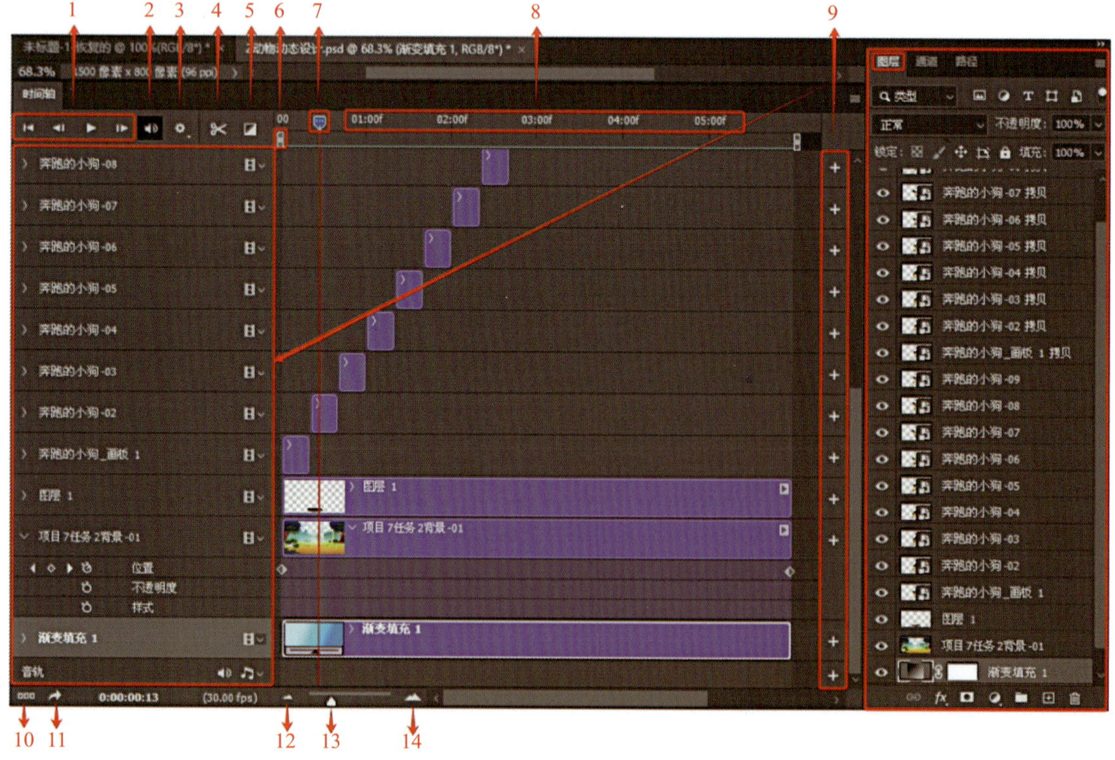

图 7-2-4　视频“时间轴”面板

1. 播放控件

播放控件可以控制视频的播放，其中包含“转到第一帧”图标、“转到上一帧”图标、“播放”图标和“转到下一帧”图标。

2. “音频控制”图标

“音频控制”图标用于关闭或启动音频的播放。

3. “设置回放选项”图标

“设置回放选项”图标用于设置分辨率以及选择循环播放。

4. “在播放头处拆分”图标

“在播放头处拆分”图标用于切分视频轨道。将当前时间指示器移动到需要切分的位置后，单击“在播放头处拆分”图标，即可将一个视频轨道切分为两个视频轨道。

5. “选择过渡效果并拖动以应用”图标

单击“选择过渡效果并拖动以应用”图标，在弹出的选项列表中设置持续时间，并从中选择所需的过渡效果，将过渡效果类型拖到剪辑的开头或结尾（将过渡效果放置在要交叉淡化的剪辑之间），即可为视频添加指定的过渡效果。拖动时间轴中过渡效果预览的边缘，可以精确设置入点和出点。

6. “工作区域指示器”图标

“工作区域指示器”图标用于设置工作区域的开头与结尾，拖动该按钮到指定的时间位置可以预览或导出动画或视频的特定部分。

7. “当前时间指示器”图标

“当前时间指示器”图标用于拖拽当前时间指示器，可以浏览帧或更改当前时间或帧。

8. 时间标尺

时间标尺 00　01:00f　02:00f 可以根据当前文档的持续时间和帧速率，水平测量持续时间或帧计数。

9. “向轨道添加媒体”图标

单击“向轨道添加媒体”图标，可以将要添加的视频或音频添加到轨道中。

10. “转换为帧动画”图标

单击“转换为帧动画”图标，可以将“视频时间轴”模式的“时间轴”面板切换为“帧动画”模式的“时间轴”面板。

11. “渲染视频”图标

单击“渲染视频”图标，可以选择文件保存位置，设置格式、预设、大小、范围等选项，设置完成后，单击“渲染”按钮，即可开始视频的渲染。

12. “缩小时间轴”图标

“缩小时间轴”图标用于缩小显示时间轴。

13. “控制时间轴显示比例”图标

拖动“控制时间轴显示比例”图标，向左可以缩小时间轴显示比例，向右可以放大时间轴显示比例。

14. “放大时间轴”图标

单击“放大时间轴”图标，可以放大显示时间轴。

> **小贴士**
>
> 如果当前的“时间轴”面板为“帧动画”模式，单击“转换为视频时间轴”图标可切换到“视频时间轴”面板。

任务实施

一、新建 Photoshop 文档

按【Ctrl+N】组合键，创建一个名称为“动物动态设计”，宽度为“750”、高度为“500”、单位为“像素”，分辨率为“96”像素 / 英寸，颜色模式为“RGB 颜色”的新图像文件。

二、添加渐变图层

1. 使用 Web 安全色

用鼠标左键单击“图层”面板中的“创建新的填充或调整图层”按钮，在弹出的选项卡中选择“渐变”，弹出“渐变填充 ”对话框，设置角度为“90 度”、样式为“线性”渐变。单击“渐变”色块，弹出“渐变编辑器”对话框，单击渐变控制条下方的第一个“色标”滑块后单击“颜色”按钮，在弹出的“拾色器（色标颜色）”对话框中，勾选左下角的“只有 Web 颜色”选项，如图 7-2-5 所示。

2. 填充渐变色

设置颜色为“#ccffff”，单击“确定”按钮完成颜色设置；在渐变控制条下方添加第二个“色标”滑块，设置颜色为“#33ccff”，位置为“50%”；单击右边第三个“色标”滑块，设置颜色为“#3399ff”。三个色标的不透明度均为“100%”，单击“确定”按钮完成设置，效果如图 7-2-6 所示。

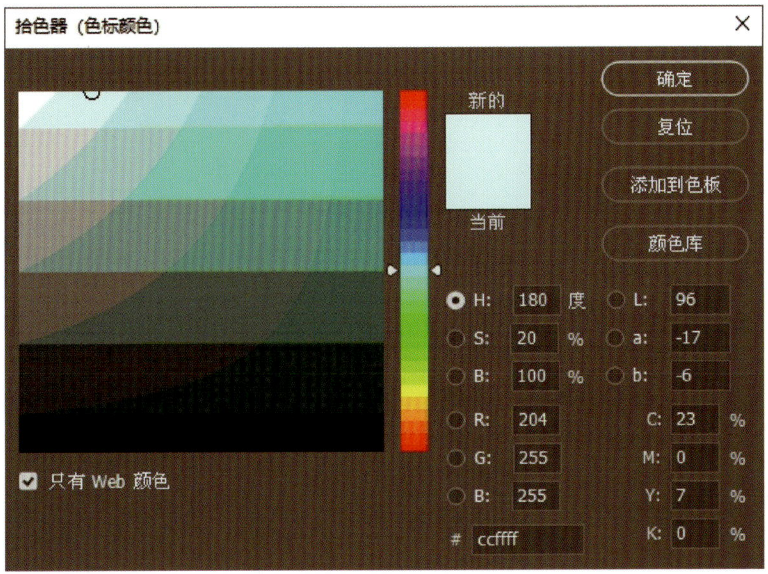

图 7-2-5　使用 Web 安全色

图 7-2-6　填充渐变色

三、添加背景素材

1. 打开背景素材

打开“素材 / 项目七素材 /08 动物动态背景素材 .psd”文件，如图 7-2-7 所示。

2. 拷贝背景图层

按【Ctrl+A】组合键全选“08 动物动态背景素材 .psd”文档，按【Ctrl+C】组合键复制背景素材。返回“动物动态设计 .psd”文档，按【Ctrl+V】组合键粘贴，“图层”面板会自动生成“图层 1”图层，如图 7-2-8 所示。

图 7-2-7　打开背景素材

图 7-2-8　拷贝背景图层

四、绘制椭圆

新建图层，设置前景色为“黑色”，选择“椭圆选框工具”，在工具属性栏中设置羽化为“10 像素”；在黄色土地上绘制一个适当的椭圆，按【Alt+Delete】组合键填充颜色，并在“图层”面板中设置不透明度为“30%”，如图 7-2-9 所示。完成后按【Ctrl+D】组合键取消选区。

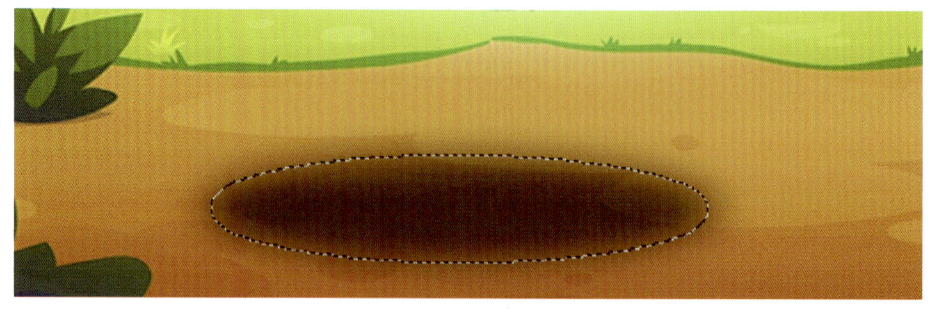

图 7-2-9　绘制椭圆

五、置入小狗跑步动态

1. 新建辅助线

按【Ctrl+R】组合键打开标尺，从上方标尺拉一条辅助线至椭圆中间，如图 7-2-10 所示。

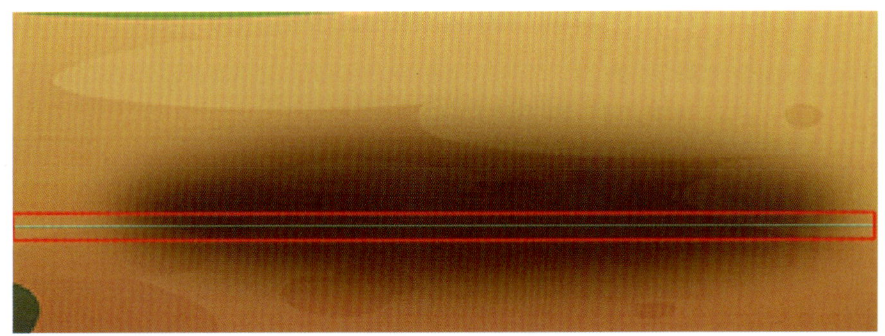

图 7-2-10　新建辅助线

2. 置入跑步动态

依次执行“文件”→“置入嵌入对象”命令，将“素材 / 项目七素材 /09 小狗跑步动态 -01.png”至“素材 / 项目七素材 /09 小狗跑步动态 -09.png”九个文件置入页面中，并置于阴影处的辅助线上方，如图 7-2-11 所示。

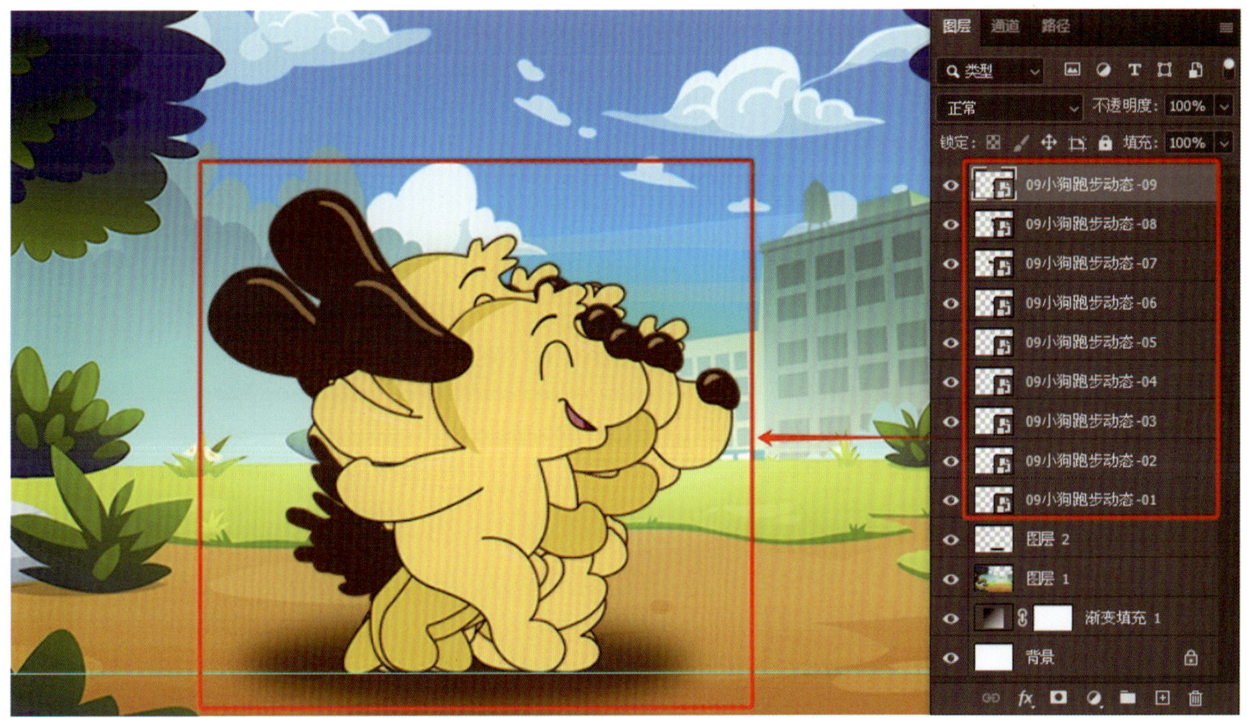

图 7-2-11　置入小狗跑步动态

六、创建视频时间轴动画

1. 创建视频时间轴动画状态

执行“窗口”→“时间轴”命令，然后单击“创建视频时间轴”按钮，进入创建视频时间轴动画状态，如图 7-2-12 所示。

图 7-2-12　创建视频时间轴动画状态

2. 调节“09 小狗跑步动态 –01”图层显示时间

在“时间轴”面板中将“当前时间指示器”移动至 0 秒处，选择“09 小狗跑步动态 -01”图层，用鼠标左键按住时间轴右侧向左拖动至“10f”处，结束时间为“00：10”，持续时间为“00：10”，如图 7-2-13 所示。

图 7-2-13　调节“09 小狗跑步动态 -01”图层显示时间

3. 调节“09 小狗跑步动态 —02”图层显示时间

在“时间轴”面板中选择“09 小狗跑步动态 -02”图层，用鼠标左键按住时间轴左侧向右拖动至“10f”处，然后按住时间轴右侧向左拖动至“20f”处，结束时间为“00：20”，持续时间为“00：10”，如图 7-2-14 所示。

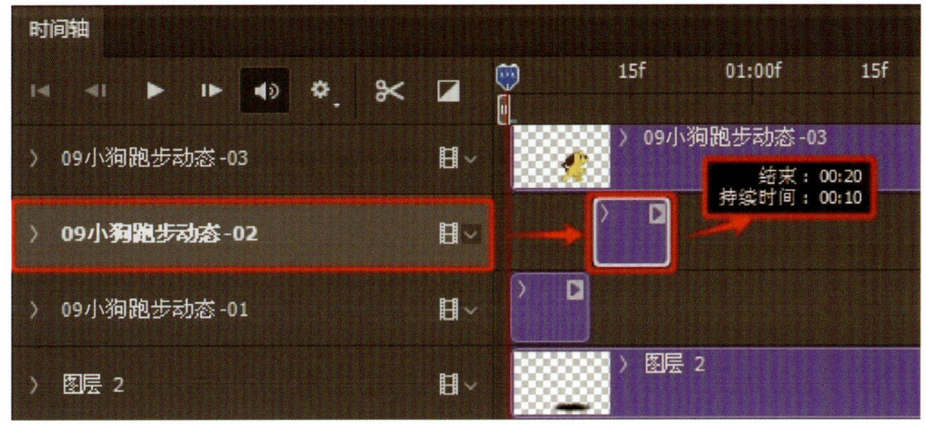

图 7-2-14　调节“09 小狗跑步动态 -02”图层显示时间

4. 依次调节所有小狗跑步动态的图层显示时间

依照上述步骤，依次在“时间轴”面板中选择“09 小狗跑步动态 -03”“09 小狗跑步动态 -04”“09 小狗跑步动态 -05”“09 小狗跑步动态 -06”“09 小狗跑步动态 -07”“09 小狗跑步动态 -08”及“09 小狗跑步动态 -09”图层，用鼠标左键按住时间轴左侧向右拖动至下方图层的结束时间处，按住时间轴右侧向左拖动至下一个“10f”处，持续时间均为“00：10”，如图 7-2-15 所示。

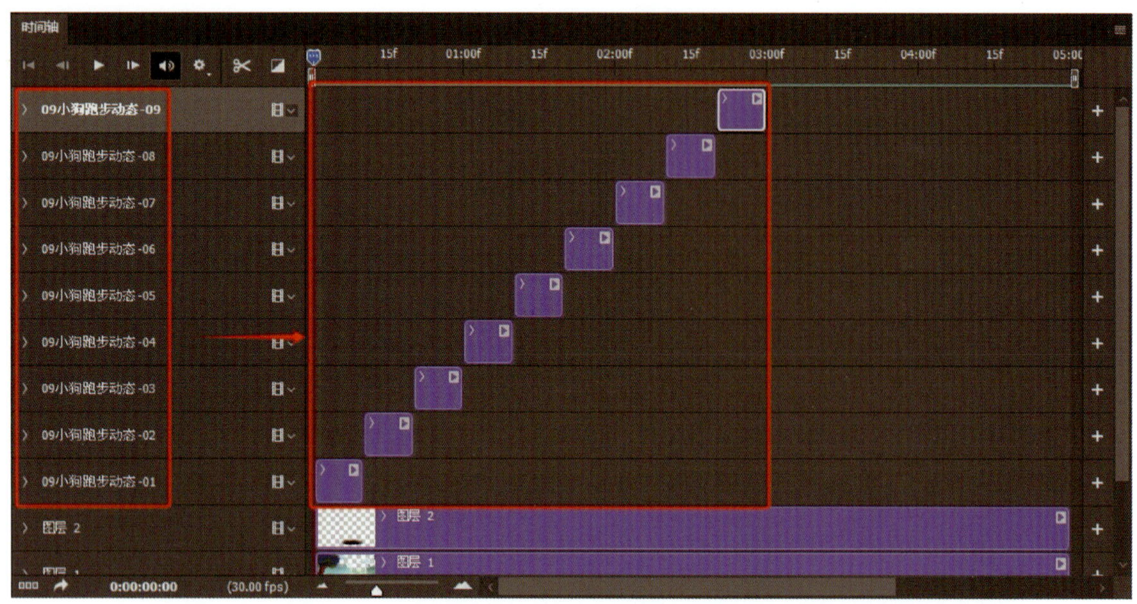

图 7-2-15　依次调节所有小狗跑步动态的图层显示时间

5. 调整图层显示时间

在“时间轴”面板中将“工作区域指示器”图标移动至“03：00f”处，将“图层 2”“图层 1”“渐变填充 1”的显示时间均调整至“03：00f”处，如图 7-2-16 所示。

图 7-2-16　调整图层显示时间

6. 添加关键帧

在“时间轴”面板中将“当前时间指示器”图标移动至“0”秒处，展开“图层 1”后单击“位置”左侧的“启用关键帧动画”图标启用并添加关键帧，如图 7-2-17 所示。

7. 向左移动背景图

将“当前时间指示器”图标移动至“03：00f”处，单击“位置”左侧的“在播放头处添加或移去关键帧”图标添加关键帧；选择“移动工具”，在页面中按住【Shift】键，将“图层 1”中的背景图向左移动，效果如图 7-2-18 所示。

图 7-2-17　添加关键帧

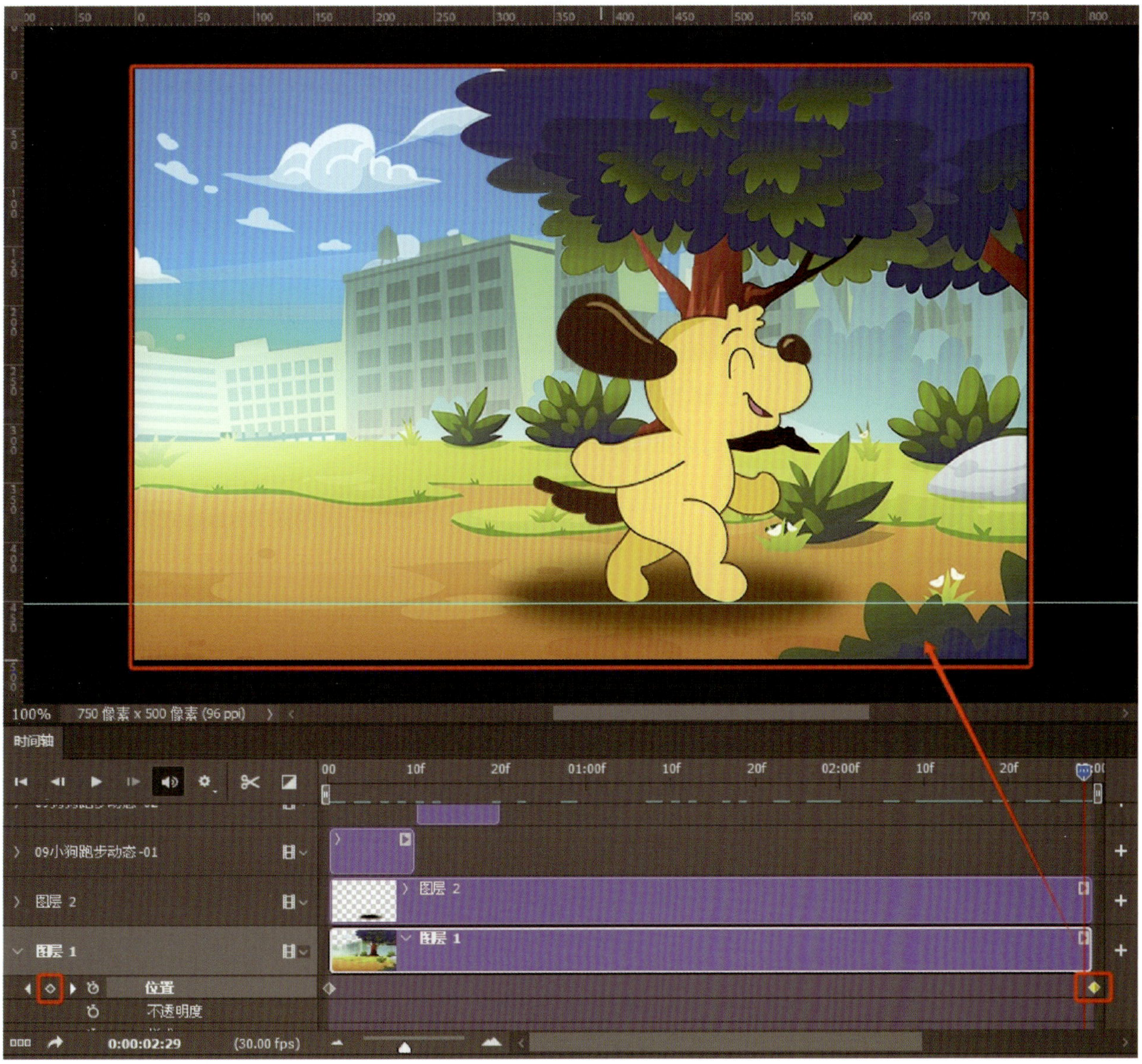

图 7-2-18　向左移动背景图

8. 查看播放效果

设置完成后单击“播放”图标查看效果，平面效果如图 7-2-19 所示。

图 7-2-19 小狗平面移动效果

七、保存文档

1. 存储文件

按【Ctrl+S】组合键，在弹出的“存储为”对话框中选择文件存储位置，文件名默认，保存类型为“Photoshop（*.PSD，*.PDD，*.PSDT）”，单击“保存”按钮保存该文档。

2. 导出文件

执行“文件”→“导出”→“存储为 Web 所用格式（旧版）”命令，在弹出的“存储为 Web 所用格式”对话框中，设置预设为“GIF 128 仿色”、格式为“GIF”，设置完成后单击“存储”按钮，如图 7-2-20 所示。在弹出的“将优化结果存储为”对话框中选择合适的存储位置，然后单击“保存”按钮，完成导出操作。

图 7-2-20　“存储为 Web 所用格式（100%）”对话框

任务三　文字动态设计——关键帧与音频

任务目标

1. 能通过“操控变形”命令来修改图像形态。
2. 能在“时间轴”面板上添加关键帧。
3. 能在实践中为图像添加渐入、移动、旋转等效果。
4. 能为视频添加音轨。

任务描述

本任务通过调整、变形荷花的形态，在时间轴上为荷花设置旋转效果，并为文字设置渐入和移动效果，来完成图 7-3-1 所示的文字动态设计作品。要完成此任务，学习者除了需要掌握视频编辑动画的方法之外，还需要学习为视频添加音频效果，以及进行视频渲染的技巧。

图 7-3-1　文字动态设计——夏至荷塘

相关知识

一、添加关键帧

在“时间轴”面板上，通过添加关键帧来改变图像的尺寸、位置、颜色等属性，从而实现图像的渐入、移动、旋转等效果，如图 7-3-2 所示。

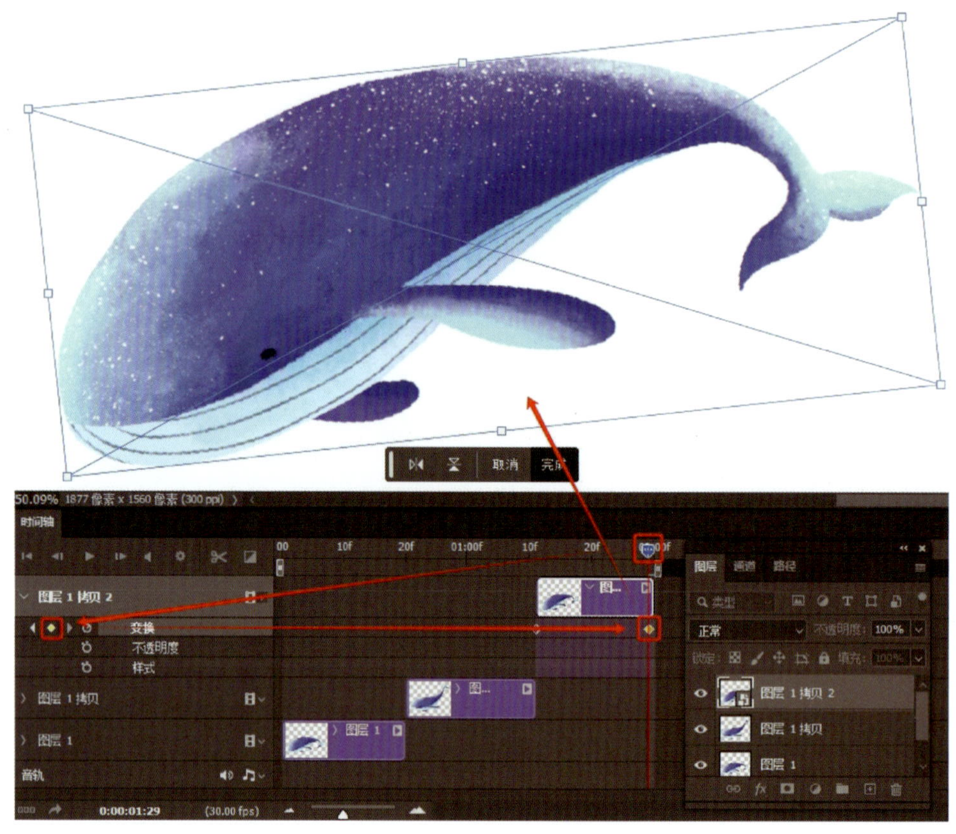

图 7-3-2　添加关键帧

二、添加音轨

单击“音轨”图标，在弹出的选项菜单中选择“添加音频”“复制音频剪辑”“删除音频剪辑”“替换音频剪辑”“新建音轨”或“删除轨道”等命令，可在时间轴上对音轨进行编辑和调整，如图 7-3-3 所示。

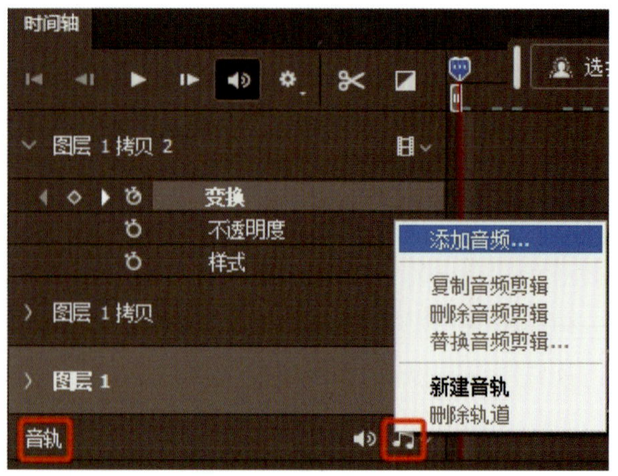

图 7-3-3　添加音频

三、操控变形

操控变形提供了一种可视的网格，借助网格可以随意扭曲特定图像区域的同时能够保持其他区域不变。执行“编辑”→“操控变形”命令，显示操控变形网格，在网格上单击鼠标左键添加控制点，可整体修改图像形态，如图 7-3-4 所示。操控变形除了可以应用在图像图层之外，还可以应用在图层蒙版和矢量蒙版中。

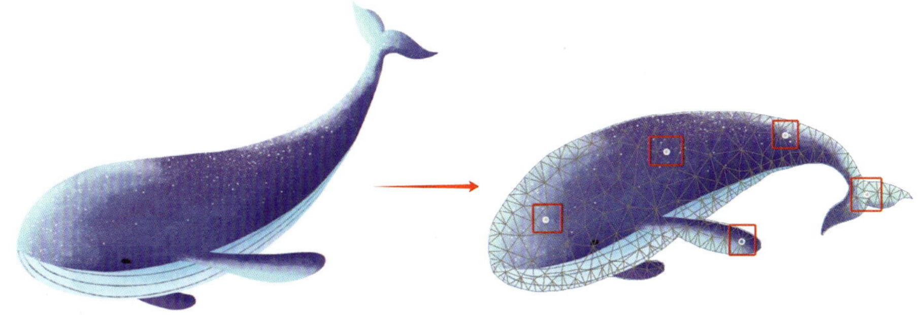

图 7-3-4　操控变形

> **小贴士**
>
> 在执行“操作变形”命令时，图像要尽量将对象背景删除。如果要以非破坏性的方式变形图像，那么需将对象转换为“智能对象”再进行变形操作。

四、渲染视频

执行“文件”→“导出”→“渲染视频”命令，在弹出的“渲染视频”对话框中选择“Adobe Media Encoder”，单击格式选项，在下拉菜单中选择适合的视频格式，如图 7-3-5 所示。

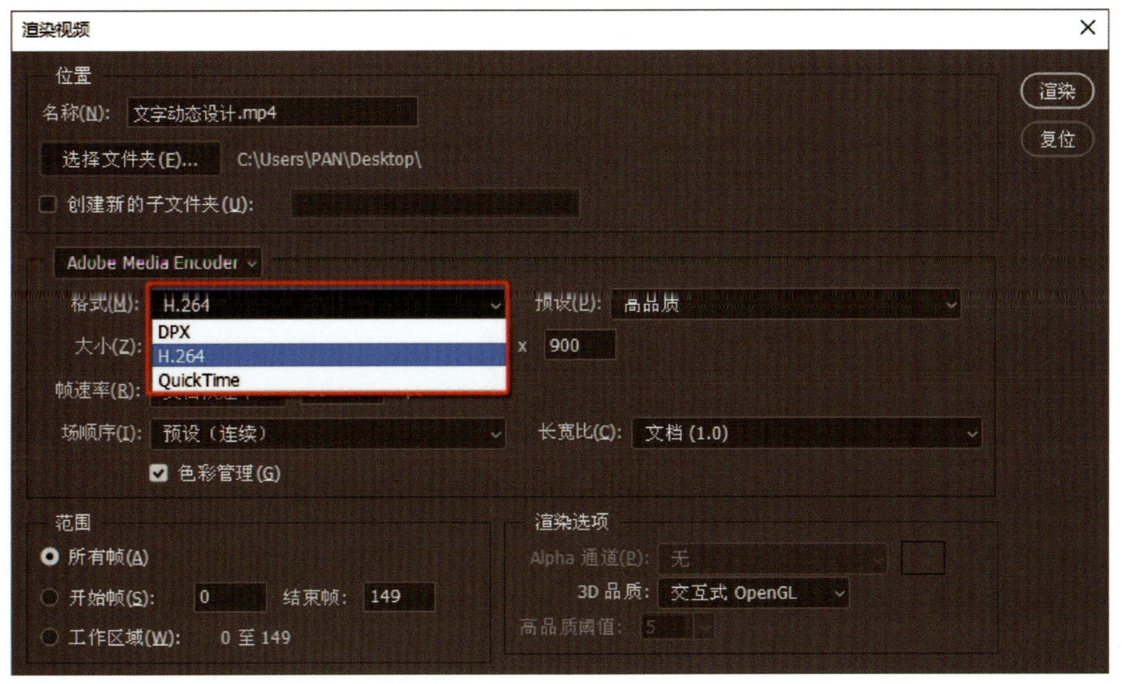

图 7-3-5　“渲染视频”对话框

1. “DPX”（数字图像交换）格式

“DPX”（数字图像交换）格式主要适用于使用 Adobe Premiere Pro 等编辑器合成到专业视频项目中的帧序列。

2. “H.264”（MPEG—4）格式

“H.264”（MPEG-4）格式是最通用的格式，具有高清晰度和宽银幕视频预设，以及为平板电脑设备或 Web 传送而优化的输出性能。

3. “QuickTime”（MOV）格式

“QuickTime”（MOV）格式是导出 Alpha 通道和未压缩视频所需的格式。“预设”菜单提供其他压缩选项。

任务实施

一、新建文档

按【Ctrl+N】组合键，新建一个名为“文字动态设计”的文档，宽度为“600”，高度为“900”，单位为“像素”，颜色模式为“RGB 颜色”，分辨率为“96”像素 / 英寸。

二、添加荷塘背景

执行“文件”→“置入嵌入对象”命令，将“素材 / 项目七素材 /10 荷塘 .psd”文件置入页面中，并调整图像大小，效果如图 7-3-6 所示。

图 7-3-6　添加荷塘背景

三、添加荷花素材

1. 打开荷花素材

按【Ctrl+O】组合键，打开“素材 / 项目七素材 / 11 荷花 1.psd”文件。

2. 复制盛开的荷花

选择“套索工具”，按住鼠标左键在页面中套选左侧盛开的荷花，建立选区后按【Ctrl+C】组合键复制荷花，返回“文字动态设计 .psd”文档，按【Ctrl+V】组合键粘贴荷花，此时“图层”面板自动生成“图层 1”图层。按【Ctrl+T】组合键调整荷花大小及角度，并放置于页面右下角，如图 7-3-7 所示。

3. 复制第二朵荷花

再次在“10 荷塘 .psd”文档中复制另一朵荷花

至“文字动态设计 .psd”文档中，“图层”面板自动生成“图层 2”图层。调整其大小后放置于页面的右下方，如图 7-3-8 所示。

图 7-3-7 复制盛开的荷花

图 7-3-8 复制第二朵荷花

4. 复制荷花 2

执行“文件”→“置入嵌入对象”命令，将“素材 / 项目七素材 /12 荷花 2.psd”文件置入页面中，“图层”面板自动生成“12 荷花 2”图层。调整荷花图像大小，并将其放置于页面下方中间位置，如图 7-3-9 所示。

四、对荷花 2 进行操控变形

1. 执行“操控变形”命令

在“图层”面板中，选择“12 荷花 2”图层，执行“编辑”→“操控变形”命令，显示操控变形网格，如图 7-3-10 所示。

2. 添加控制点

用鼠标左键在荷花杆的网格上单击添加三个控制点，如图 7-3-11 所示。

3. 操控变形荷花 2

用鼠标左键按住上方的控制点将荷花整体向左方摆动，效果如图 7-3-12 所示，然后按【Enter】键退出操控变形。

图 7-3-9　复制荷花 2

图 7-3-10　执行“操控变形”命令

图 7-3-11　添加控制点

五、输入文字

1. 输入文字“夏至”

单击工具箱上的前景色，在弹出的“拾色器”对话框中，勾选左下角的“只有 Web 颜色”选项，

设置前景色为“#00cccc”。选择“直排文字工具”，在工具属性栏中设置字体类型为“方正行楷简体”，文字的大小为“138 点”，在页面上方中间单击鼠标左键，输入文字“夏至”，按【Esc】键退出输入，“图层”面板自动生成“夏至”文字图层。使用“选择工具”将文字移至页面上方正中间位置，如图 7-3-13 所示。

图 7-3-12 操控变形荷花 2

图 7-3-13 输入文字“夏至”

2. 为“夏至”添加描边效果

双击“图层”面板中的“夏至”文字图层，在弹出的“图层样式”对话框中选中“描边”图层样式，设置结构大小为“8”像素，颜色为“白色”，其他数值为默认，如图 7-3-14 所示。单击“确定”按钮完成设置。

3. 输入直排文字

新建图层，选择“直排文字工具”，将文字的大小调整为“36 点”、颜色为“白色”、行距为“48 点”，在“夏至”的左下方输入文字，如图 7-3-15 所示。

4. 编组文字图层

按住【Shift】键选择两个文字图层，按【Ctrl+G】组合键将文字图层编组，并将图层组命名为“文字”，如图 7-3-16 所示。

5. 为文字图层组设置投影效果

双击“文字”图层组，在弹出的“图层样式”对话框中选择“投影”图层样式，设置混合模式为

图 7-3-14　为“夏至”添加描边效果

图 7-3-15　输入直排文字

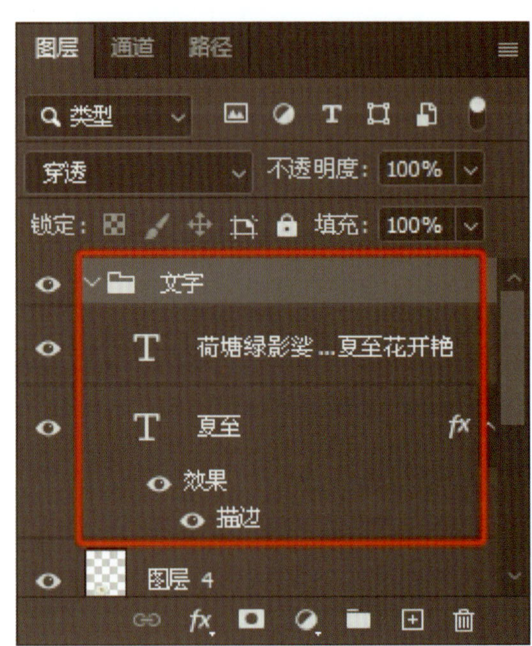

图 7-3-16　编组文字图层

“正片叠底”，不透明度为“30”%，距离为“5”像素，扩展为“8”%，大小为“7”像素，其他数值为默认，如图 7-3-17 所示。

图 7-3-17　为文字图层组设置投影效果

六、创建视频时间轴动画

执行“窗口”→“时间轴”命令，然后单击“创建视频时间轴”按钮，进入创建时间轴动画模式。

七、为荷花添加摇曳的动态

1. 将荷花图层转换为智能对象图层

将“图层 1”“图层 2”“12 荷花 2”三个荷花图层转换为智能对象图层，如图 7-3-18 所示。

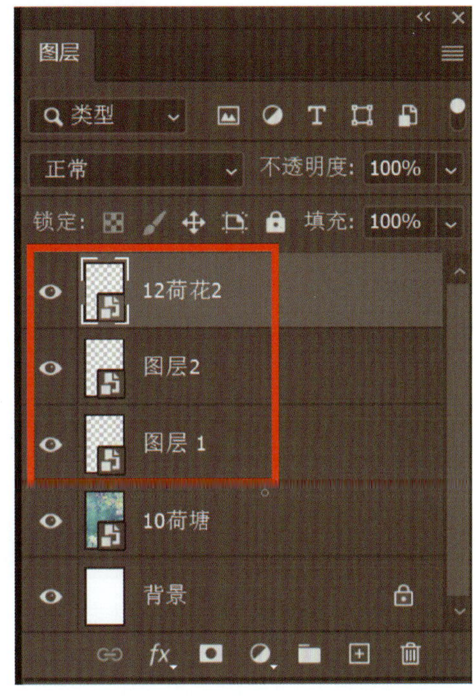

图 7-3-18　将荷花图层转换为智能对象图层

2. 为“图层 2”添加第二个关键帧

在“时间轴”面板中，将“当前时间指示器”图标移动至 0 秒处，展开“图层 1”后单击“变换”左侧的“启用关键帧动画”图标，启用并添加关键帧，将“当前时间指示器”移动至“02：00f”处，再次单击“变换”左侧的“启用关键帧动画”图标添加关键帧，如图 7-3-19 所示。

3. 旋转荷花

选择“图层 1”图层，按【Ctrl+T】组合键，将荷花向右旋转，并移动至合适的位置，如图 7-3-20 所示，完成后按【Enter】键退出自由变换。

图 7-3-19　为“图层 2”添加第二个关键帧

4. 添加第三个关键帧效果

将“当前时间指示器”图标移动至“05：00f”处，再次添加关键帧，按【Ctrl+T】组合键，将荷花向左旋转，并移动至合适的位置，如图 7-3-21 所示，按【Enter】键退出自由变换。

图 7-3-20　旋转荷花

图 7-3-21　添加第三个关键帧效果

5. 为三朵荷花添加动态摇曳效果

依次执行步骤 2 至步骤 4，分别为“图层 2”“12 荷花 2”的荷花添加动态摇曳效果，如图 7-3-22 所示。

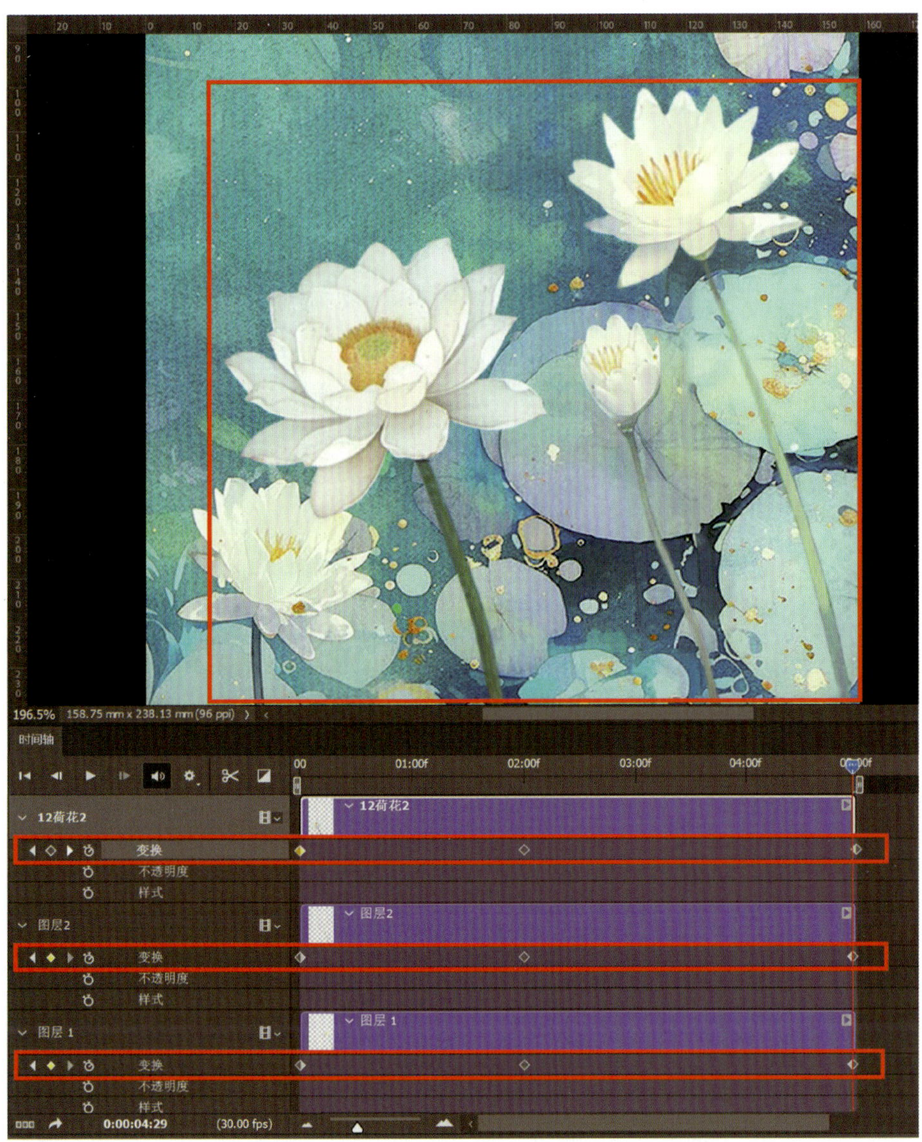

图 7-3-22　为三朵荷花添加动态摇曳效果

八、为文字设置渐入、移动效果

1. 将文字不透明度调整为 0%

在“图层”面板中选择“文字”图层组，按【Ctrl+E】组合键合并为名为“文字”的普通图层，并将不透明度调整为“0%”，如图 7-3-23 所示。

2. 将文字不透明度调整为 100%

在“时间轴”面板中将“当前时间指示器”图标移动至 0 秒处，展开“文字”图层后单击“不透明度”左侧的“启用关键帧动画”图标，启用并添加关键帧；将“当前时间指示器”图标移动至“02：00f”处，再次添加不透明度关键帧，并在“图层”面板中将“文字”图层的不透明度调整为“100%”，如图 7-3-24 所示。

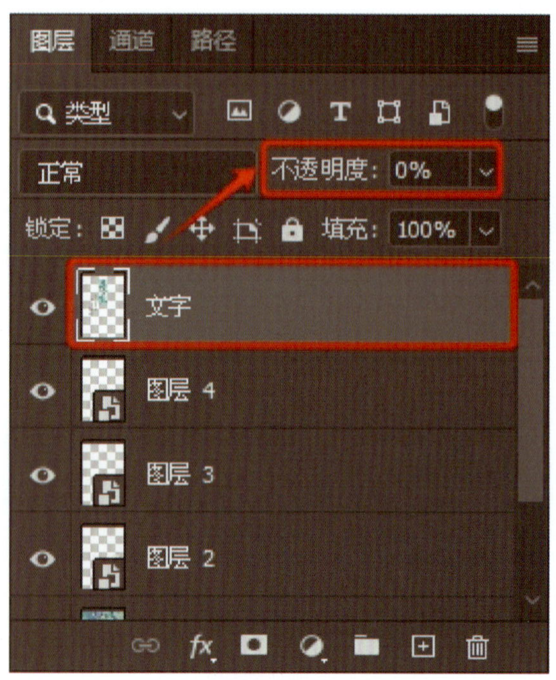

图 7-3-23　将文字不透明度调整为 0%

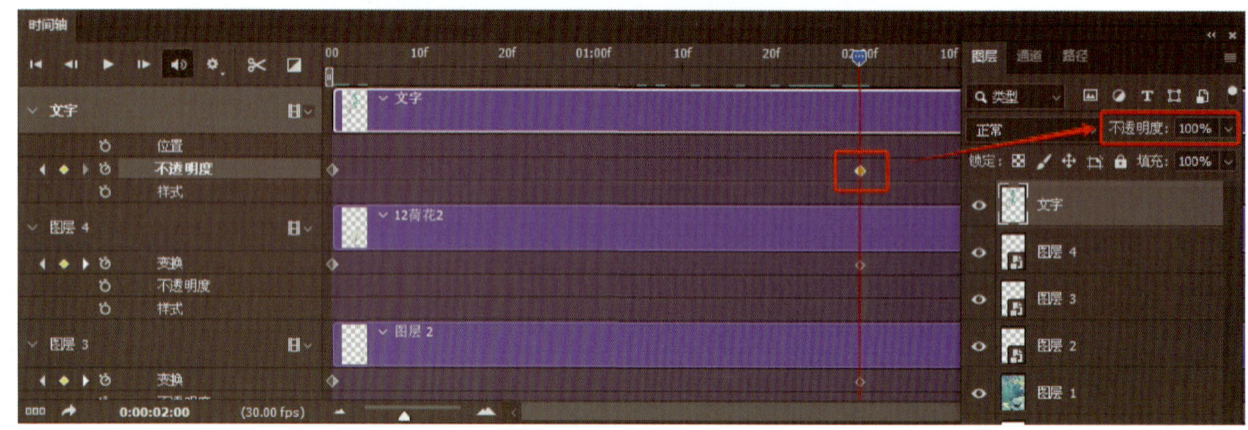

图 7-3-24　将文字不透明度调整为 100%

3. 将文字向下移动

将“当前时间指示器”图标移动至 0 秒处，添加“位置”关键帧，将“当前时间指示器”图标移动至“02：00f”处，再次添加“位置”关键帧，并把文字向下移动，如图 7-3-25 所示。

九、添加音频

1. 打开音轨文件

单击“音轨”图标♫，在弹出的下拉菜单中选择“添加音频”，打开“素材 / 项目七素材 /13 音轨 .mp3”文件，如图 7-3-26 所示。

图 7–3–25　将文字向下移动

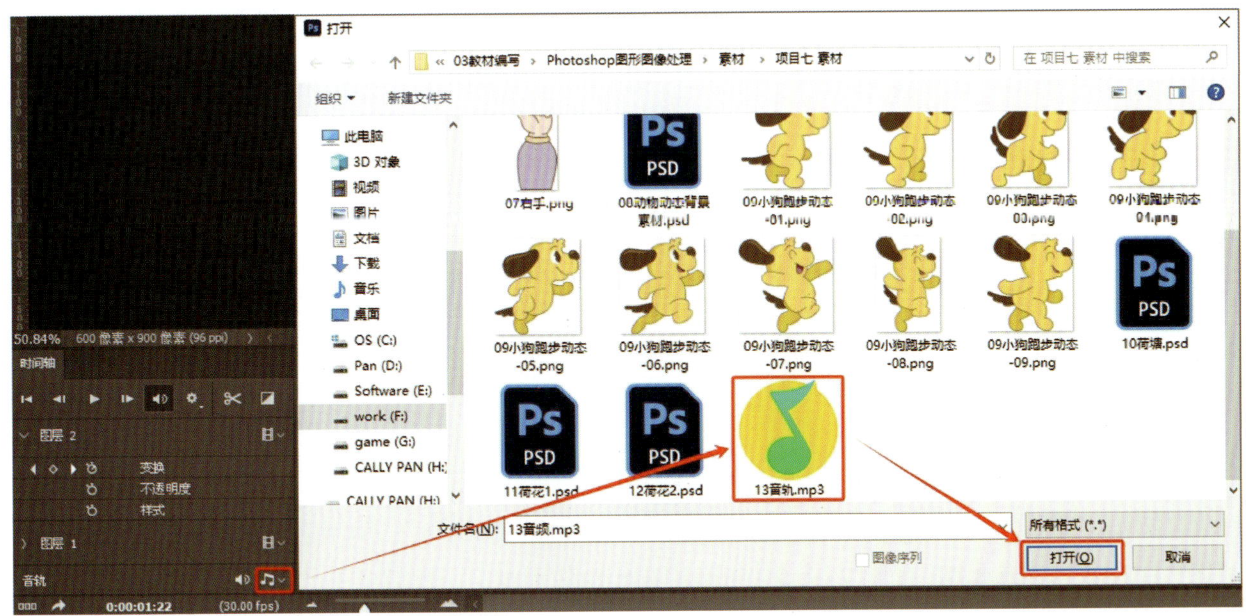

图 7–3–26　打开音轨文件

2. 拆分音轨

将“当前时间指示器”图标移动至“07：00f”处，单击时间轴上的“在播放头处拆分”按钮✂，拆分音轨，如图 7-3-27 所示。

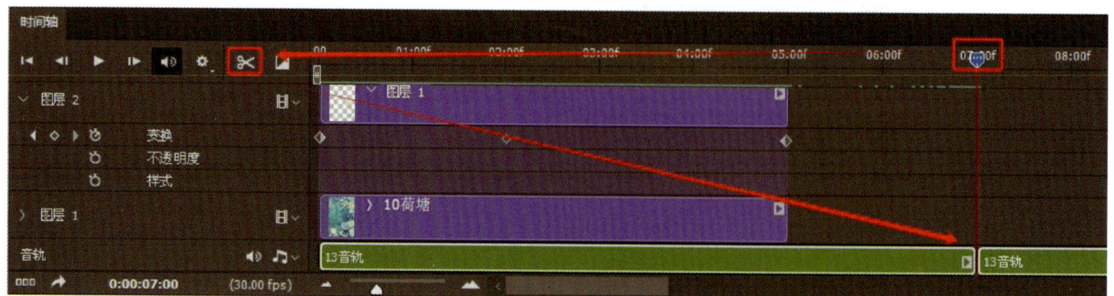

图 7-3-27　拆分音轨

3. 调整音轨时长

选中第一段音轨，按【Delete】键删除，并将第二段音轨的结束时间调至“05：00f”处，与图层时长一致，如图 7-3-28 所示。

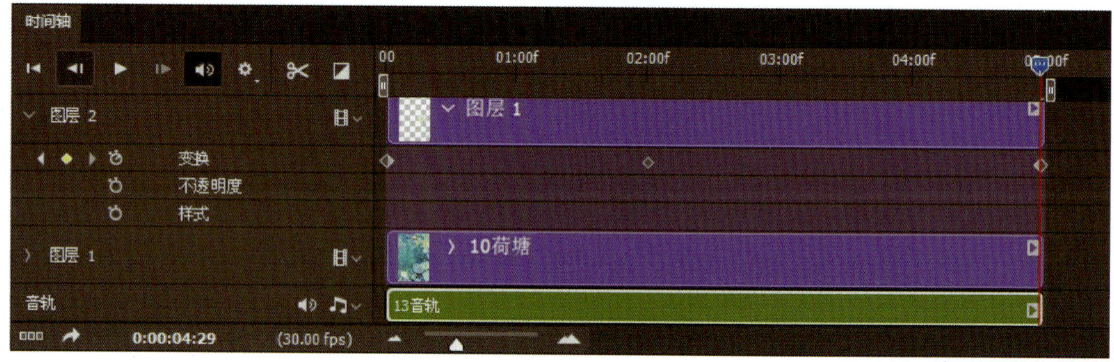

图 7-3-28　调整音轨时长

十、保存文档

1. 存储文件

按【Ctrl+S】组合键，在弹出的“存储为”对话框中选择文件存储位置，文件名默认，保存类型为“Photoshop（*.PSD，*.PDD，*.PSDT）”，单击“保存”按钮保存该文档。

2. 渲染视频

执行“文件”→“导出”→“渲染视频”命令，在弹出的“渲染视频”对话框中，单击“选择文件夹”按钮，设置文件导出位置。然后选择“Adobe Media Encoder”，单击格式选项，在下拉菜单中选择“H.264”视频格式，如图 7-3-29 所示；其他参数为默认，然后单击“渲染”按钮，完成导出操作。

渲染视频
位置
名称(N): 文字动态设计.mp4
选择文件夹(F)... F:\Cally\03教材编写\Photoshop图形图像处理\7项目七 动画设计\项目七 实例\
创建新的子文件夹(U):
Adobe Media Encoder
格式(M): H.264
预设(P): 高品质
大小(Z): 文档大小 600 x 900
帧速率(R): 文档帧速率 30 fps
场顺序(I): 预设（连续）
长宽比(C): 文档 (1.0)
色彩管理(G)
范围
所有帧(A)
开始帧(S): 0 结束帧: 149
工作区域(W): 0 至 149
渲染选项
Alpha 通道(P): 无
3D 品质: 交互式 OpenGL
高品质阈值: 5
渲染
复位
图 7-3-29　渲染视频

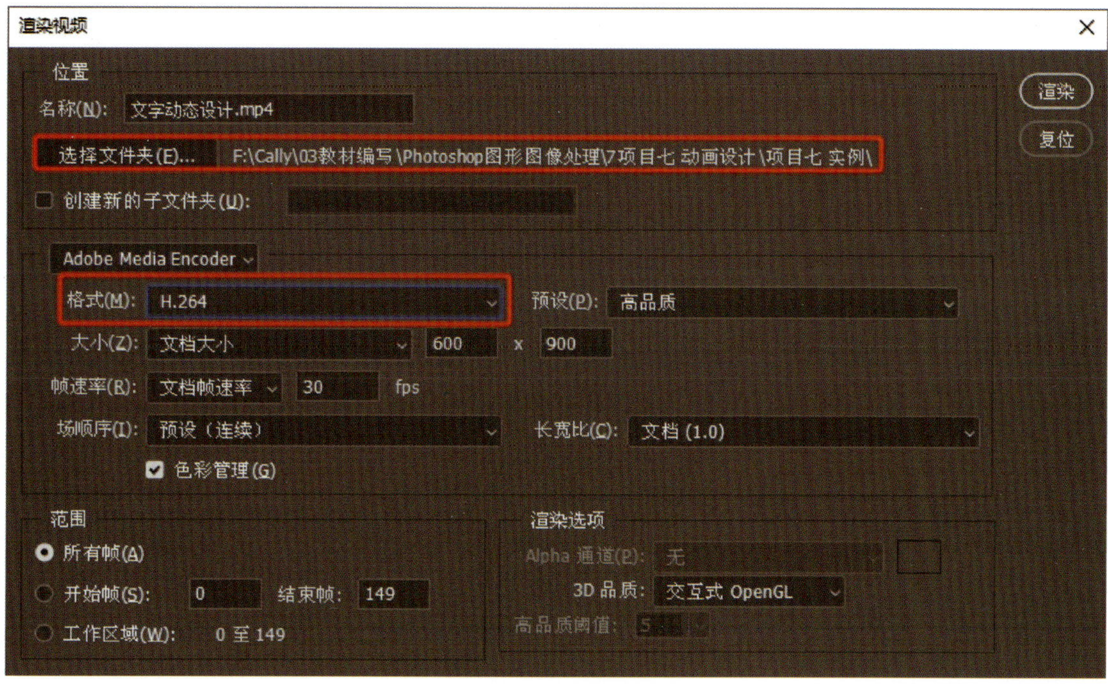

项目八

3D 效果设计——3D 对象编辑

动漫3D效果设计是指在二维动漫作品或角色设计中融入三维视觉元素，以创造具有立体感和空间深度的视觉效果。这种设计方式不仅限于简单的3D模型应用，更涵盖了光影处理、材质贴图、景深控制等高级视觉技术的综合应用。

本项目通过动漫角色3D设计、动漫道具3D设计和动漫场景3D设计的任务实例，介绍了Photoshop中的3D效果设计功能，如创建与编辑3D对象、为对象添加材质、设置3D光源等，重点讲解了3D对象创建与编辑的基础使用方法。

任务一　动漫角色3D设计——创建与编辑3D对象

任务目标

1. 能从所选图层新建3D对象。
2. 能从所选路径新建3D对象。
3. 能编辑3D对象。
4. 能设置“3D”面板及“属性”面板。
5. 能存储并导出3D对象。

任务描述

本任务通过应用Photoshop中的“3D”菜单来创建和编辑图8-1-1所示的动漫角色3D小狗。要完成本任务，学习者除了需要学习创建和编辑3D对象的相关命令之外，还需要掌握在图层中应用“色相/饱和度”和“曲线”命令来调整图像效果的方法。

图8-1-1　动漫角色3D设计——小狗

相关知识

一、从 2D 图像创建 3D 对象

Photoshop 的“3D”菜单包含用于创建和编辑 3D 对象的命令，使用这些命令可以从 2D 图层中创建各种各样的 3D 对象。

单击“3D”菜单，从弹出的选项菜单中可以看到三种新建 3D 模型的方式，即从所选图层新建 3D 模型、从所选路径新建 3D 模型和从当前选区新建 3D 模型，如图 8-1-2 所示。

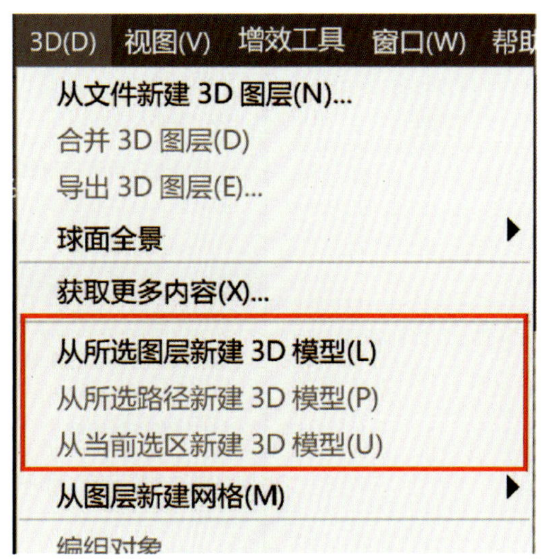

图 8-1-2　3 种新建 3D 模型的方式

1. 从所选图层新建 3D 模型

在所选图层上执行“3D”→“从所选图层新建 3D 模型”命令，使所选图层生成 3D 凸出效果。

小贴士

“从所选图层新建 3D 模型”命令除了可以对普通图层进行操作外，还可以对智能对象图层、文字图层、形状图层、填充图层进行操作。

2. 从所选路径新建 3D 模型

当当前文档包含路径时，执行“3D”→“从所选路径新建 3D 模型”命令，可使当前图层中路径内的图像生成 3D 模型效果。

3. 从当前选区新建 3D 模型

创建一个选区后，执行“3D”→“从当前选区新建 3D 模型”命令，可将选区内的图层内容转换为 3D 模型。

二、创建常用的 3D 模型

使用“网格预设”命令可以创建常用的 3D 模型。如果当前选中的图层包含内容，可以基于这些内容生成 3D 模型。

执行“3D”→“从图层新建网格”→“网格预设”命令，在子菜单中可以看到十一种预设形状，如图 8-1-3 所示。选择其中一种形状后，Photoshop 会将 2D 图像转换为 3D 图层，并生成所选形状的 3D 模型。

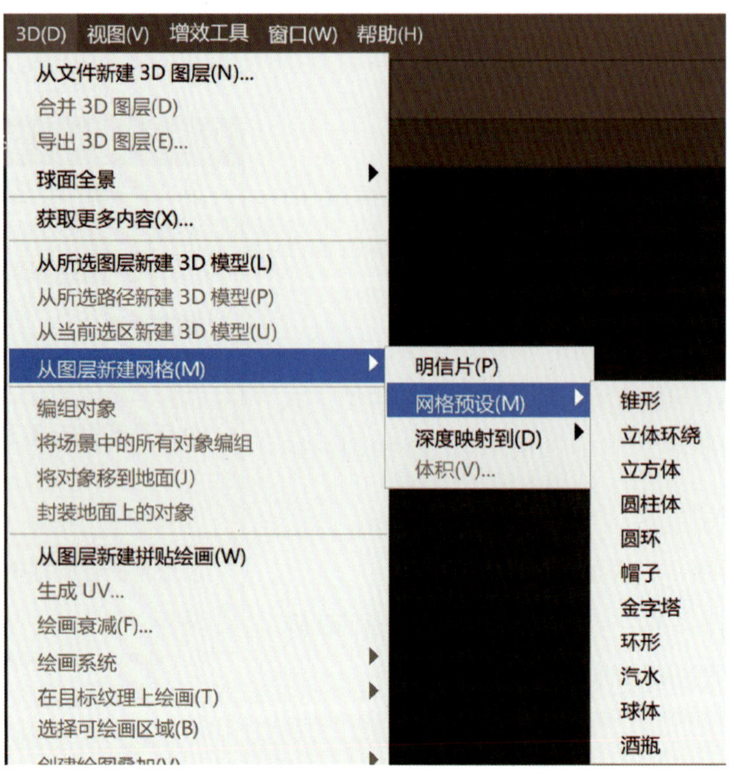

图 8-1-3 “网格预设”子菜单的十一种预设形状

三、“3D”面板与“属性”面板

在“3D”面板的顶部，可以轻松切换“整个场景”“网格”“材质”和“光源”等组件的显示状态。当单击“整个场景”按钮时，系统将全面展示当前 3D 场景中包含的所有内容条目，这些条目包括网格模型条目、材质条目、相机条目及灯光条目等，如图 8-1-4 所示。单击某一条目，即可在紧随其后的“属性”面板中，针对该条目进行详细的参数设置和调整。

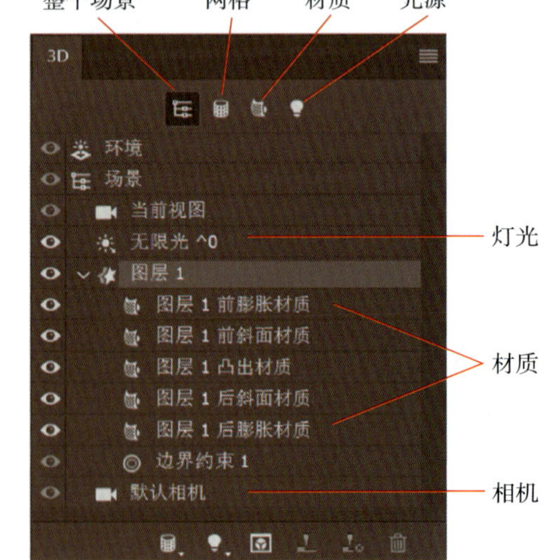

图 8-1-4 “3D”面板

四、存储 3D 文档与导出 3D 对象

1. 存储 3D 文档

由于 3D 对象图层的特殊性，为保留 3D 模型的位置、光源、渲染模式和横截面信息，需要将文件保存为 PSD、PSB、TIFF 或 PDF 格式。

2. 导出 3D 对象

在“图层”面板中选择相应的 3D 图层，然后执行“3D”→“导出 3D 图层”命令，在弹出的“导出属性”对话框中，可以选择将 3D 图层导出为 Collada DAE、Google Earth 4 KMZ、OpenGL Transmission Format|GLTF/GLB、STL 或 Wavefront|OBJ 这几种 3D 文件格式，如图 8-1-5 所示。

图 8-1-5　“导出属性”对话框

任务实施

一、打开文档

按【Ctrl+O】组合键，弹出“打开”对话框，在对话框中选择“素材/项目八素材/01 小狗.jpg”，然后单击“打开”按钮，打开图像文件，如图 8-1-6 所示。

图 8-1-6　选择打开的文件

二、制作 3D 小狗

1. 执行“从所选图层新建 3D 模型”命令

执行“3D”→“从所选图层新建 3D 模型”命令，弹出“Adobe Photoshop”对话框，单击“是”

按钮，即可创建 3D 对象，如图 8-1-7 所示。

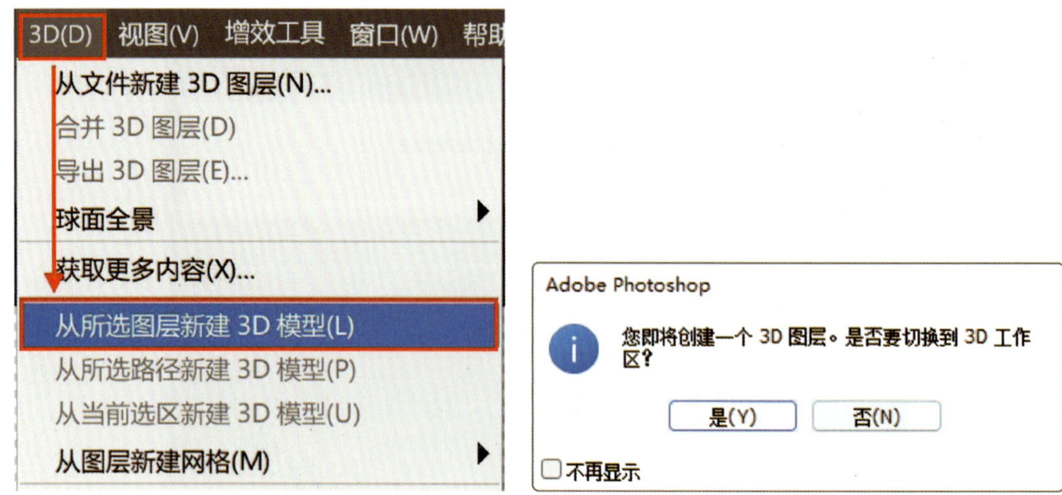

图 8-1-7　执行"从所选图层新建 3D 模型"命令 1

2. 在"属性"面板中设置参数

在"属性"面板中单击"形状预设"图标，在弹出的选项图表中选择"膨胀"样式，设置凸出深度为"20 像素"，如图 8-1-8 所示。

3. 将 3D 图层栅格化为普通图层

回到"图层"面板，用鼠标右键单击"图层 1"图层，在弹出的选项卡中选择"栅格化图层"命令，将 3D 图层栅格化为普通图层，如图 8-1-9 所示。栅格化后的图层缩览图右下角的图标将消失。

图 8-1-8　在"属性"面板中设置参数 1

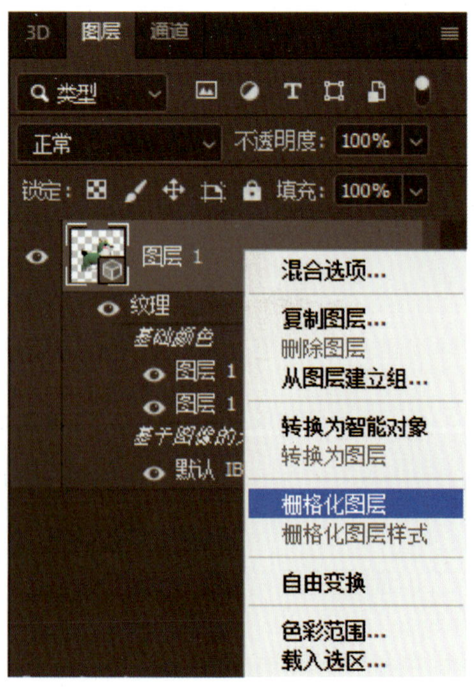

图 8-1-9　将 3D 图层栅格化为普通图层 1

4. 复制并调整小狗位置

选中“图层 1”图层，按【Ctrl+T】组合键将小狗调整至合适大小并拖动到页面左侧，按【Enter】键完成操作。接着按【Ctrl+J】组合键复制“图层 1”图层为“图层 1 拷贝”图层，再次按【Ctrl+T】组合键调出变换定界框，然后单击鼠标右键，在弹出的选项卡中选择“水平翻转”命令，将小狗水平翻转后置于页面右侧，按【Enter】键完成操作，效果如图 8-1-10 所示。

图 8-1-10　复制并调整小狗位置

5. 调整小狗色相

选中“图层 1 拷贝”图层，按【Ctrl+U】组合键，打开“色相/饱和度”对话框，设置色相参数为“+73”，使小狗变为蓝色，如图 8-1-11 所示。单击“确定”按钮完成设置。

6. 编组并重命名

将所有图层选中，按【Ctrl+G】组合键进行编组，并将该组命名为“小狗”图层组，如图 8-1-12 所示。

图 8-1-11　调整小狗色相

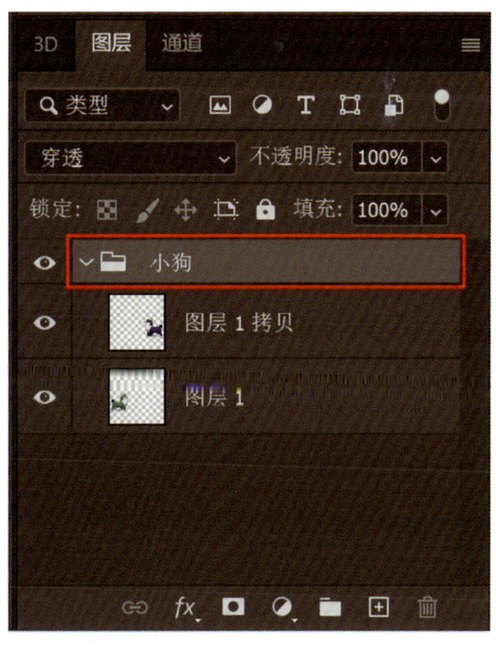

图 8-1-12　编组并重命名

7. 再次在“属性”面板中设置参数

选中“小狗”图层组，单击“创建新的填充或调整图层”图标◐，在弹出的选项卡中选择“曲线”，此时会弹出“属性”面板。单击该面板上的曲线增加一个控制点激活其属性，然后设置参数，输入为“161”、输出为“203”，如图 8-1-13 所示，把小狗适当调亮一些。按【Alt+Ctrl+G】组合键，创建剪贴蒙版，如图 8-1-14 所示。

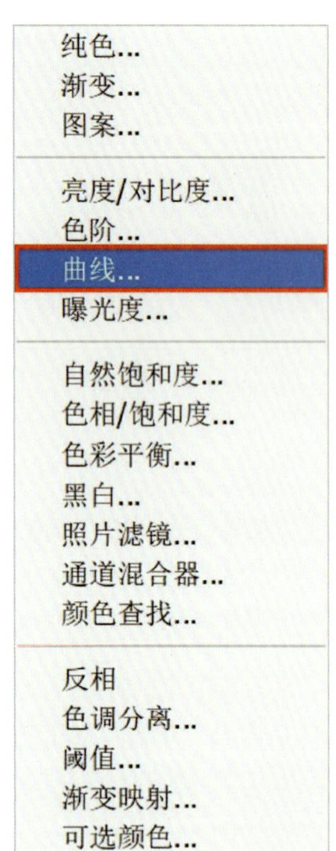

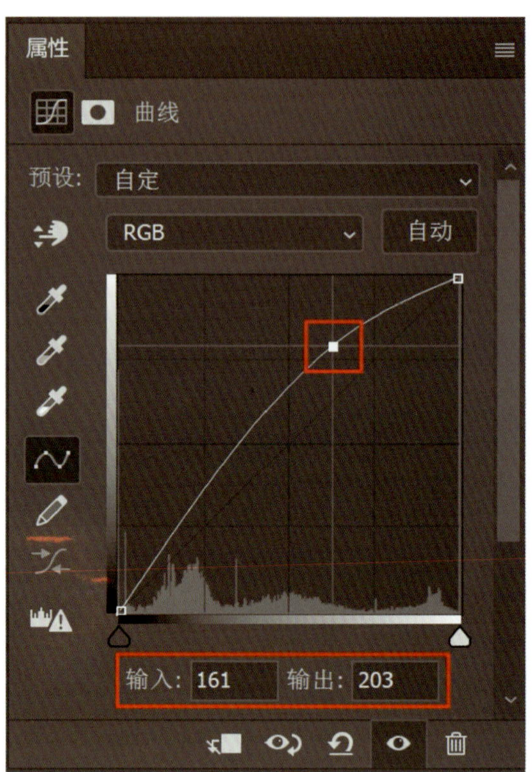

图 8-1-13　在“属性”面板中设置参数 2

图 8-1-14　创建剪贴蒙版

三、制作 3D 小球

1. 在画面中心绘制圆形

在“曲线 1”图层上方新建“图层 2”图层，重命名为“小球”图层，选择“椭圆工具”，在工具属性栏设置其属性为“路径”，按住【Alt+Shift】组合键，然后在页面中绘制圆形，如图 8-1-15 和图 8-1-16 所示。

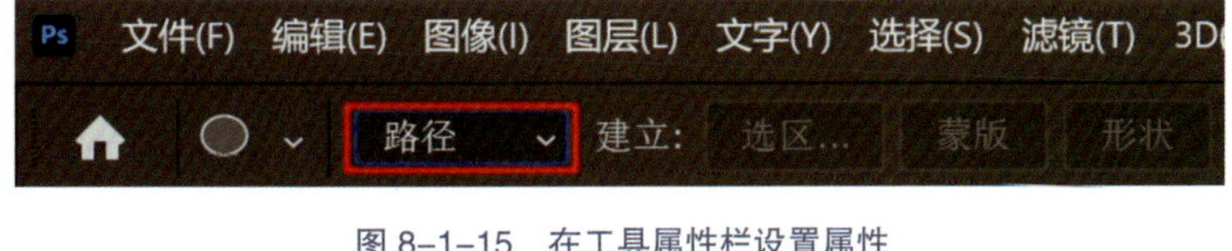

图 8-1-15　在工具属性栏设置属性

图 8-1-16　在画面中心绘制圆形

2. 生成 3D 对象

选中“小球”图层，执行“3D”→“从所选路径新建 3D 模型”命令，即可从路径中生成 3D 对象，如图 8-1-17 所示。选择 3D 模型，在“属性”面板中单击“形状预设”，选择“膨胀”样式，设置凸出深度为“70 像素”，如图 8-1-18 所示。

3. 选择材质

选择“3D 材质吸管工具”，在球体上单击，对材质进行取样。然后在“属性”面板上选择“绒面塑料（蓝色）”材质，为模型贴材质，如图 8-1-19 所示。

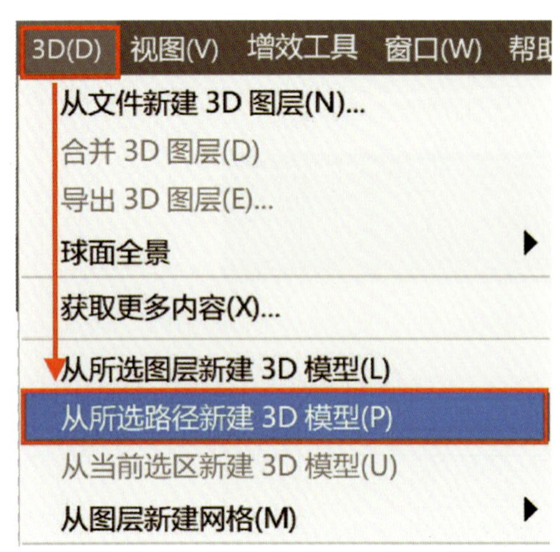

图 8-1-17　执行“从所选路径新建 3D 模型”命令 2

图 8-1-18　在“属性”面板中设置参数 2

4. 设置基础颜色

在“属性”面板中单击基础颜色，在拾色器中设置基础颜色为“橘黄色（R248，G170，B94）”，如图 8-1-20 所示。

图 8-1-19　选择“绒面塑料（蓝色）”材质

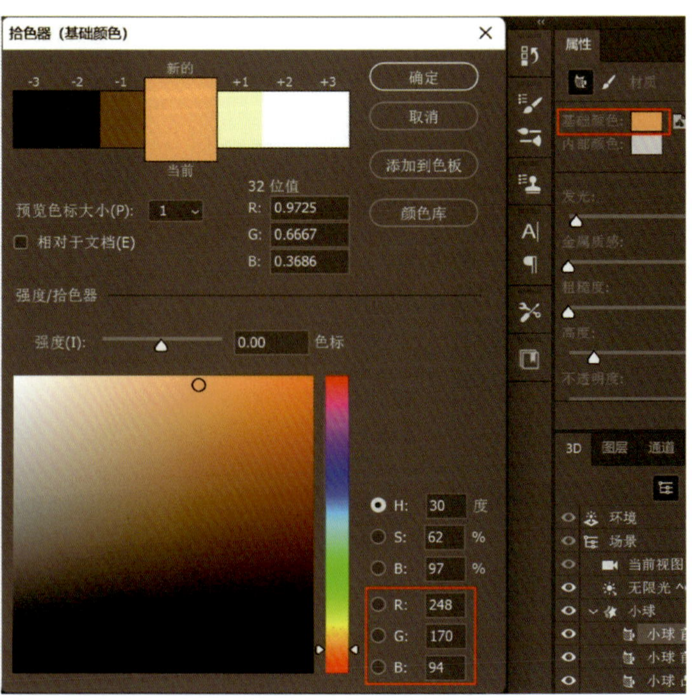

图 8-1-20　设置基础颜色

5. 将 3D 图层栅格化为普通图层

返回“图层”面板，选择“小球”图层，执行“图层”→“栅格化”→“图层”命令，将 3D 图层栅格化为普通图层，如图 8-1-21 所示。

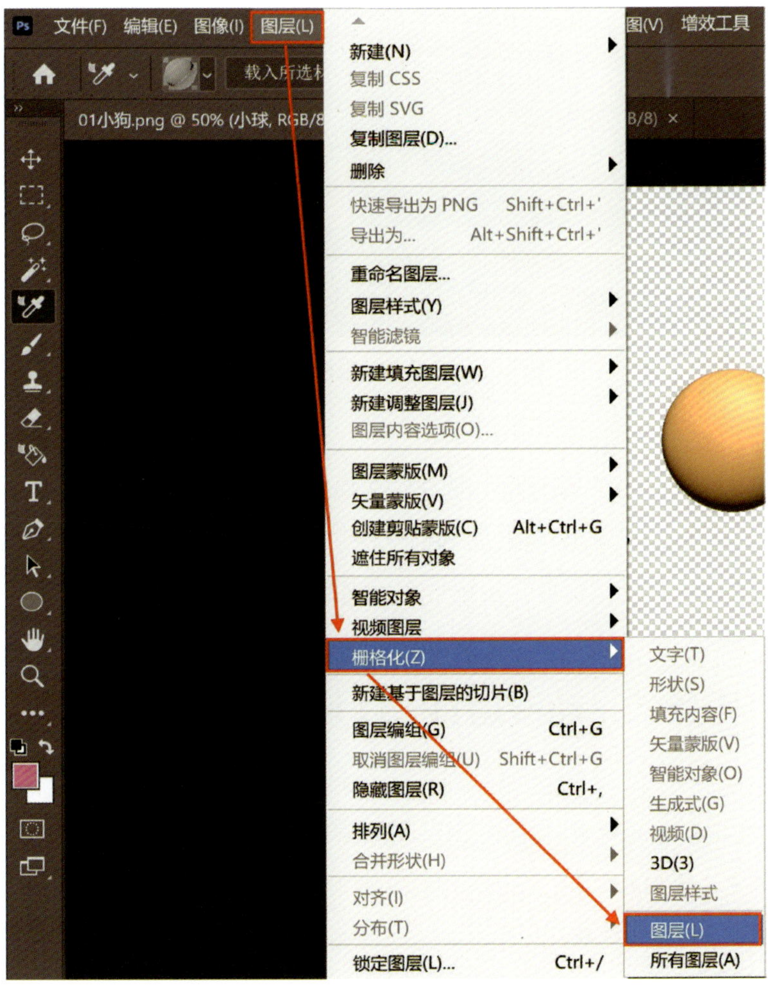

图 8-1-21 将 3D 图层栅格化为普通图层 2

四、制作背景

新建“图层 2”图层，重命名为“背景”图层，将“背景”图层移动到所有图层的最下方。设置前景色为“玫红色（R222，G106，B151）”，按【Alt+Delete】组合键填充前景色，如图 8-1-22 所示。

五、保存文档

1. 存储文件

执行“文件”→“存储为”命令，在弹出的“存储为”对话框中选择文件存储位置，文件名默认，保存类型为“Photoshop（*.PSD，*.PDD，*.PSDT）”，单击“保存”按钮保存该文档。

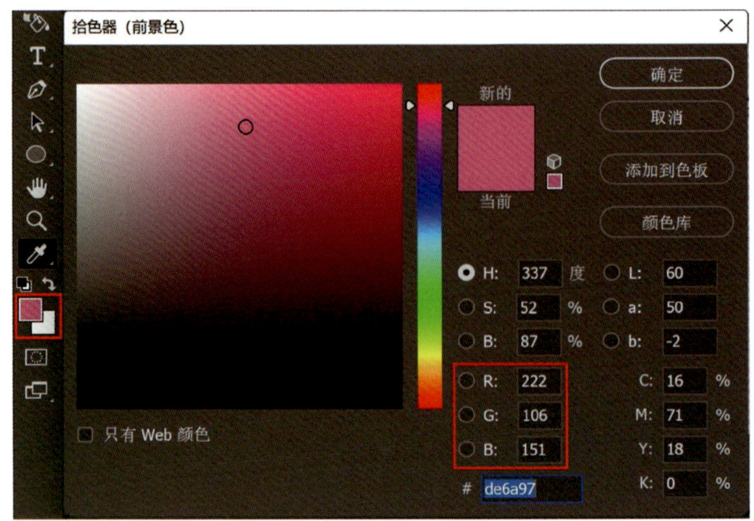

图 8-1-22　设置前景色为玫红色

2. 导出文件

执行“文件”→“导出”→“导出为”命令，在弹出的“导出为”对话框中选择文件设置格式为“JPG”，其他数值默认，单击“导出”按钮，弹出“另存为”对话框，在“另存为”对话框中选择文件存储位置，文件名默认，单击“保存”按钮导出该文档。

任务二　动漫道具 3D 设计——对象材质

任务目标

1. 能为 3D 道具选择合适的材质。
2. 能使用预设材质编辑 3D 对象。
3. 能置入素材编辑 3D 对象纹理。
4. 能绘制 3D 对象表面纹理。

任务描述

本任务通过编辑 3D 对象应用材质，为 3D 道具选择合适的材质，来制作图 8-2-1 所示的动漫道具 3D 游泳圈。要完成本任务，学习者除了需要掌握 3D 对象制作与应用材质的技巧之外，还需要学习如何使用 3D 工具对 3D 模型的大小、位置、视图等进行调整。

相关知识

一、3D 工具

新建文档后，执行“窗口”→“工作区”→“3D”命令，即可切换到 3D 工作页面。选择“移动工具”后，工具属性栏上会显示 3D 模式工具，但此时的工具不可用，要打开 3D 文档或创建了 3D 效果的文档后才可以使用。这些工具可以调整 3D 模型的大小、位置、视图和光源。

图 8-2-1　动漫道具 3D 设计——游泳圈

1. 使用 3D 模式操作工具调整 3D 对象

选择“移动工具”，选择 3D 模式操作工具，在模型上单击，可以调整 3D 对象。调整 3D 对象的工具有五种，分别是“旋转 3D 对象工具”“滚动 3D 对象工具”“拖动 3D 对象工具”“滑动 3D 对象工具”和“缩放 3D 对象工具”，如图 8-2-2 所示。

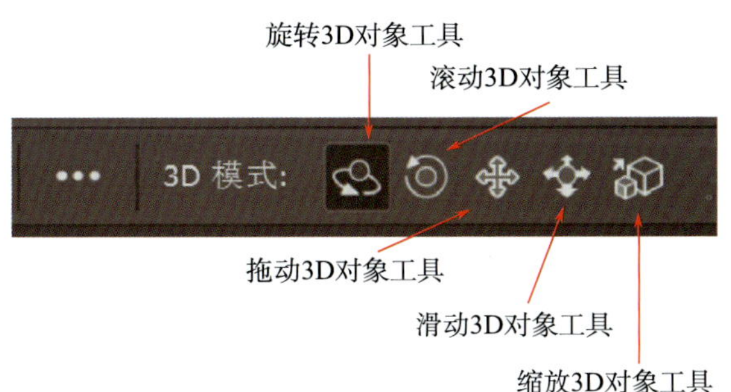

图 8-2-2　调整 3D 对象的工具

（1）“旋转 3D 对象工具”：使用该工具在需要旋转的 3D 对象上单击，选中该对象，上下拖动可以使 3D 对象围绕其 X 轴进行旋转，左右拖动可以使 3D 对象围绕其 Y 轴进行旋转，按住【Alt】键的同时拖动可以滚动 3D 对象。

（2）“滚动 3D 对象工具”：使用该工具在 3D 对象两侧拖动，可以使 3D 对象围绕其 Z 轴进行旋转。

（3）“拖动 3D 对象工具”：使用该工具左右拖动可以沿着水平方向移动 3D 对象，上下拖动可以沿着垂直方向移动 3D 对象，按住【Alt】键的同时拖动可以沿着 XZ 轴方向移动 3D 对象。

（4）“滑动 3D 对象工具”：使用该工具左右拖动可以沿着水平方向移动 3D 对象，上下拖动可以将 3D 对象拉近或推远，按住【Alt】键的同时拖动可以沿着 XY 轴方向移动 3D 对象。

（5）“缩放 3D 对象工具”：使用该工具单击 3D 对象并上下拖动，可以放大或缩小对象；按住【Alt】键的同时拖动，可以沿着 Z 轴方向缩放。

2. 使用 3D 模式操作工具调整 3D 相机

选择“移动工具”，在 3D 对象外单击，可将 3D 模式操作工具切换为调整 3D 相机状态，如图 8-2-3 所示，此时可以通过拖动鼠标来调整相机视图，3D 模型的位置不会改变。

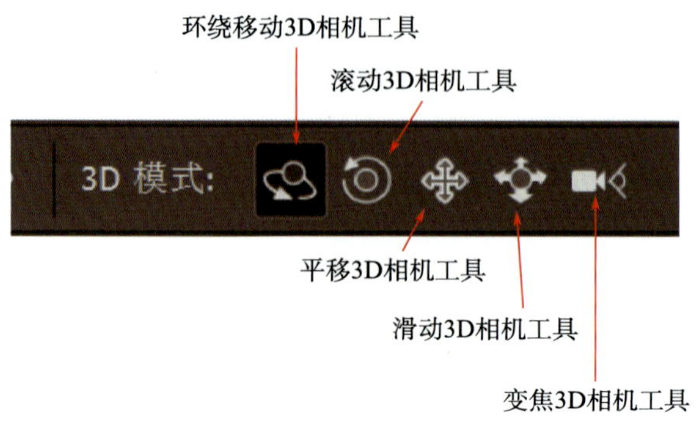

图 8-2-3　3D 相机工具

（1）“环绕移动 3D 相机工具”：使用该工具在 3D 对象以外的区域单击并向任意方向拖动鼠标，可以旋转相机视图。

（2）“滚动 3D 相机工具”：使用该工具可以滚动相机视图。

（3）“平移 3D 相机工具”：使用该工具可以使相机沿着 X 轴或 Y 轴方向平移。

（4）“滑动 3D 相机工具”：使用该工具可以使相机沿水平方向横向移动，或沿垂直方向前进或后退。

（5）“变焦 3D 相机工具”：使用该工具可以调整相机的视角。

小贴士

使用 3D 模式操作工具调整 3D 对象或相机时，按住【Shift】键的同时进行拖动，可以将旋转、平移、滑动、缩放的操作限制为沿着单一方向的移动。

3. 通过坐标来准确定位 3D 对象

在“3D”面板或文档窗口中选择 3D 对象，单击“属性”面板中的“坐标”图标，通过输入参数，可以准确定位 3D 对象坐标，如图 8-2-4 所示。

（1）“位置”图标：可以输入位置坐标。

（2）“旋转”图标：可以输入旋转角度坐标。

（3）“缩放”图标：可以输入 X 轴、Y 轴或 Z 轴的缩放比例。

（4）“重置”图标：可以重置位置、旋转或缩放的参数。

（5）复位坐标：可以重置所有坐标参数。

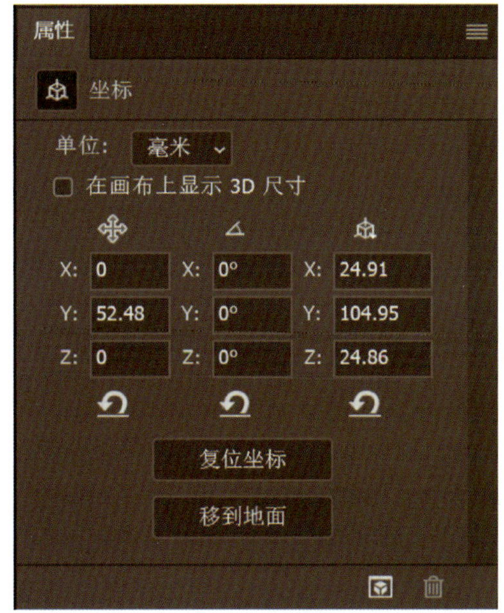

图 8-2-4　“属性”的“坐标”面板

（6）移到地面：可以使 3D 对象紧贴地面网格。

4. 使用预设的视图观察 3D 对象

在“3D”面板中选择“场景”栏目的“当前视图”选项，然后在“属性”面板中可使用“左视图”“右视图”“俯视图”“仰视图”“后视图”“前视图”等视图查看 3D 对象，如图 8-2-5 所示；还可以调节“视角”参数，使 3D 对象产生靠近或者远离的效果；调节“景深”的距离和深度参数，可以使画面产生焦点内清晰、焦点外模糊的景深效果。

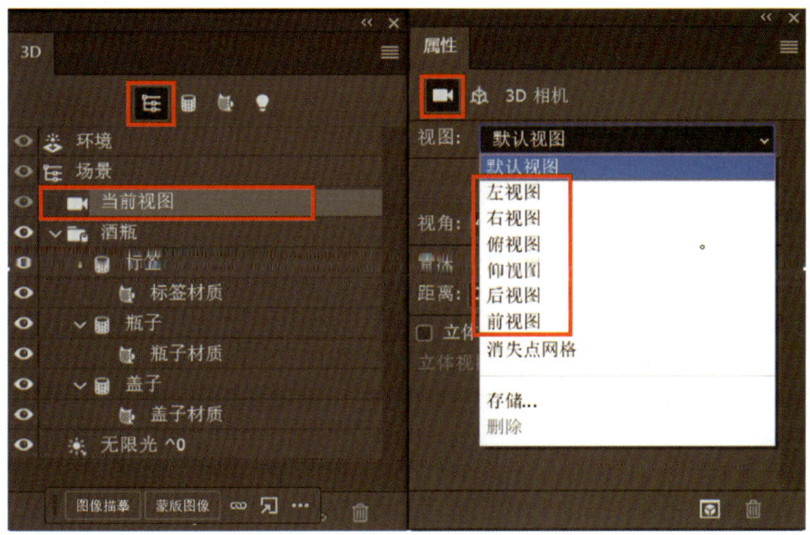

图 8-2-5　“当前视图”的“属性”面板

二、3D 对象材质

材质是指材料和质感。调整 3D 对象材质可以使 3D 对象的质地发生改变，还可以改变外部环境对材质的影响。

1. 预设材质球

在“图层”面板中选择 3D 图层后，在“3D”面板中单击选择“材质”条目，接着在“属性”面板中可以看到材质设置选项，单击材质球，可以选择预设材质，如图 8-2-6 所示。

2. 编辑纹理菜单

单击“基础颜色”右侧的图标，在弹出的菜单中可以选择“编辑纹理”“编辑 UV 属性”“新建纹理”“替换纹理”“移去纹理”等选项，从而新建、载入、打开、移去或编辑纹理映射的属性，如图 8-2-7 所示。

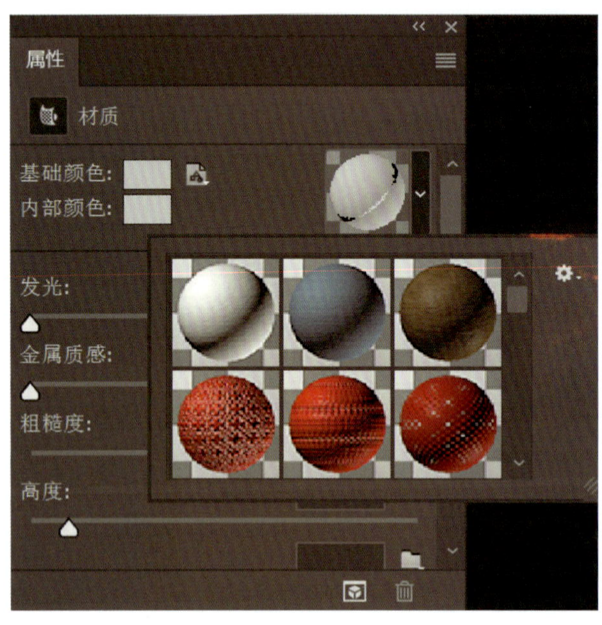

图 8-2-6 “材质”条目的“属性”面板

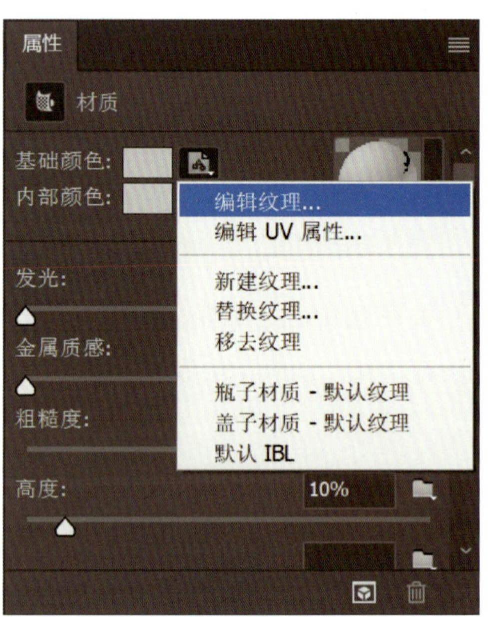

图 8-2-7 “编辑纹理”的“属性”面板

3. 材质属性

（1）预设材质：单击材质缩览图右侧的倒三角按钮，在弹出的下拉列表中可以选择预设的材质。

（2）基础颜色：设置材质的固有颜色，可以是纯色，也可以是任意的图像内容。如果想要设置基础颜色为图案，可以单击基础颜色右侧的按钮执行“新建纹理”，然后在新建的纹理文档中添加位图图案，并保存即可。

（3）内部颜色：设置不依赖于光照即可显示的颜色，即创建从内部照亮 3D 对象的效果。

（4）发光：用于控制材质表面自发光的强弱。

（5）金属质感：用于控制物体的金属质感。

（6）粗糙度：用于设置材质表面的粗糙程度。

（7）高度：用于控制材质的高度。

（8）不透明度：用于控制材质的不透明度，数值越小越透明。

（9）折射：可以增强 3D 场景、环境映射和材质表面上其他对象的折射效果。

（10）密度：用于控制材质的密度。

（11）半透明度：用于控制材质的半透明度。

4. “3D 材质吸管工具”

单击工具箱上的“吸管工具”，在弹出的选项卡中选择“3D 材质吸管工具”，如图 8-2-8 所示。其功能与“吸管工具”相似，可以用于吸取 3D 材质纹理，也可以查看和编辑 3D 材质纹理。选择“3D 材质吸管工具”后，在要吸取的材质上单击即可。

5. “3D 材质拖放工具”

单击工具箱上的“渐变工具”，在弹出的选项卡中选择“3D 材质拖放工具”，如图 8-2-9 所示。其功能与“油漆桶工具”相似，可以直接在 3D 对象上对材质进行取样并应用材质。选择”3D 材质拖放工具“，在工具选项栏中打开材质下拉列表，选择任意材质，将鼠标指针放在 3D 对象上单击，即可将所选材质应用到 3D 对象中。

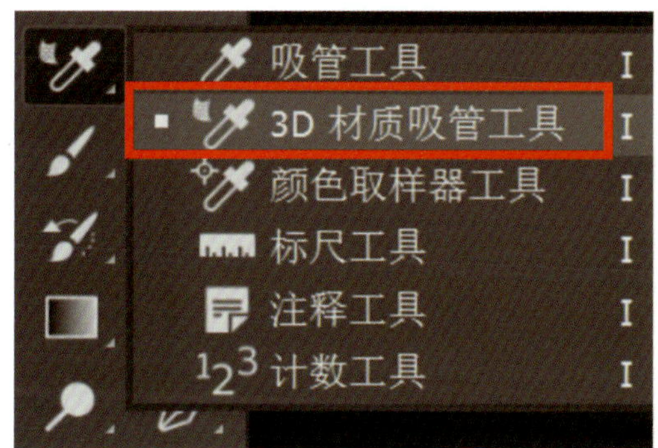

图 8-2-8 “3D 材质吸管工具”

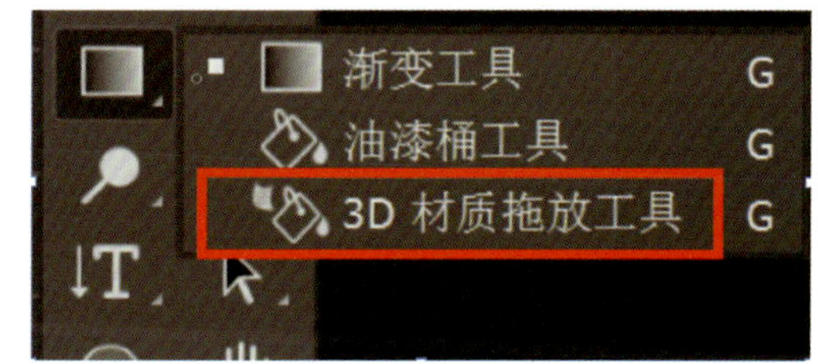

图 8-2-9 “3D 材质拖放工具”

小贴士

在使用 3D 功能时，可能会发现工具箱中的某些工具缺失。此时，右键单击工具箱底部的 按钮，打开隐藏的工具列表，然后单击所需的工具即可。

任务实施

一、打开文档

按【Ctrl+O】组合键，弹出“打开”对话框，在对话框中选择“素材 / 项目八素材 /02 背景 .jpg”，然后单击“打开”按钮，打开图像文件。

二、制作树木效果

1. 创建圆柱体 3D 模型

新建“图层 1”，执行“3D”→“从图层新建网格”→“网格预设”→“圆柱体”命令，创建一个圆柱体 3D 模型，如图 8-2-10 所示。

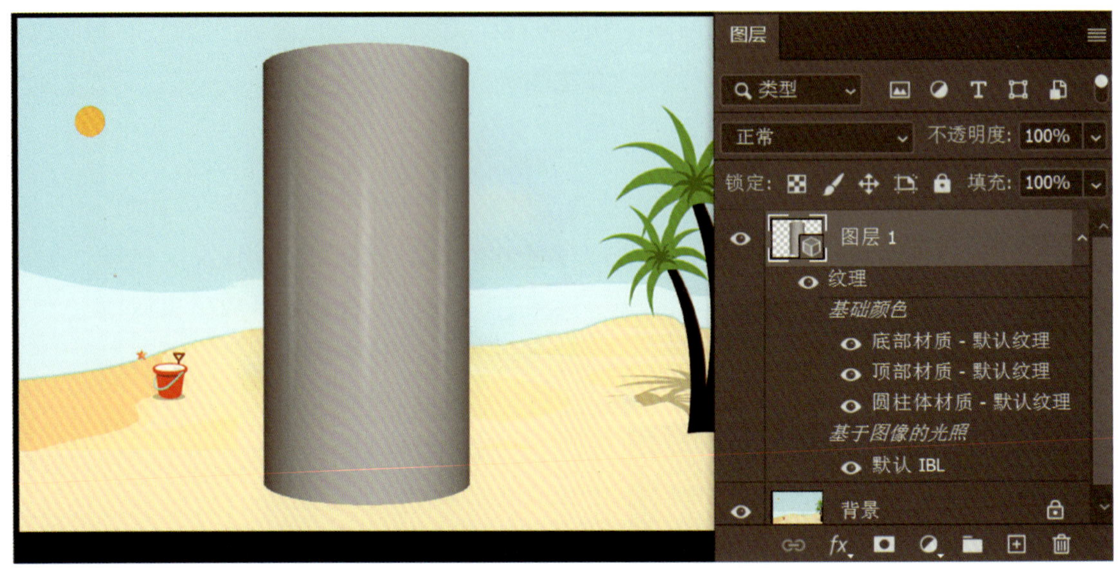

图 8-2-10　创建一个圆柱体 3D 模型

2. 选择材质

按住【Shift】键，在“3D”面板中选中“圆柱体材质”“顶部材质”和“底部材质”三个材质条目，然后单击“属性”面板中材质球右侧的倒三角按钮，在下拉列表中单击选择“巴沙木”材质，如图 8-2-11 所示。此时模型上出现了相应的效果，如图 8-2-12 所示。

图 8-2-11　在“属性”面板中选择材质

图 8-2-12　应用材质的效果

3. 旋转圆柱体

选择“移动工具”，在工具属性栏上选择“旋转 3D 对象工具”，在圆柱体模型上单击，选中该对象并进行旋转，效果如图 8-2-13 所示。

4. 缩小并放置圆柱体

选择“缩放 3D 对象工具”，单击圆柱体并拖动缩小对象，然后选择“拖动 3D 对象工具”，将圆柱体拖动到页面左下角处，效果如图 8-2-14 所示。

图 8-2-13　旋转圆柱体的效果

图 8-2-14　缩小并放置圆柱体的效果

5. 执行“编辑纹理”命令

如果对当前材质效果不满意，可以在“属性”面板中继续更改材质及其参数。首先在“3D”面板中单击“圆柱体材质”，然后在“属性”面板中单击基础颜色右侧的图标，在弹出的菜单中选择“编辑纹理”命令，如图 8-2-15 所示，随即会打开一个新的文档，如图 8-2-16 所示。

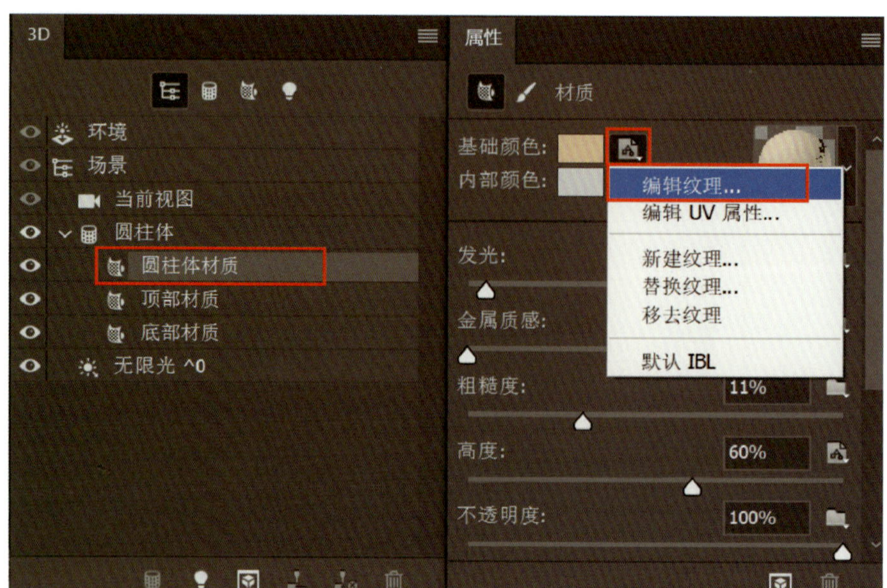

图 8-2-15　在“属性”面板执行“编辑纹理”命令

图 8-2-16　新建的编辑纹理文档

6. 应用树皮素材

执行“文件”→“置入嵌入对象”命令，将“素材 / 项目八素材 /03 树皮 .jpg”素材置入文档中，调整至合适的大小，然后按【Ctrl+S】组合键进行保存，如图 8-2-17 所示。接着按【Ctrl+W】组合键将该文档关闭，回到之前的文档，圆柱体表面也自动出现了该树皮纹理效果，如图 8-2-18 所示。

三、制作游泳圈

1. 新建图层并填充颜色

新建一个图层，并将其命名为“游泳圈”图层，将前景色设置为“橙色（R240，130，B0）”，按【Alt+Delete】组合键填充前景色，如图 8-2-19 所示。

图 8-2-17　置入树皮素材

图 8-2-18　应用树皮素材的效果

图 8-2-19　为图层填充颜色

2. 创建 3D 圆环模型

执行“3D”→“从图层新建网格”→“网格预设”→“圆环”命令，创建一个 3D 模型，然后选择“旋转 3D 对象工具”，将模型进行适当旋转，效果如图 8-2-20 所示。接着在“属性”面板取消勾选“捕捉阴影”和“投影”选项。

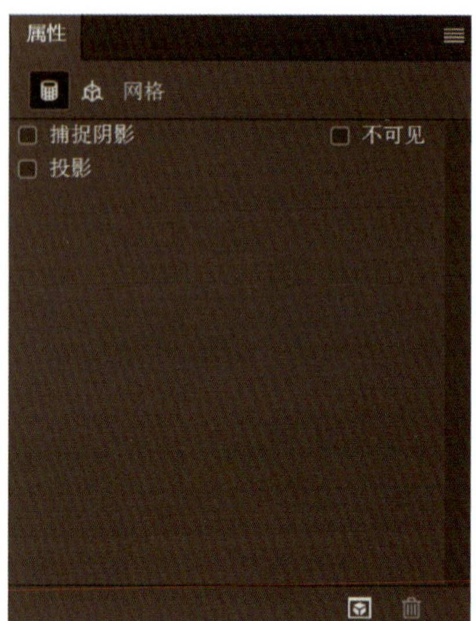

图 8-2-20　创建 3D 圆环模型

3. 适当放大圆环模型

选择“缩放 3D 对象工具”，单击圆环并拖动放大，如图 8-2-21 所示。

4. 载入圆环选区

执行“3D”→“选择可绘画区域”命令，得到可绘画区域的选区，如图 8-2-22 所示。

图 8-2-21　适当放大圆环模型

图 8-2-22　载入圆环选区

5. 绘制白色斑点效果

选择工具箱中的“画笔工具”，将前景色设置为“白色”，在工具属性栏上设置画笔大小为“80 像

素”，硬度为“100%”。然后在选区内多次单击绘制白色斑点，绘制完成后按【Ctrl+D】组合键取消选区，如图 8-2-23 所示。

图 8-2-23　绘制白色斑点的效果

四、制作游泳圈投影

1. 应用曲线

复制“游泳圈”图层为“游泳圈 拷贝”图层，用鼠标右键单击该图层，从弹出的选项卡中选择“栅格化图层”命令，将该图层变为普通图层。按【Ctrl+M】组合键，弹出“曲线”对话框，单击第二个控制点，设置输出为“0”、输入为“255”，如图 8-2-24 所示。将对象调整为黑色后，单击“确定”按钮，画面效果如图 8-2-25 所示。

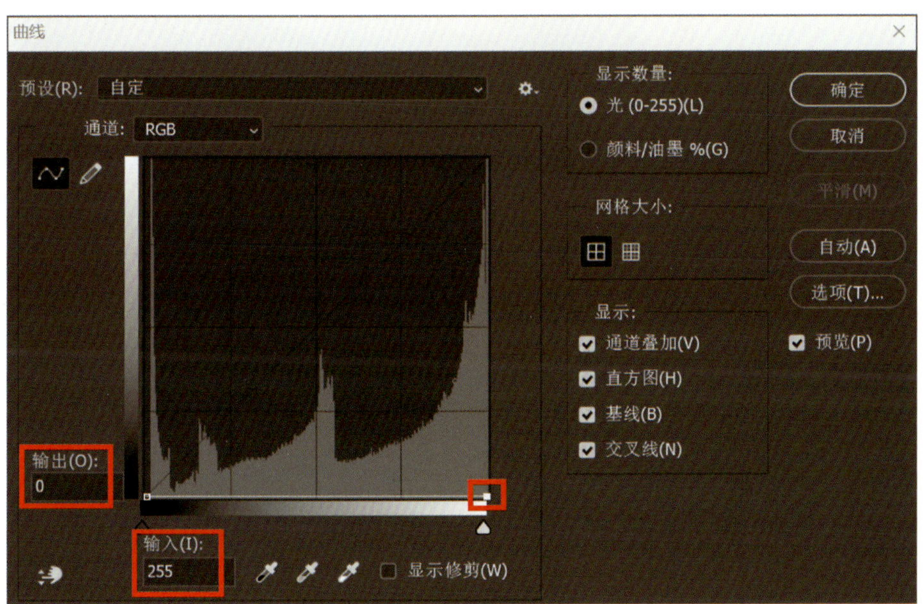

图 8-2-24　调整曲线参数

2. 调整黑色圈的大小及位置

将“游泳圈 拷贝”图层置于“游泳圈”图层下方，按【Ctrl+T】组合键调出自由变换定界框，调整黑色圈的大小及位置，效果如图 8-2-26 所示。

3. 调整投影

在“图层”面板中将不透明度设置为“50%”，然后单击“图层蒙版”图标，创建图层蒙版。设置前景色为“黑色”，选择“画笔工具”，设置适当的画笔大小，硬度设置为“0%”，然后在黑色圈上涂抹，隐藏上方及右边阴影，效果如图 8-2-27 所示。最终效果如图 8-2-1 所示。

图 8-2-25　应用曲线后的效果

图 8-2-26　调整黑色圈的大小及位置

图 8-2-27　调整投影

五、保存文档

1. 存储文件

执行“文件”→“存储为”命令，在弹出的“存储为”对话框中选择文件存储位置，文件名为“游泳圈 3D 设计”，保存类型为“Photoshop（*.PSD，*.PDD，*.PSDT）”，单击“保存”按钮保存该文档。

2. 导出文件

执行“文件”→“导出”→“导出为”命令，在弹出的“导出为”对话框中选择文件设置格式为“JPG”，其他数值默认，单击“导出”按钮，弹出“另存为”对话框，在“另存为”对话框中选择文件存储位置，文件名默认，单击“保存”按钮导出该文档。

任务三　动漫标志 3D 设计——3D 光源

任务目标

1. 能设置和添加 3D 光源。
2. 能设置 3D 光源属性。
3. 能渲染 3D 对象。

任务描述

本任务通过应用 Photoshop 中的“3D”面板及“属性”面板来创建和编辑如图 8-3-1 所示的动漫标志 3D 设计。要完成本任务，学习者除了需要学习 3D 光源的应用和渲染设置的相关命令之外，还需要掌握在图层中使用图层蒙版结合“画笔工具”来调整图像效果的方法。

图 8-3-1　动漫标志 3D 设计——动漫乐

相关知识

一、3D 光源的应用

在 Photoshop 中，3D 光源用于模拟现实中的光照效果，以增强 3D 模型的真实感。下面介绍使用 3D 光源的具体方法。

1. 打开“3D”面板

确保已经打开“3D”面板，如果未打开，可执行“窗口”→“3D”命令来启用该面板。

2. 选择 3D 图层

在“图层”面板中选择包含 3D 对象的图层，以便编辑其光源。此时单击“3D”面板顶部的“光源”按钮，可以切换到“3D 光源”面板，如图 8-3-2 所示。

图 8-3-2　“3D 面板”中的“3D 光源”面板及“属性”面板

3. 添加光源

在“3D”面板底部，单击“将新光照添加到场景”图标，在弹出的选项中可以选择不同类型的光源，如图 8-3-3 所示。

（1）新建点光：从一个点向所有方向发光，类似于灯泡。

（2）新建聚光灯：从一个点向特定方向发光，类似于手电筒。

（3）新建无限光：从无限远的地方以平行光线照射，类似于太阳光。

4. 调整光源属性

选择光源后，可以在“属性”面板中设置其属性，如图 8-3-4 所示。

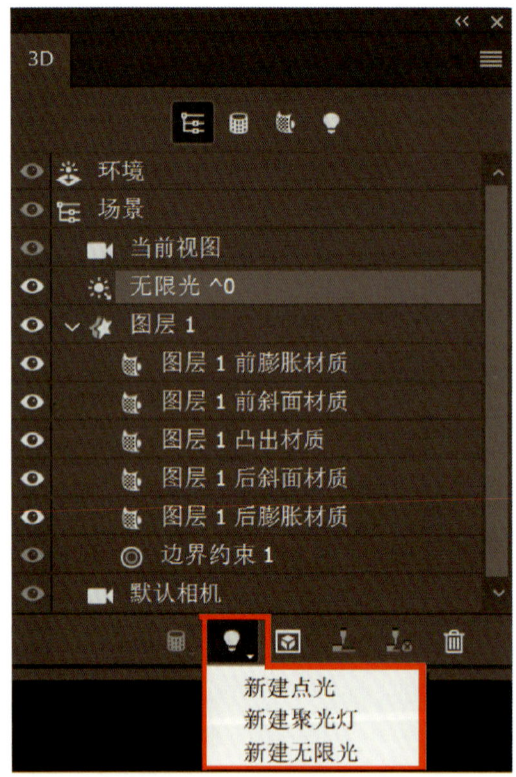

图 8-3-3　新光源选项

图 8-3-4　光源“属性”面板

（1）预设：包含多种内置光照效果，切换即可观察到预览效果。

（2）类型：设置光照的类型，包括“点光”“聚光灯”和“无限光”三种。

（3）颜色：用来设置光源的颜色。单击“颜色”选项右侧的色块，可以打开“拾色器（光照颜色）”对话框，在该对话框中可以自定义光照的颜色。

（4）强度：用来设置光照的强度，数值越大，灯光越亮。

（5）阴影：选中该复选框，可以从前景表面到背景表面、从单一网格到其自身或从一个网格到另一个网格产生投影。

（6）柔和度：对阴影边缘进行模糊，使其产生衰减效果。

（7）光照衰减：用来模拟光线随着距离增加而减弱的效果。

（8）移到视图：将光源的位置与当前视图同步。光源会自动调整到当前相机视角的位置，在调整光源时能够更直观地看到光线效果。

5. 实时预览效果

在调整光源属性时，可以实时预览 3D 模型上的光照效果，根据设计需要不断微调，直至满意。

二、3D 渲染设置

在 Photoshop 中，3D 渲染是将 3D 模型转化为 2D 图像的过程，是实现最终视觉效果的关键步骤。通过渲染，可以将 3D 对象的细节、材质和光照效果真实地呈现出来。

在“图层”面板中选择包含 3D 对象的图层，单击“3D”面板中的“场景”按钮，选择“场景”选项，如图 8-3-5 所示。在“属性”面板中可以调整与预设、横截面、表面、样式、线条和点等相关的一些参数，如图 8-3-6 所示。

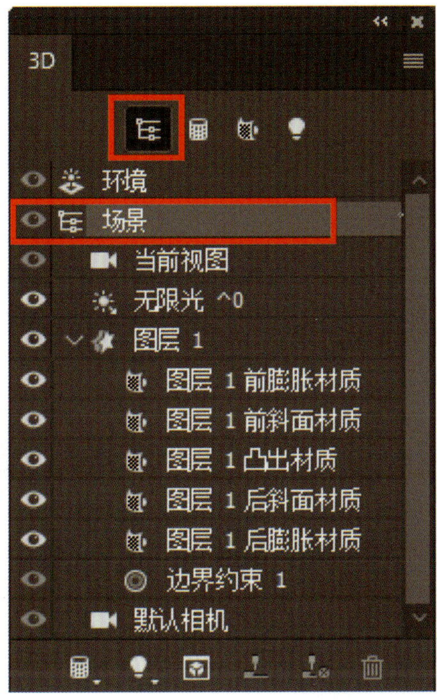

图 8-3-5　3D “场景”面板

图 8-3-6　3D 场景“属性”面板

1. “预设”选项

在“预设”下拉列表中包含多种渲染方式，标准的渲染预设为“默认”方式，即显示模型的可见表面，而“顶点”和“线框”预设只显示底层结构。要想合并实色和线框渲染，则要选择“实色线框”预设，如图 8-3-7 所示。

2. “横截面”选项

单击选中“横截面”选项，可以创建角度与模型相交的平面截面，方便用户切入模型内部进行内容的查看，如图 8-3-8 所示。

（1）切片：可以选择沿 X 轴、Y 轴、Z 轴方向来创建切片。

（2）倾斜：可以将平面朝向任意可能的倾斜方向旋转至 360°。

（3）位移：可以沿平面的轴进行平面的移动，从而不改变平面的角度。

（4）平面：选中“平面”复选框可以显示创建横截面的相交平面，同时可以设置平面的颜色。

（5）不透明度：在“不透明度”文本框内输入数值，可以对平面的不透明度进行相应的设置。

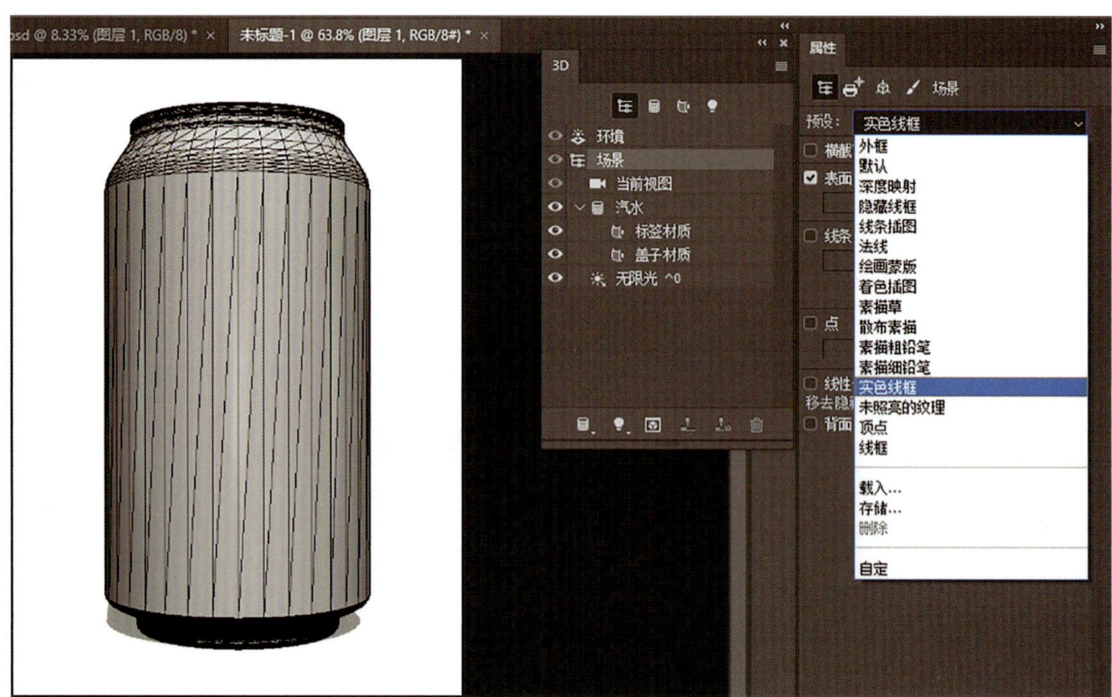

图 8-3-7 “实色线框”预设

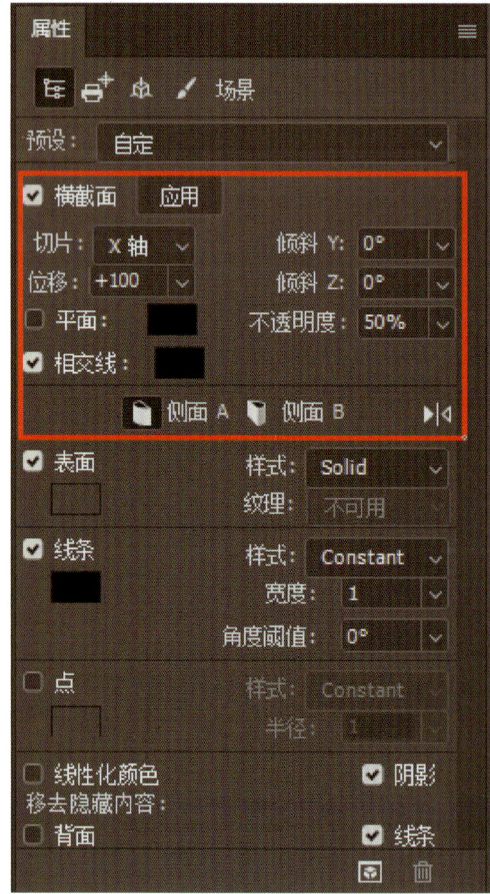

图 8-3-8 “横截面”选项

（6）相交线：选中“相交线”复选框后，会以高亮显示横截面与平面相交的模型区域，同时可以设置相交线的颜色。

（7）侧面 A 或侧面 B：单击“侧面 A”按钮或“侧面 B”按钮，可以显示横截面 A 侧或横截面 B 侧。

（8）互换横截面侧面：单击“互换横截面侧面”按钮，可以将模型的显示区更改为相交平面的反面。

3. “表面”选项

单击选中“表面”复选框后，可以通过选择“样式”来设置模型表面的显示方式。样式下拉列表中有十一种样式供选择，如图 8-3-9 所示。

在“纹理”下拉列表中可以对模型进行指定的纹理映射。

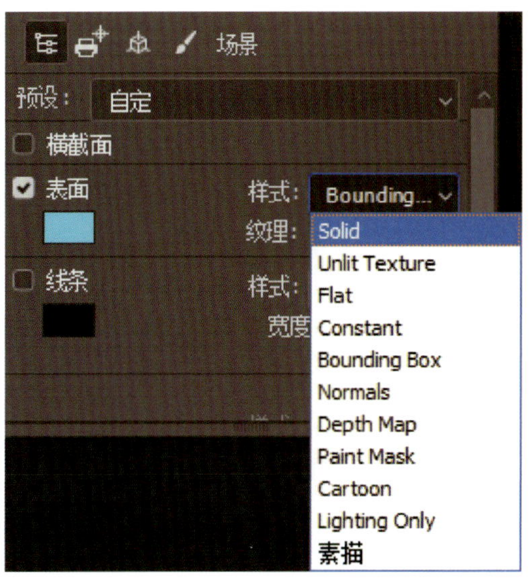

图 8-3-9　表面的“样式”选项

4. “线条”选项

单击选中“线条”复选框，可以在“样式”下拉列表中选择显示方式，并且可以对颜色、宽度和角度阈值进行调整，如图 8-3-10 所示。

5. “点”选项

单击选中“点”复选框，可以在“样式”下拉列表中选择显示方式，并且可以对颜色、半径进行调整，如图 8-3-11 所示。

图 8-3-10　表面中的“样式”选项

图 8-3-11　点的“样式”选项

任务实施

一、新建文档

按【Ctrl+N】组合键，在新建对话框中设置一个名为“动漫标志 3D 设计”的文件，设置宽度为“210”，高度为“285”，单位为“毫米”，分辨率为“72”像素 / 英寸，颜色模式为“RGB 颜色”，其他参数默认，然后单击“创建”按钮，创建一个新图像文件。

二、置入标志

执行“文件”→“置入嵌入对象”命令，选择“素材 / 项目八素材 /04 动漫乐标志 .png”文件，单击“置入”按钮，置入标志，并将标志置于页面中上方，按【Enter】键完成置入，如图 8-3-12 所示，此时“图层”面板自动生成“01 动漫乐标志”图层。

三、制作标志 3D 效果

1. 新建 3D 标志

选中“01 动漫乐标志”图层，执行“3D”→“从所选图层新建 3D 模型”命令，使动漫乐标志生成 3D 凸出效果，如图 8-3-13 所示。

图 8-3-12　置入标志

图 8-3-13　从所选图层新建 3D 标志

2. 将图形向上旋转

在工具属性栏上选择“旋转 3D 对象工具”，将标志图形向上旋转，效果如图 8-3-14 所示。

图 8-3-14　将图形向上旋转

3. 在“3D”面板和“属性”面板上选择选项

在“3D”面板中单击选择“04 动漫乐标志 凸出材质”，然后单击“属性”面板中的“基础颜色”按钮，如图 8-3-15 所示。

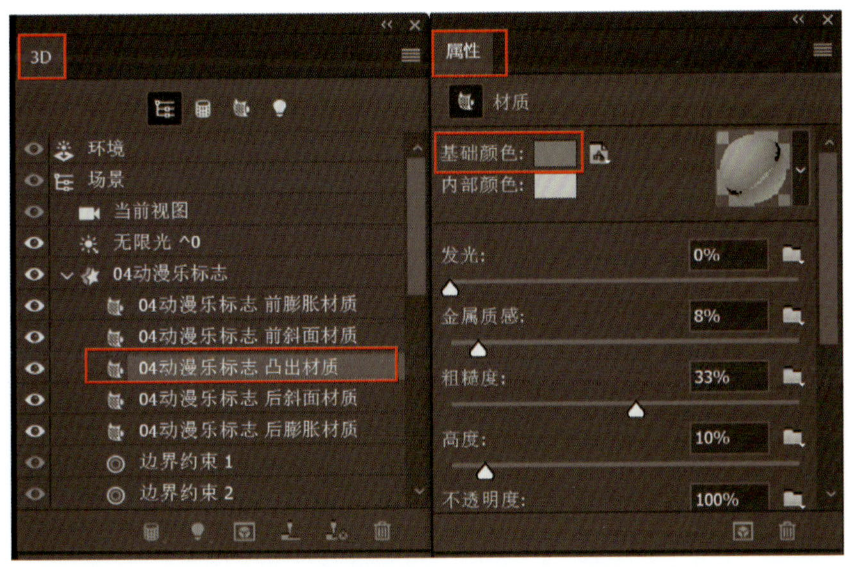

图 8-3-15　在“3D”面板和“属性”面板上选择选项

4. 应用属性颜色

在弹出的“拾色器（基础颜色）”对话框中设置颜色为“浅黄色（R220，G150，B90）”，设置完成后单击“确定”按钮，如图 8-3-16 所示。此时图形效果如图 8-3-17 所示。

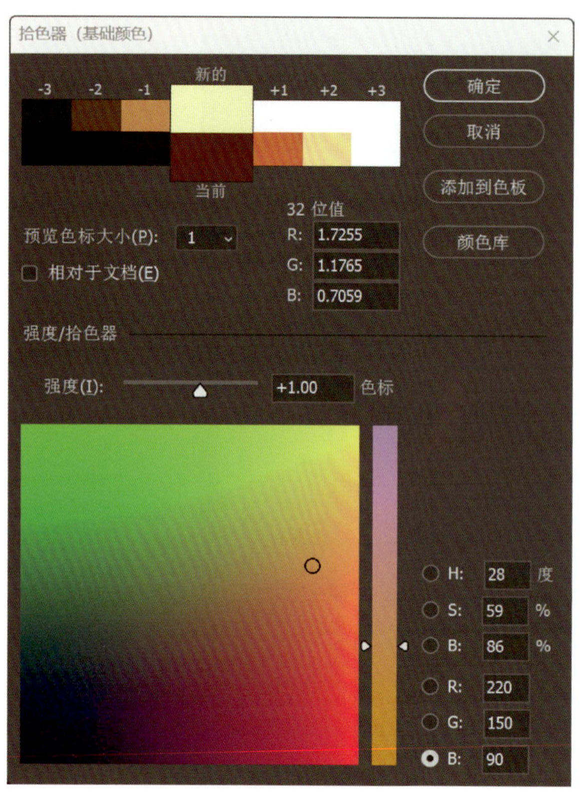

图 8-3-16 设置颜色

图 8-3-17 应用属性颜色效果

5. 应用凸出形状

在“3D”面板中单击选中“04 动漫乐标志”模型，在“属性”面板上单击“形状预设”倒三角按钮，在弹出的下拉列表中单击选择“凸出”，然后设置凸出深度为“1 300 像素”，如图 8-3-18 所示。此时标志效果如图 8-3-19 所示。

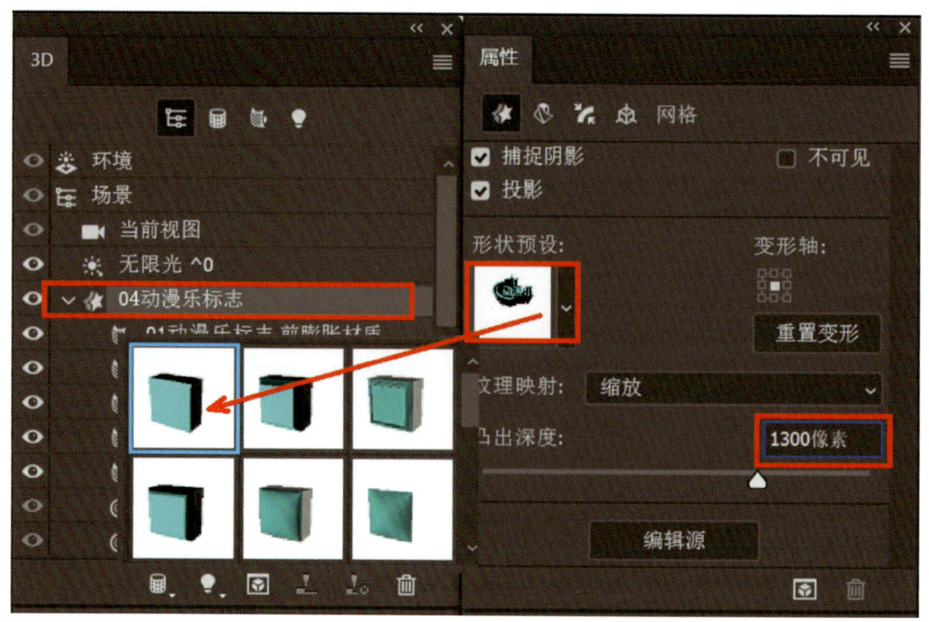

图 8-3-18 设置模型形状预设及凸出深度参数

图 8-3-19　应用凸出形状的效果

6. 应用无限光

单击“3D”面板下方的“将新光照添加到场景”图标，在弹出的选项卡中选择“新建无限光”命令，新建一个无限光，然后在“属性”面板中设置颜色为“白色”、强度为“30%”，如图 8-3-20 所示。此时标志的立面被照亮了一些，效果如图 8-3-21 所示。

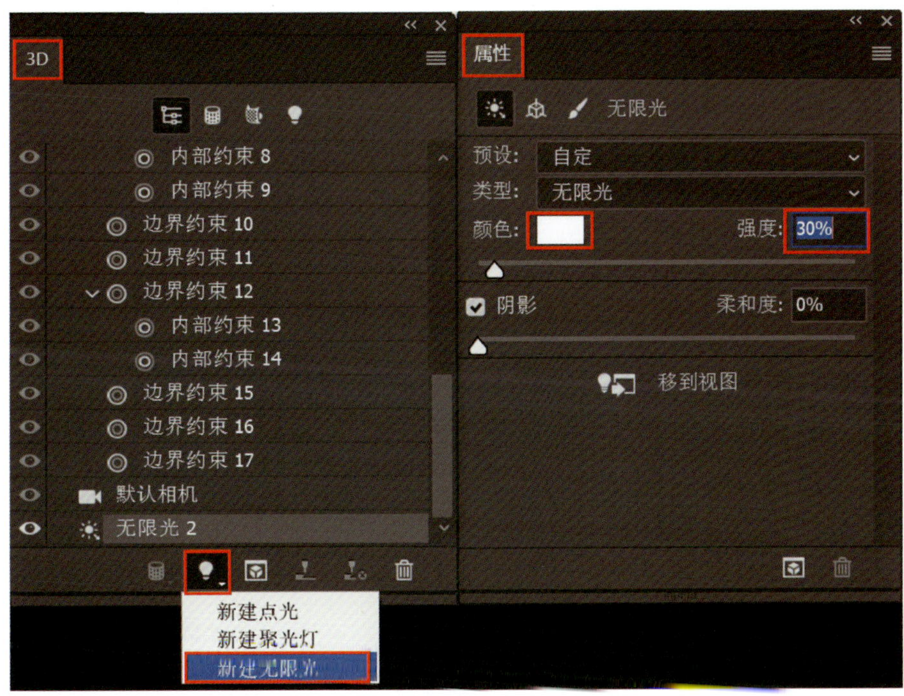

图 8-3-20　创建及设置无限光参数

图 8-3-21　应用无限光效果

7. 再次应用无限光

再次单击“3D”面板下方的“将新光照添加到场景”图标，新建一个无限光，然后在“属性”面板中设置颜色为“白色”、强度为“130%”，标志效果如图 8-3-22 所示。

8. 查看渲染效果

单击“3D”面板底部的“渲染”图标进行渲染，经过一段时间的等待，渲染完成后的标志细节和光照效果真实地呈现出来，效果如图 8-3-23 所示。

图 8-3-22　再次应用无限光效果

图 8-3-23　渲染后的标志效果

四、制作背景效果

1. 将图层变为普通图层

在“图层”面板上使用右键单击“04 动漫乐标志”图层，在弹出的选项卡中选择“栅格化图层”命令，将图层变为普通图层。

2. 置入背景素材

执行“文件”→“置入嵌入对象”命令，将“素材 / 项目八素材 /05 背景图 .jpg”文件置入页面中，并将其置于“04 动漫乐标志”图层下方，如图 8-3-24 所示。

3. 为标志应用图层蒙版

选中“04 动漫乐标志”图层，单击“图层”面板下方的“图层蒙版”按钮创建图层蒙版，设置前景色为“黑色”，选择“画笔工具”，在工具属性栏上设置适当的大小及不透明度，然后在动漫乐标志的下方涂抹，最终效果如图 8-3-25 所示。

五、保存文档

1. 存储文件

执行“文件”→“存储为”命令，在弹出的“存储为”对话框中选择文件存储位置，文件名默认，保存类型为“Photoshop（*.PSD，*.PDD，*.PSDT）”，单击“保存”按钮保存该文档。

图 8-3-24　置入背景素材

图 8-3-25　为标志应用图层蒙版的效果

2. 导出文件

执行“文件”→“导出”→“导出为”命令，在弹出的“导出为”对话框中选择文件设置格式为“JPG”，其他数值默认，单击“导出”按钮，弹出“另存为”对话框，在“另存为”对话框中选择文件存储位置，文件名默认，单击“保存”按钮导出该文档。